画法几何及机械制图习题集

吴 卓　王林军　秦小琼　主编

北京理工大学出版社
BEIJING INSTITUTE OF TECHNOLOGY PRESS

内 容 简 介

本习题集与《画法几何及机械制图》教材配合使用，内容包括：制图基础，点、直线、平面的投影及其相对位置，投影变换，曲线曲面，基本立体及其表面的交线，三视图的画图、看图和尺寸标注，轴测图，视图、剖视图和断面，零件图，齿轮、螺纹及其连接、公差，装配图等。

本书可供高等学校机械类及相近专业的师生使用，也可供职工大学、函授大学的师生和工程技术人员参考。

图书在版编目（CIP）数据

画法几何及机械制图习题集/吴卓，王林军，秦小琼主编．—北京：北京理工大学出版社，2010.7（**2017.8** 重印）

ISBN 978－7－5640－3239－5

Ⅰ．①画…　Ⅱ．①吴…　②王…　③秦…　Ⅲ．①画法几何－高等学校－习题　②机械制图－高等学校－习题　Ⅳ．①TH126－44

中国版本图书馆 CIP 数据核字（2010）第 105032 号

出版发行／北京理工大学出版社
社　　址／北京市海淀区中关村南大街 5 号
邮　　编／100081
电　　话／（010）68914775（办公室）　68944990（批销中心）　68911084（读者服务部）
网　　址／http：//www. bitpress. com. cn
经　　销／全国各地新华书店
印　　刷／北京泽宇印刷有限公司
开　　本／787 毫米×1092 毫米　1/16
印　　张／11
字　　数／217 千字
版　　次／2010 年 7 月第 1 版　2017 年 8 月第 8 次印刷
印　　数／15 001～17 000 册
定　　价／24.00 元

责任校对／陈玉梅
责任印制／边心超

前　　言

本习题集是以教育部高等学校工程图学教学指导委员会最新制定的《高等学校工程图学教学基本要求》为依据，根据最新的国家标准，结合编者多年的教学经验及课程教学改革新成果编写而成。本习题集可与吴卓、王林军、秦小琼等编写的《画法几何及机械制图》教材配合使用，其编排顺序与教材相同，在使用过程中教师可视具体情况作适当调整。

本习题集是由吴卓、王林军、秦小琼主编。参加编写的有：吴卓（第四章、第五章、第九章、第十一章）、王林军（第二章、第六章、第八章、第十章）、秦小琼（第一章、第三章、第七章）。

本习题集由章阳生教授审稿，并提出了宝贵意见，在此表示感谢。

另外，董国耀教授审阅了全书，并提出了很多宝贵的意见，在此表示感谢。

我们热忱希望广大读者对本习题集提出宝贵意见与建议，以便今后改进。谨在此表示衷心感谢。

编　者

目　录

第一章　制图的基本知识与技能

1-1　字体练习

（1）

制图校对审核序号名称数量材料比例班级零件

装配螺栓螺母垫圈弹簧键销滚动轴承齿轮蜗杆

箱盘盖叉架规格备注粗糙度技术要求标准认真

班级　　　　姓名　　　　学号

1-1 字体练习

(2)

1234567890RΦ ABCDEFGHIJKLMNOPQRSTUVWXYZ

abcdefghijklmnopqrstuvwxyz αβγ

I II III IV V VI IX X

班级　　　　姓名　　　　学号

1-2 图线及尺寸标注

将下图用 2∶1 的比例抄画在 A3 图纸上，并标注给出的尺寸。

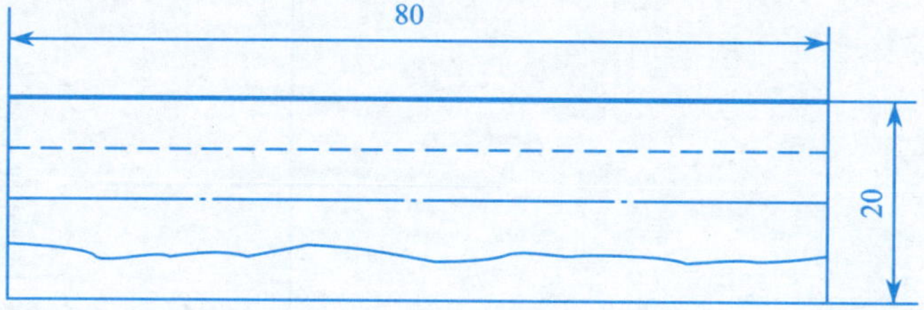

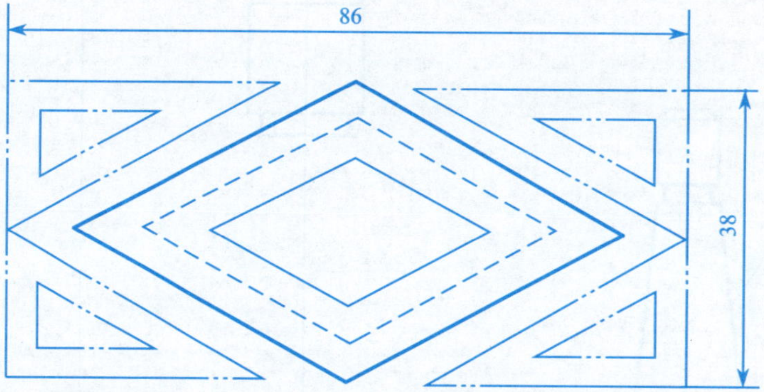

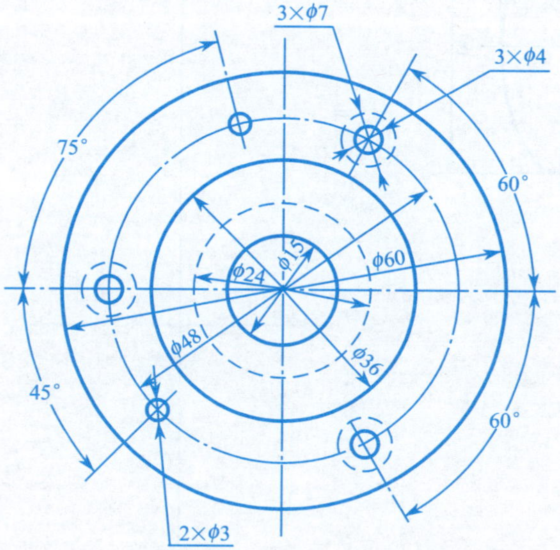

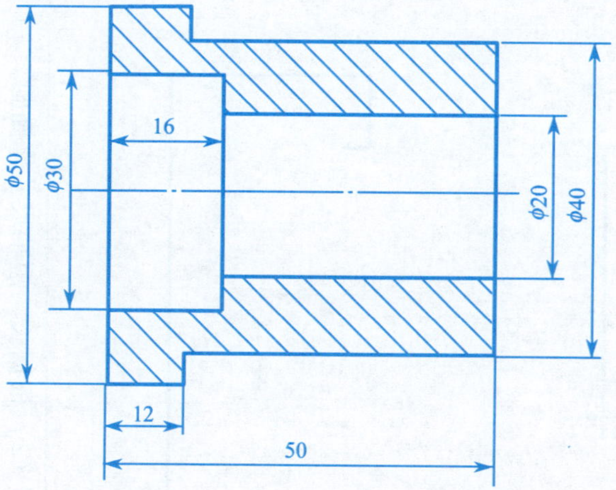

班级　　　　姓名　　　　学号

1-3 几何作图

（1）按各图给出的尺寸作斜度、锥度，并进行标注。

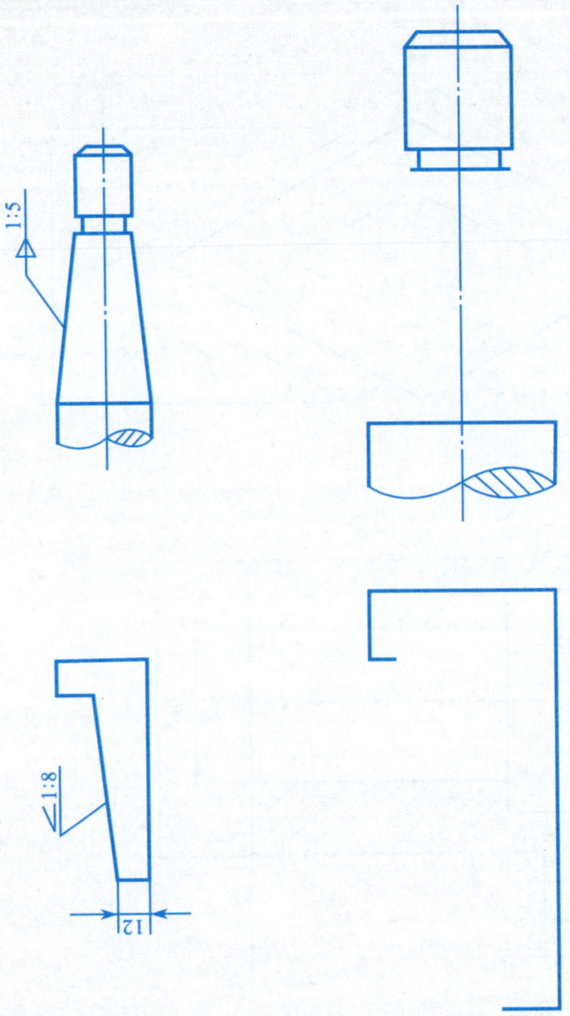

（2）根据长、短轴尺寸作椭圆。

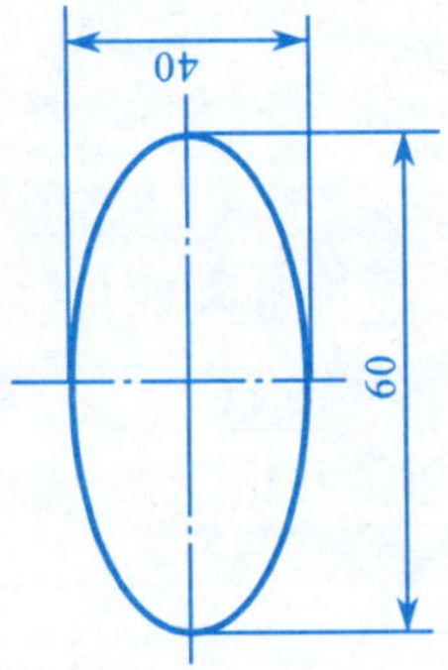

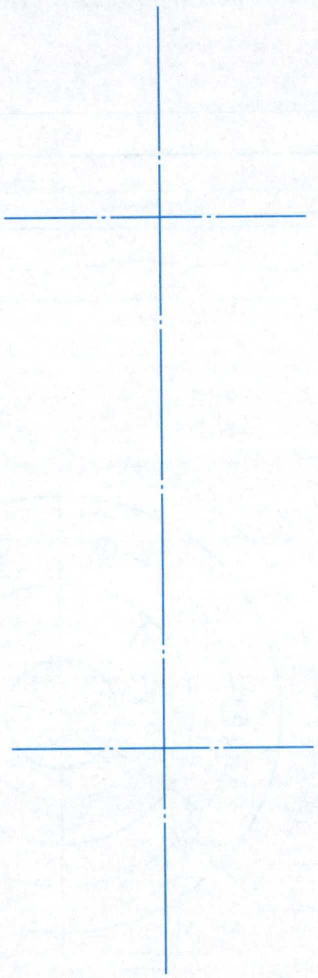

（四心圆近似法）

（同心圆法）

班级　　　　姓名　　　　学号

（3）完成平面图形的作图。

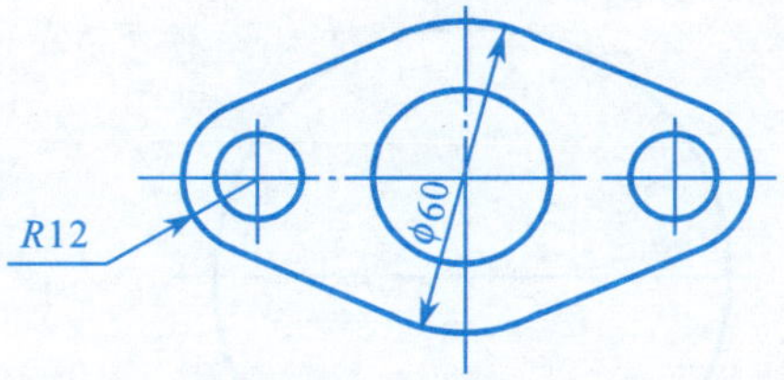

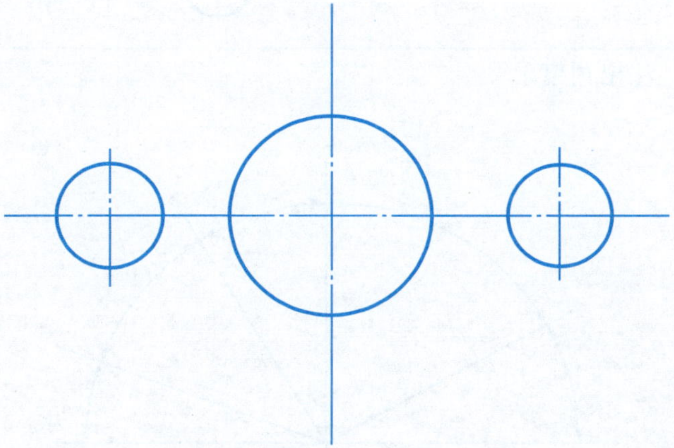

（4）完成平面图形的作图。

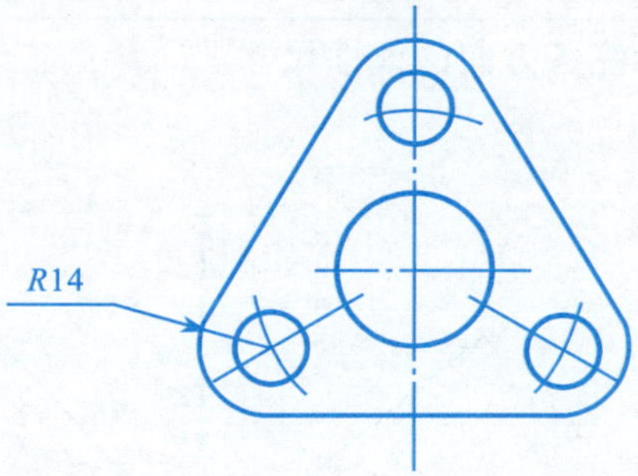

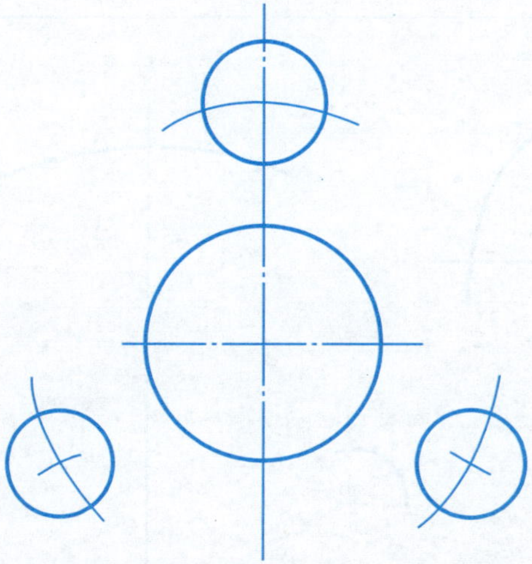

班级　　姓名　　学号

1-4 尺寸标注练习

根据尺寸标注的规定标注尺寸（尺寸数值可直接从图上量取整数值）。

（1）标注各方向的线性尺寸。

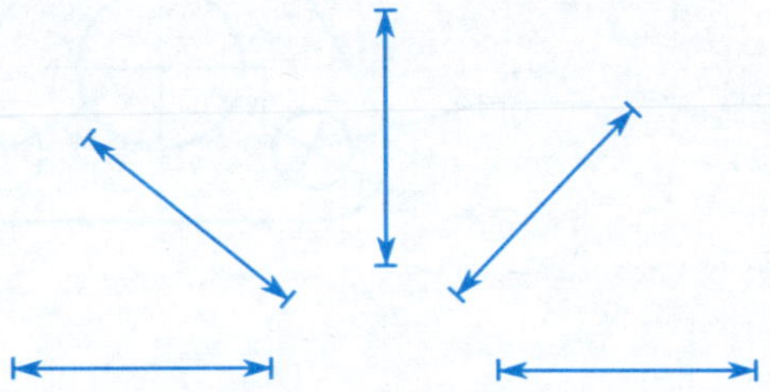

（2）注出直径。

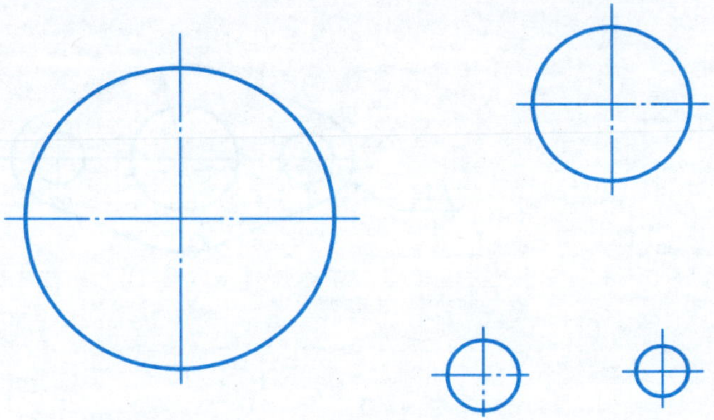

（3）注出半径。

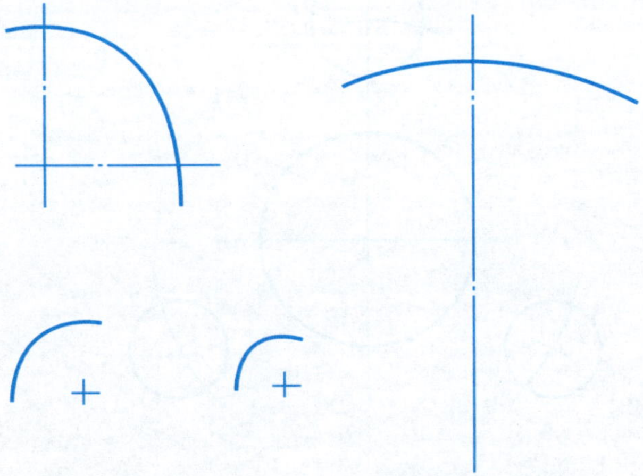

（4）注出角度。

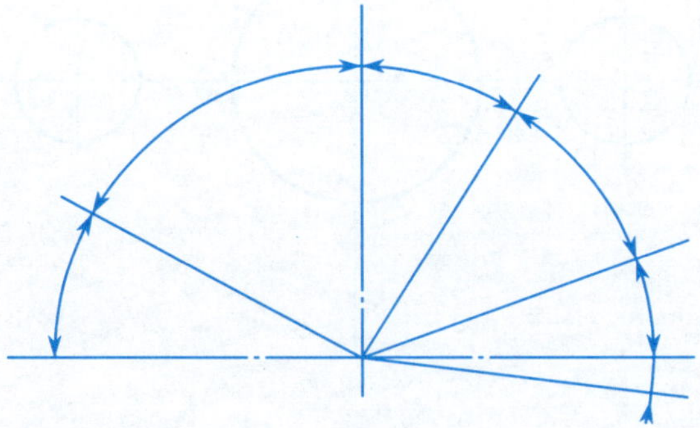

班级　　　　姓名　　　　学号

1-5 平面图形的综合练习

（1）根据图中所给尺寸，按 1∶1 的比例在给出位置完成作图。

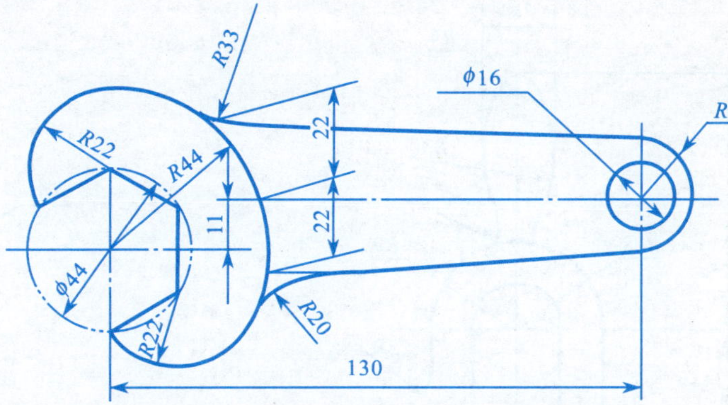

班级　　　　　　姓名　　　　　　学号

1-5 平面图形的综合练习

（2）根据图中所给尺寸，在 A3 图纸上用 2∶1 的比例作出下列图形，并标注尺寸。

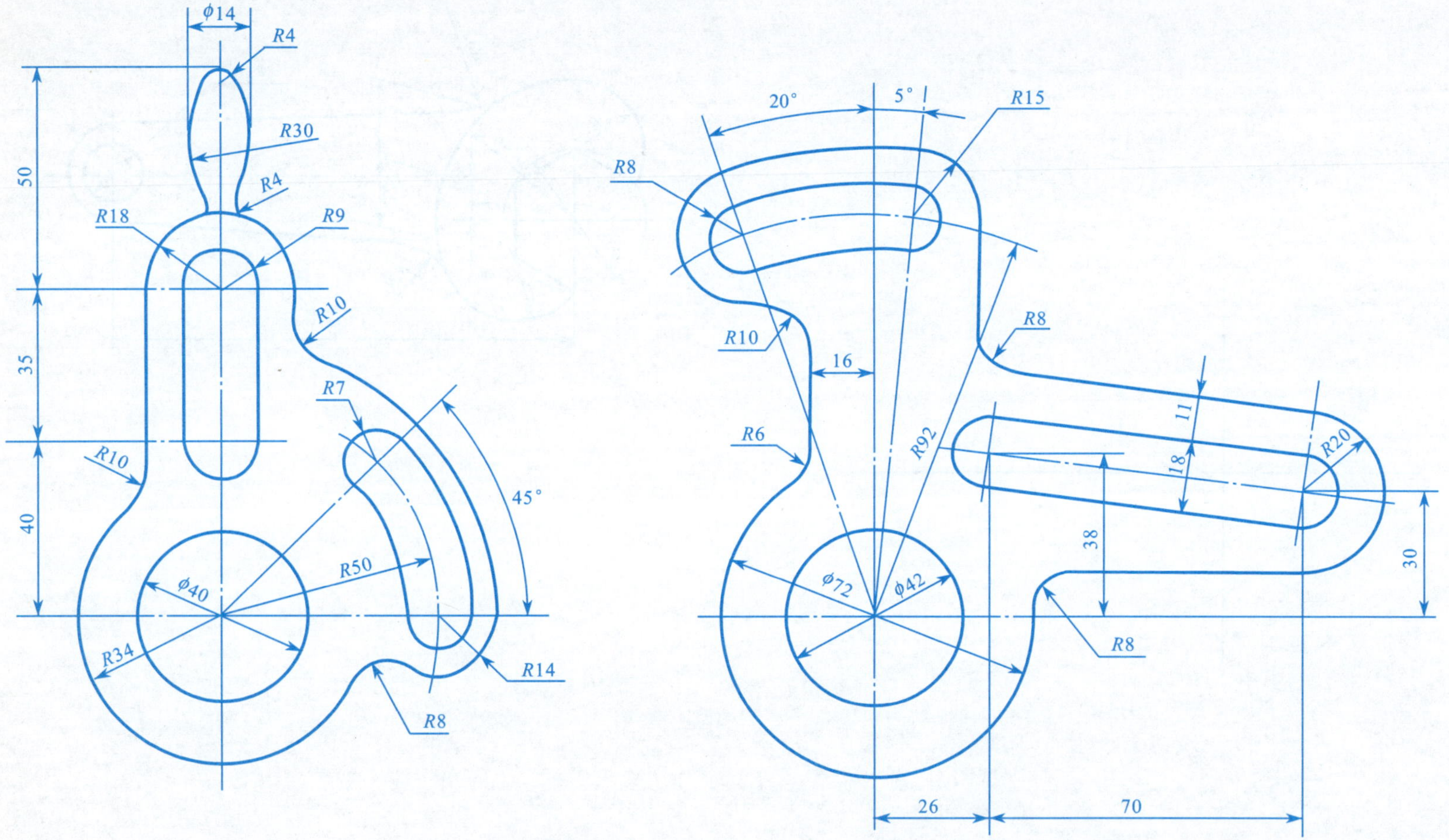

班级　　　　姓名　　　　学号

第二章　点、直线、平面的投影

2-1　点的投影

（1）根据轴测图作出点 A，B，C，…的投影图，并写出它们所在的位置（分角或投影面）。

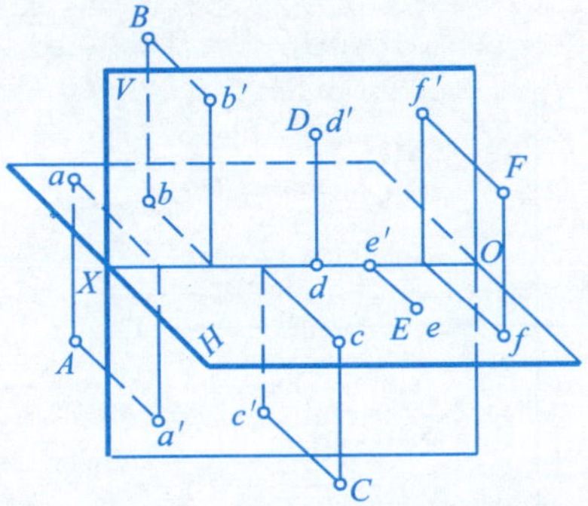

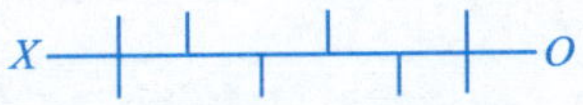

A 点在第____分角。B 点在第____分角。C 点在第____分角。

D 点在____面上。E 点在____面上。F 点在第____分角。

（2）已知三点 A（30，20，15），B（20，30，0），C（0，0，25），求其三面投影。

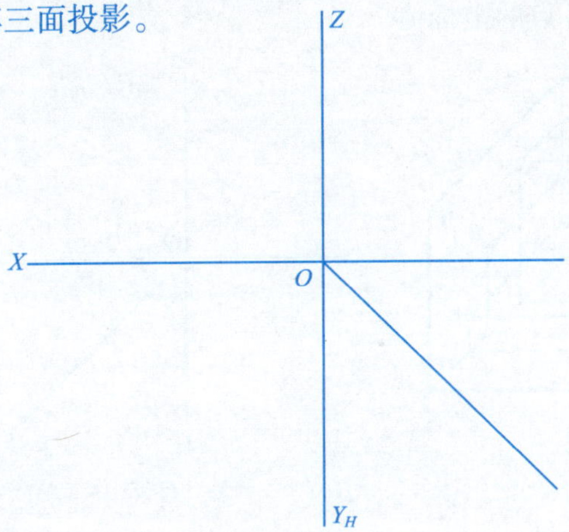

（3）已知三点 A，B，C 的两面投影，求其第三面投影。

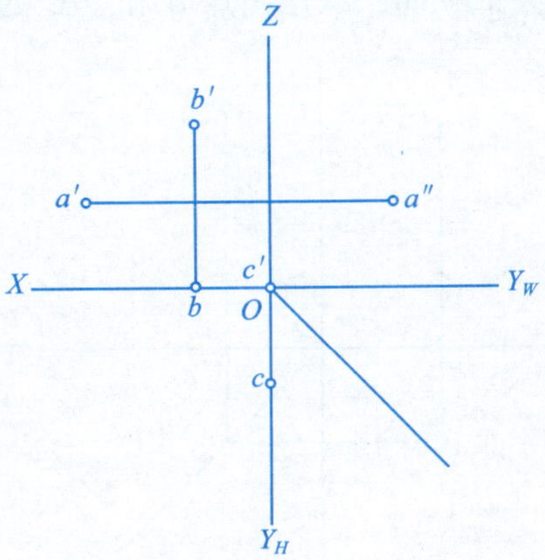

（4）作出下列各点的三面投影。已知 A（18，12，0），B（0，18，20），C（15，0，0）。

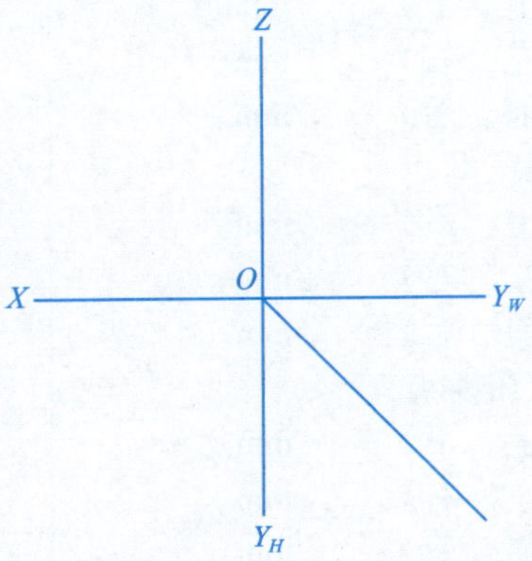

A 点在____面上，

它的____坐标等于零。

B 点在____面上，

它的____坐标等于零。

C 点在____轴上，

它的____和____坐标均为零。

班级　　　　姓名　　　　学号

（5）根据轴测图作出三点 A，B，C 的投影图，从轴测图量取整数坐标，并写出各点的坐标值。

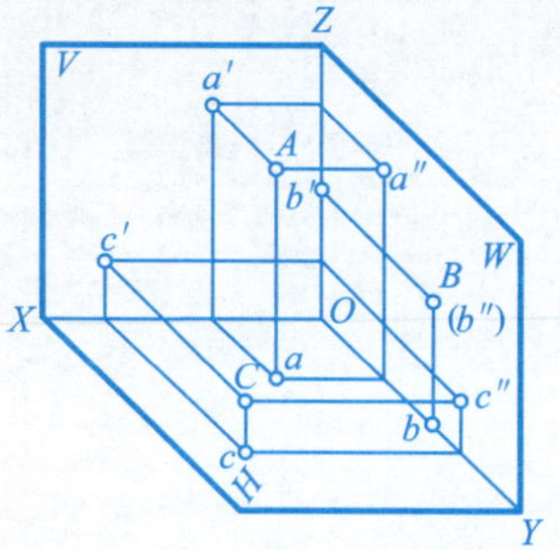

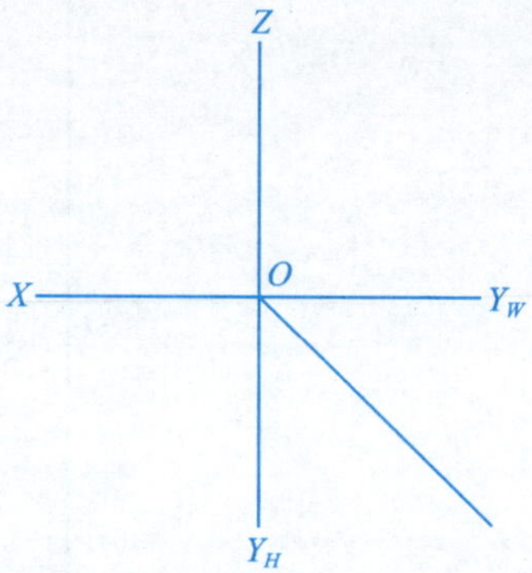

各点的坐标分别为：A（　　），B（　　），C（　　）。

（6）已知三点 K（15，20，24），M（35，20，10），N（15，20，10）的坐标，求其三面投影并判别可见性，把不可见点的投影加上括号。

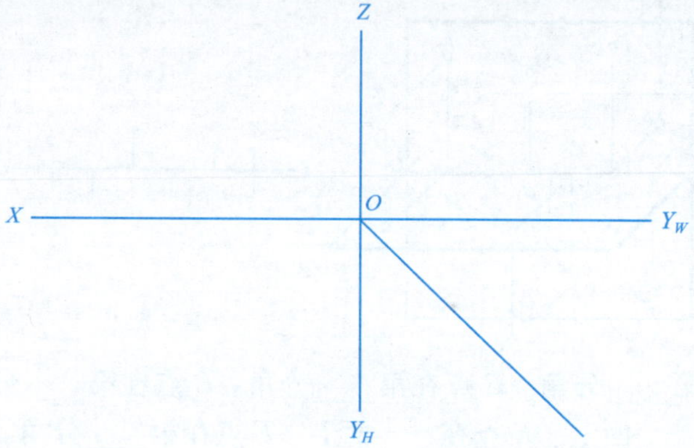

（7）比较三点 A，B，C 的相对位置。

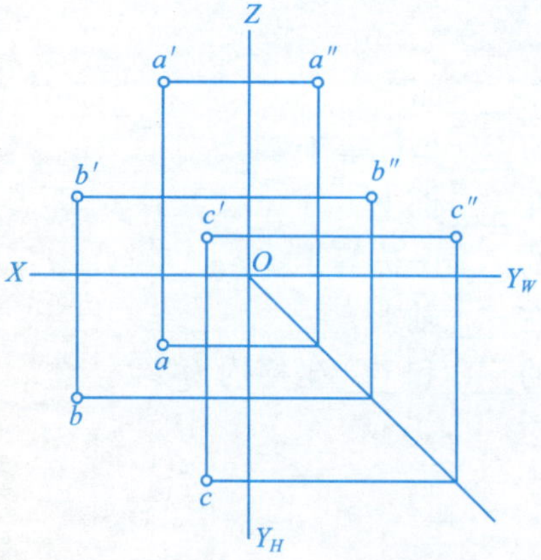

B 点在 A 点：

（上、下）____mm。

（左、右）____mm。

（前、后）____mm。

B 点在 C 点：

（上、下）____mm。

（左、右）____mm。

（前、后）____mm。

C 点在 A 点：

（上、下）____mm。

（左、右）____mm。

（前、后）____mm。

（8）已知点 B 在点 A 左方 10 mm，下方 15 mm，前方 10 mm；点 C 在点 A 的正前方 15 mm；试作出点 B 和点 C 的三面投影。

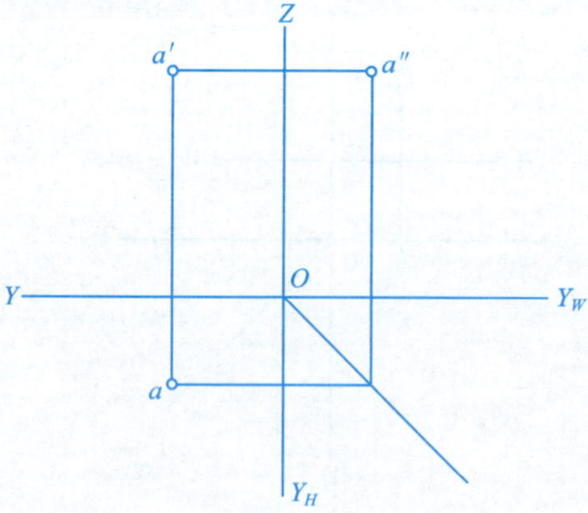

班级　　　　姓名　　　　学号

2-2　直线的投影

（1）作出直线 AB，CD 的三面投影，已知条件如下：

①端点 A（20，8，5），B（5，18，20）；② CD 的两面投影。

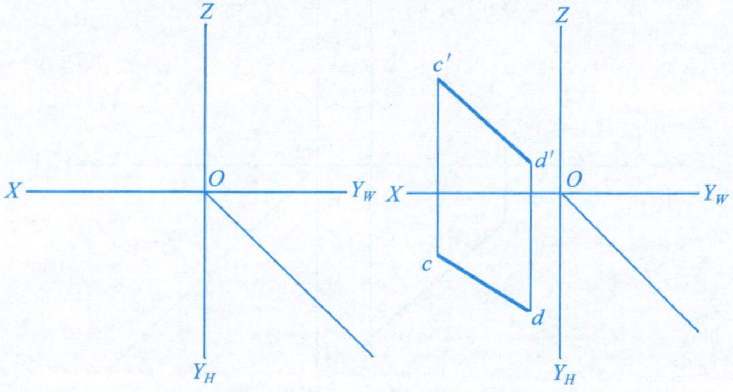

（2）作出直线 EF，GH 的三面投影，已知条件如下：

①点 F 距 H 面为 25 mm；②点 G 距 V 面为 5 mm。

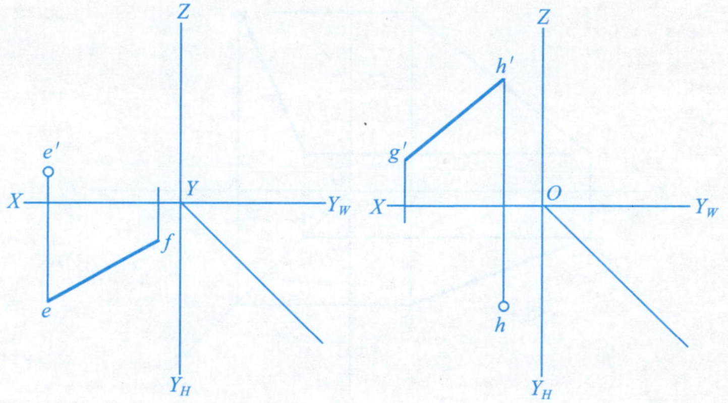

（3）判别下列直线属于 6 种特殊位置直线中的哪一种。

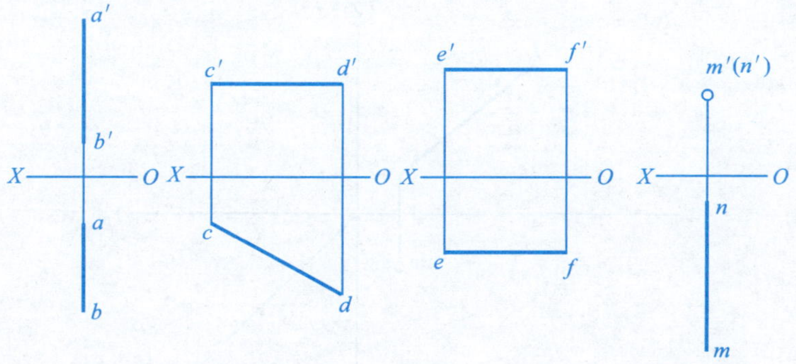

AB 是____线，CD 是____线，EF 是____线，MN 是____线。

（4）作出直线 AB、CD 的三面投影，已知条件如下：

① AB 为水平线，$AB=15$ mm，$\beta=30°$；② CD 为正平线，$CD=15$ mm，$\alpha=45°$。

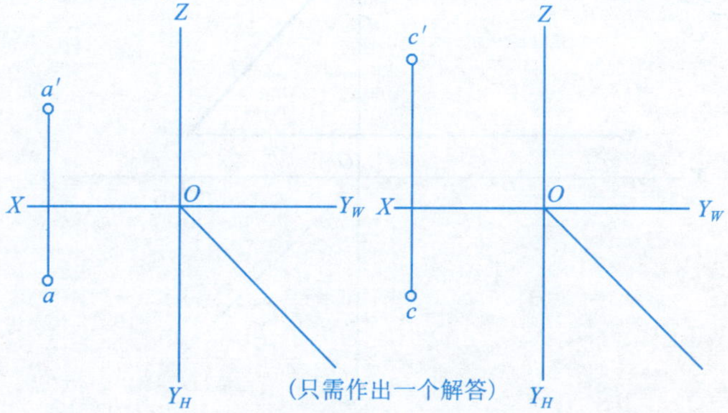

（只需作出一个解答）

班级　　　　姓名　　　　学号

2-2 直线的投影

(5) 作出线段 AB 的实长及其对投影面的倾角 α，β，γ。

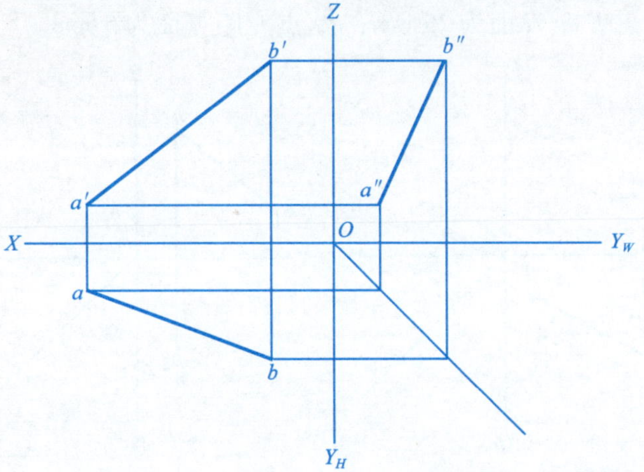

(6) 已知线段 AB 的投影 ab 及 A 的投影 a'，倾角 $\beta=30°$，完成 CD 的其他投影。

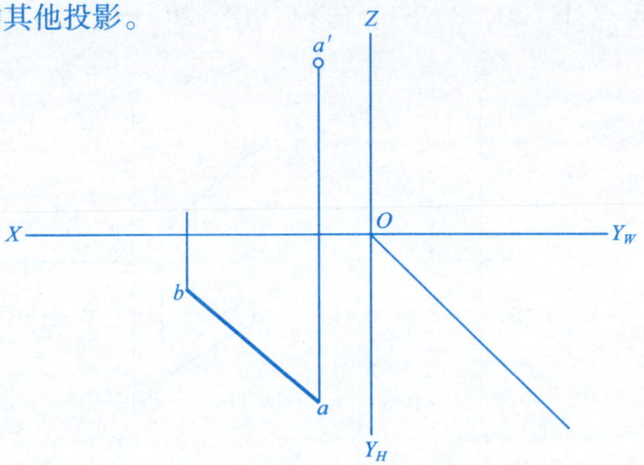

(7) 已知线段 CD 的投影 $c''d''$和 C 的投影 c'，倾角 $\gamma=45°$，完成 CD 的其他投影。

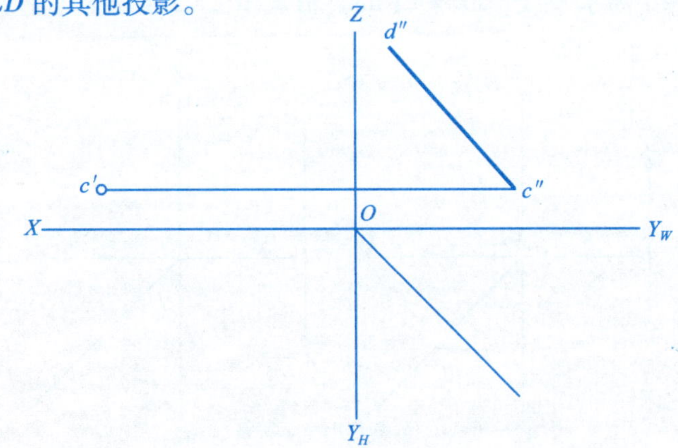

(8) 已知线段 EF 的投影 $e'f'$及 E 的投影 e，实长为 30 mm，完成 EF 的投影。

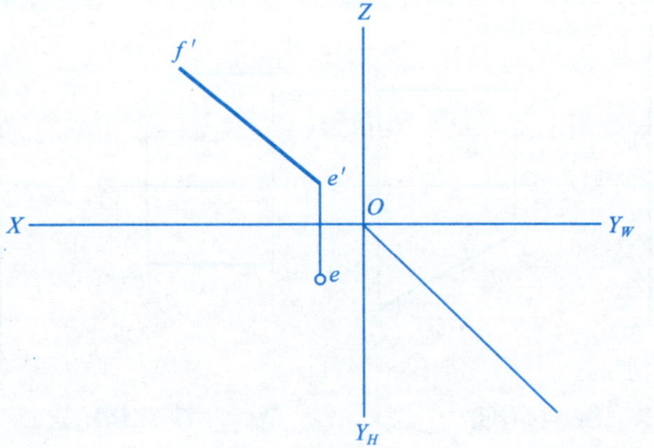

班级　　　　姓名　　　　学号

（9）直线 *AB* 上有一点 *K* 距 *V* 面 15 mm，求 *K* 点的投影。

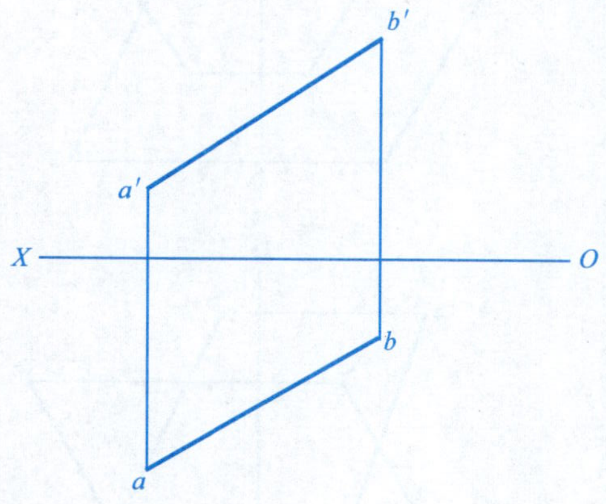

（10）在直线 *AB* 上求一点 *K*，使 *AK*=30 mm。

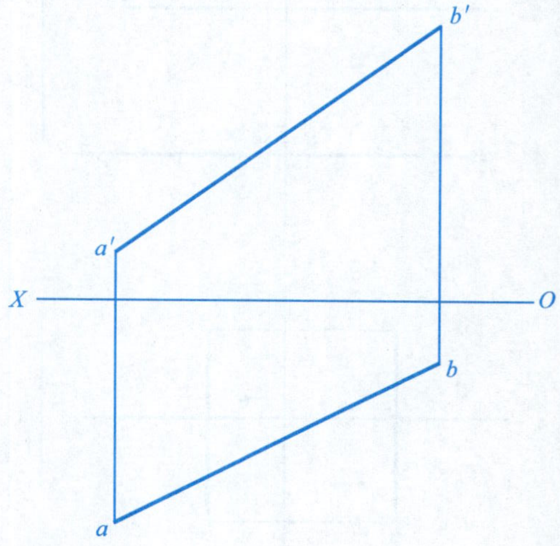

（11）在直线 *EF* 上求一点 *A*，使点 *A* 到 *H* 面、*V* 面的距离相等。

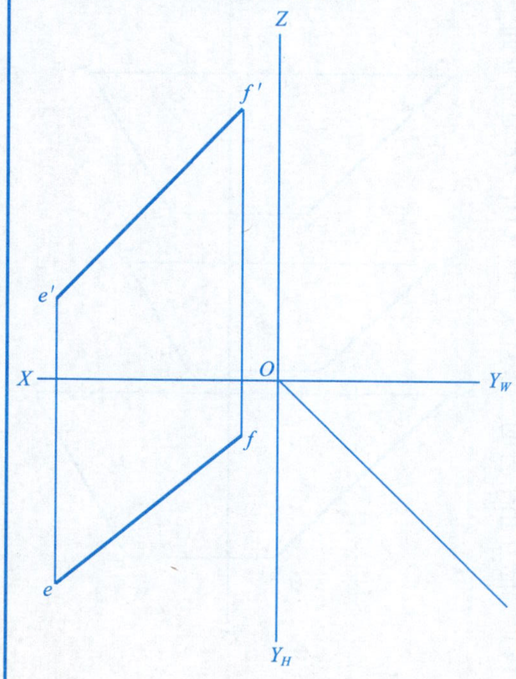

（12）点 *K* 在直线 *CD* 上，已知 *k*，求作 *k*′。

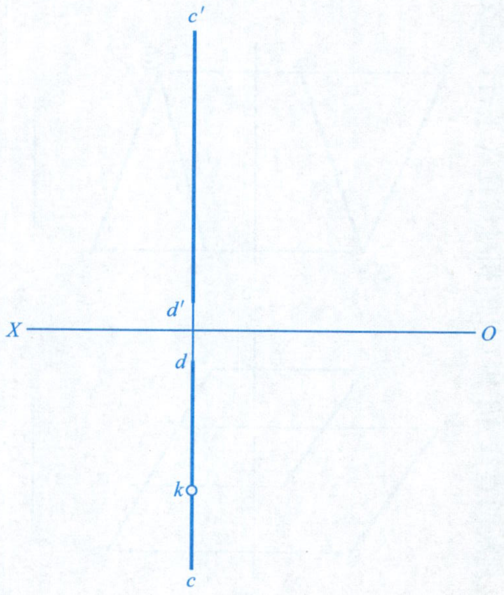

班级　　姓名　　学号

（13）判断两直线 *AB* 和 *CD* 的相对位置（平行、相交、交叉）。

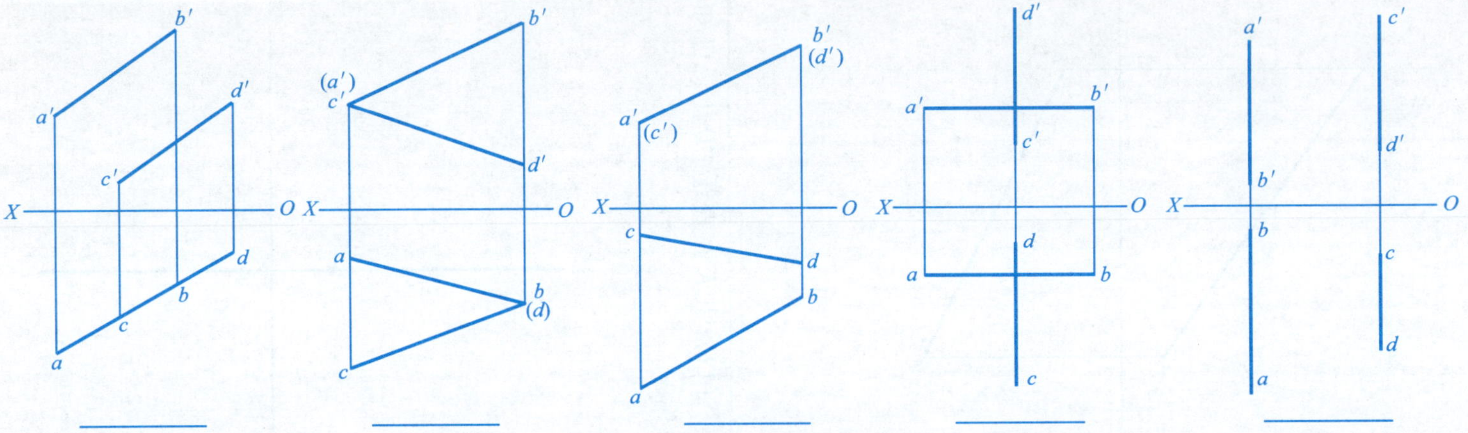

（14）判断互相平行的三条直线 *AB*，*CD*，*EF* 是否在同一平面。

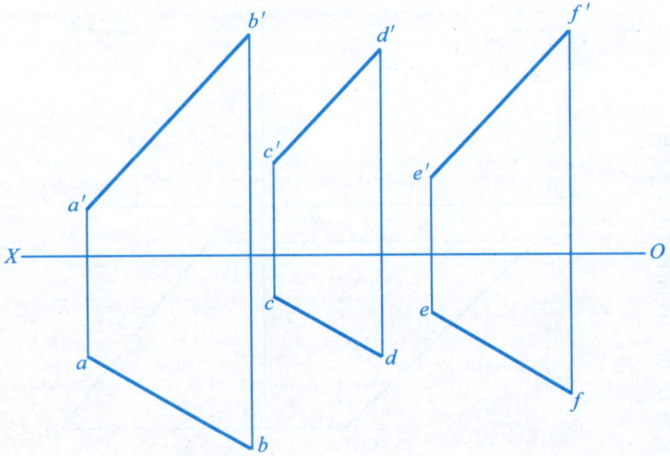

（15）标注出各个重影点的正面投影和水平投影。

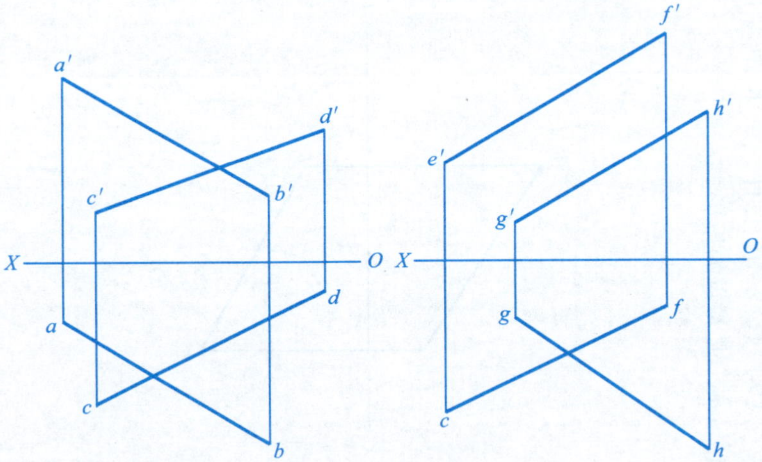

班级　　　姓名　　　学号

2-2 直线的投影

（16）过点 M 作长度为 25 mm 的侧平线 MN 与 AB 相交。

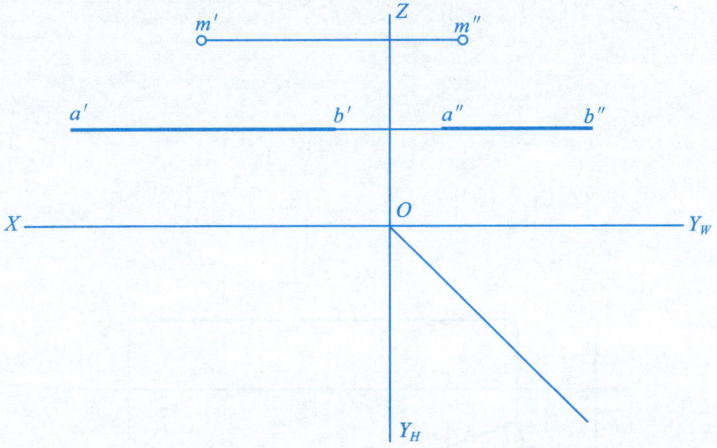

（17）过点 K 作直线 KL 与 AB，CD 均相交。

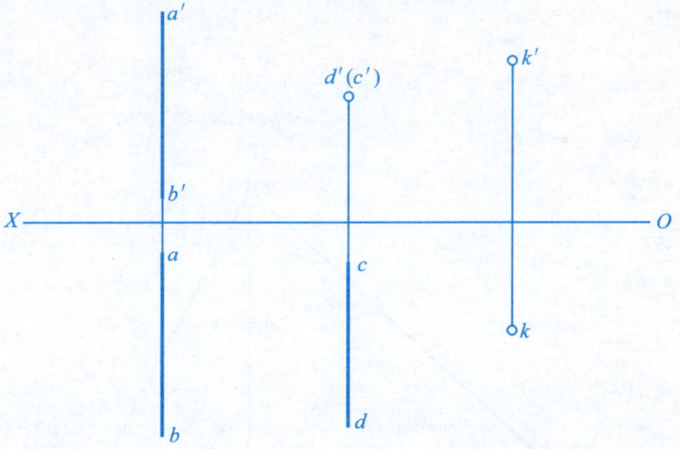

（18）已知正平线 CD 与直线 AB 相交于点 K，AK 的长度为 20 mm，且 CD 与 H 面的夹角为 60°，求 CD 的投影。

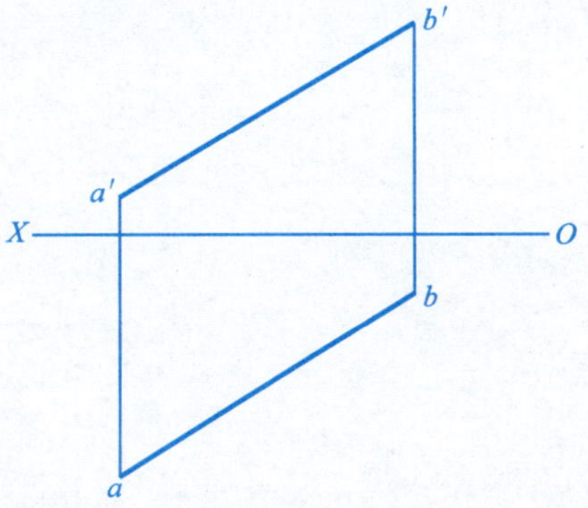

（19）求作一条直线平行于 H 面且距 H 面 25 mm，并与平行直线 AB，CD 均相交。

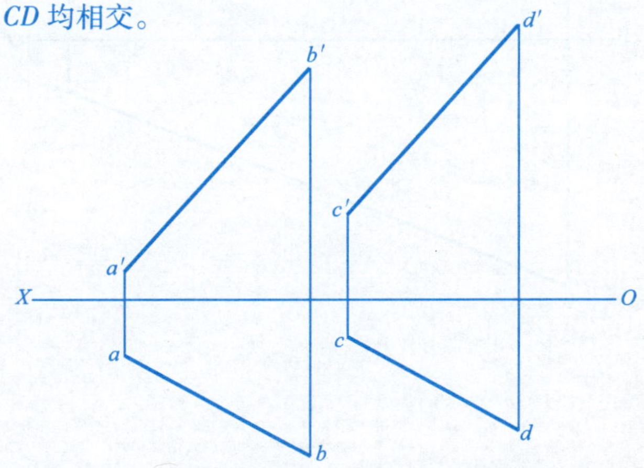

班级　　姓名　　学号

（20）已知 AC 为水平线，作出等腰△ABC（B 为顶点）的水平投影。

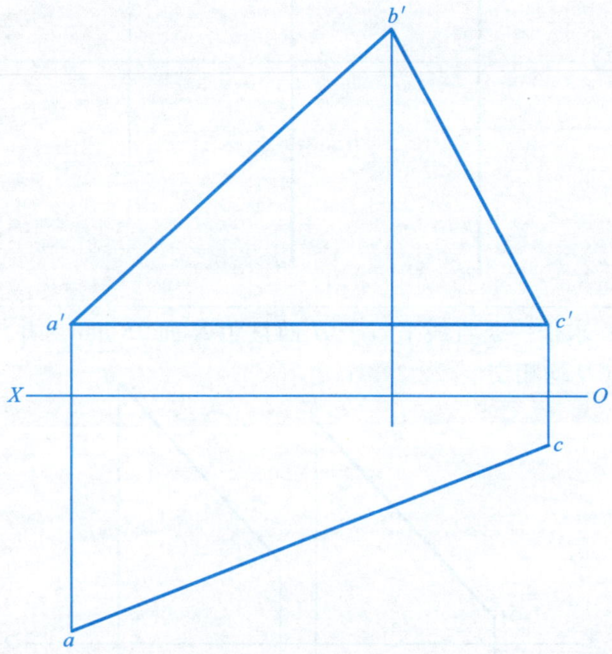

（21）完成正方形 $ABCD$ 的两面投影。

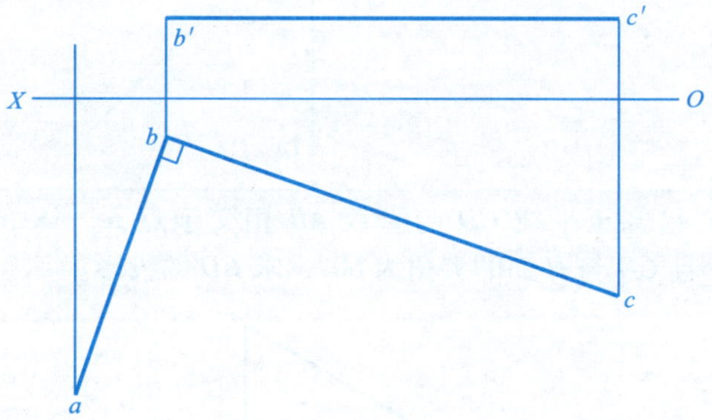

班级　　　　姓名　　　　学号

（22）以正平线 AC 为对角线作一个正方形 $ABCD$，点 B 距 V 面为 45 mm。

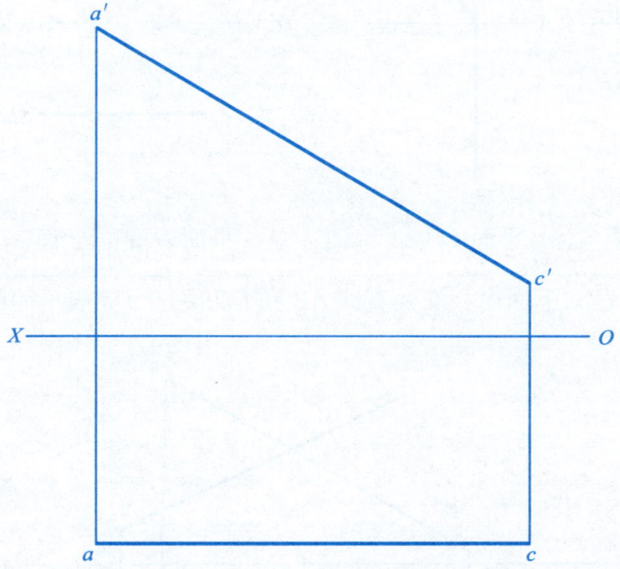

（23）线段 CM 是等腰△ABC 的高，点 A 在 H 面上，点 B 在 V 面上，作出△ABC 的投影。

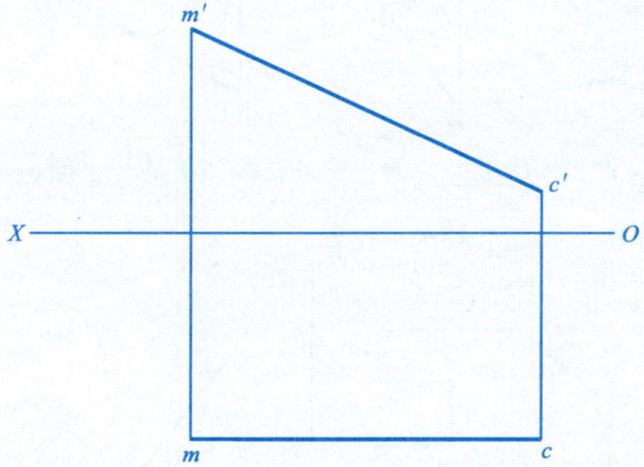

班级　　姓名　　学号

2-3　平面的投影

（1）判断下列平面相对于投影面的位置，说明是属于哪种位置的平面。

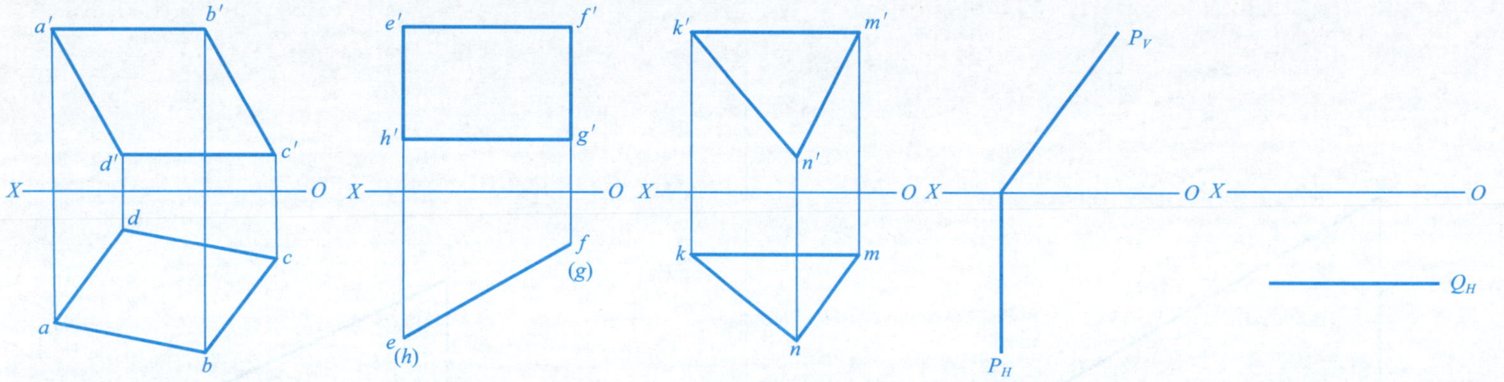

□*ABCD* 是____面，　□*EFGH* 是____面，　△*KMN* 是____面，　平面 *P* 是____面，　平面 *Q* 是____面。

（2）作出平面图形的水平投影。

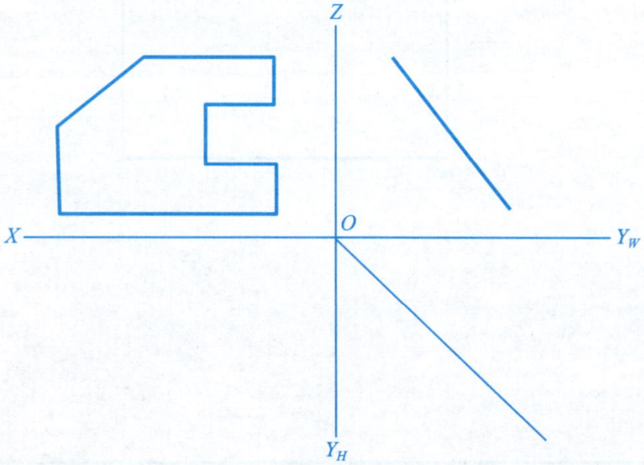

（3）已知平面由相交两直线 *AB* 和 *CD* 决定，完成平面的投影。

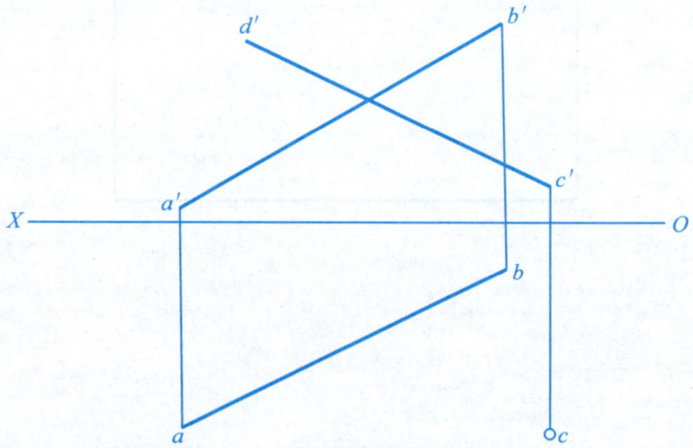

班级　　　　姓名　　　　学号

（4）判别点 K 和点 M 是否在由两相交直线 AB，CD 决定的平面上。

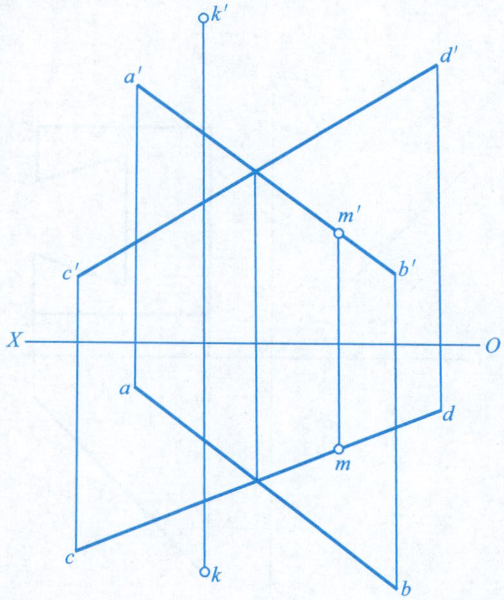

K 点（在，不在）　M 点（在，不在）

（5）判别直线 EF 是否在平面上。

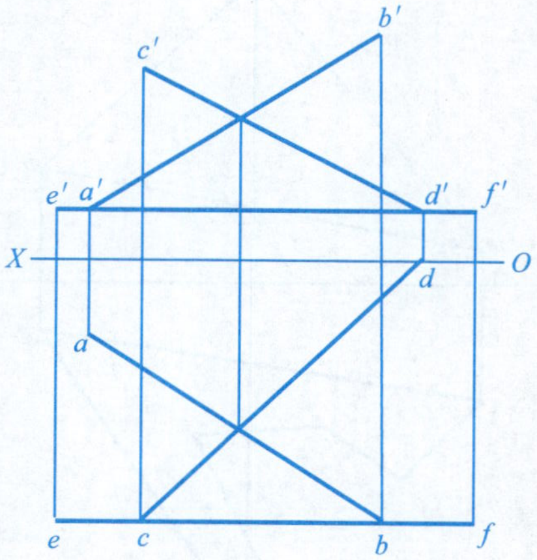

直线 EF（在，不在）

（6）在 $\triangle ABC$ 平面内已知直线 EF 的水平投影及 GH 的正面投影，求作 $e'f'$ 和 gh。

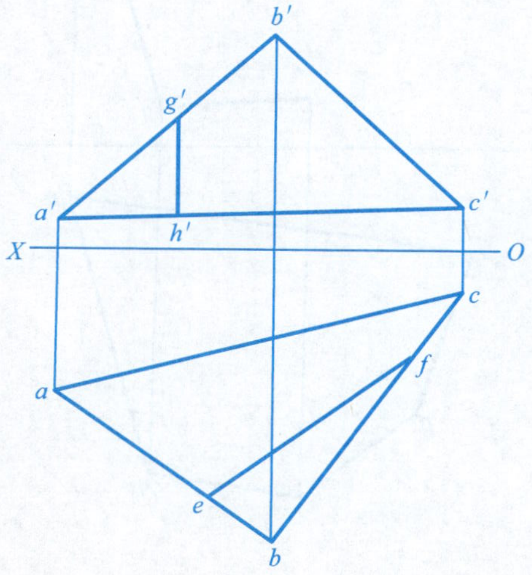

（7）在 $\triangle ABC$ 内确定点 K，使点 K 距 H 面为 20 mm，距 V 面为 24 mm。

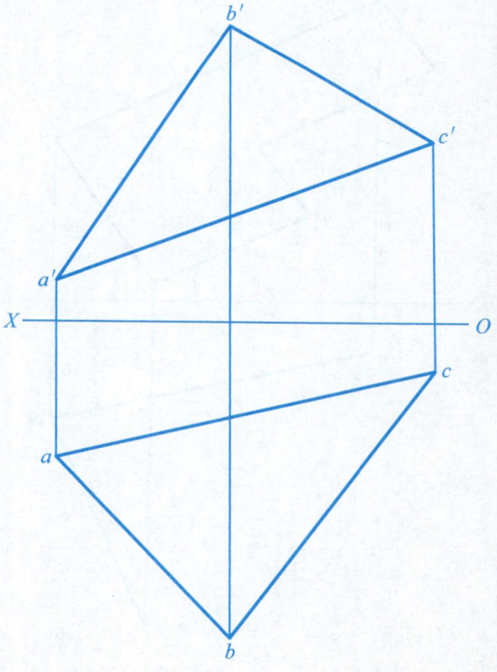

班级　　姓名　　学号

（8）完成平面五边形 *ABCDE* 的水平投影（图中 $b'c'//a'e'$）。

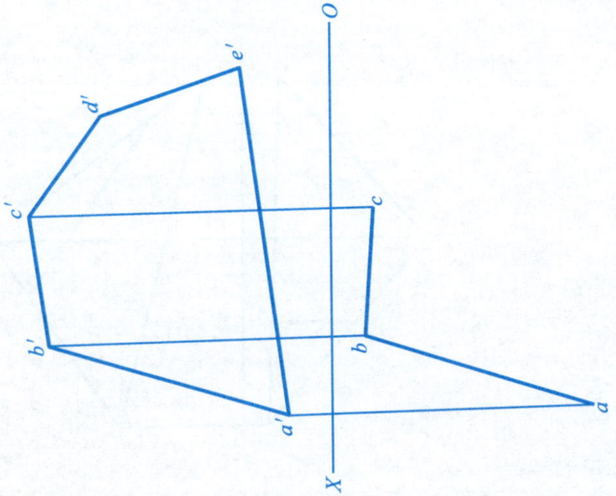

（9）完成 L 形平面的正面投影。

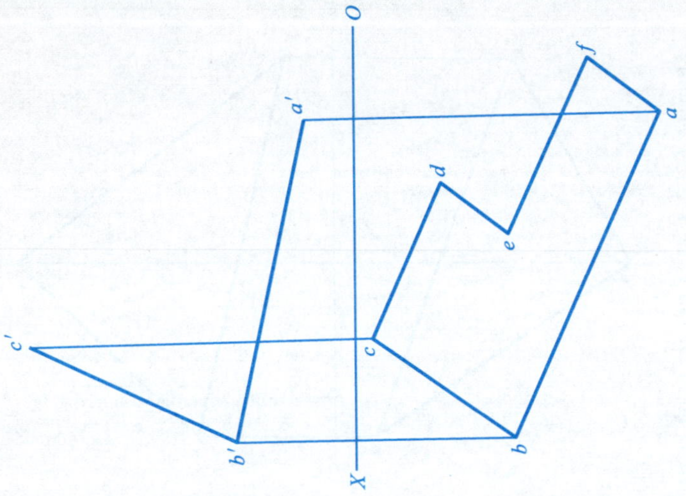

（10）完成平面图形的侧面投影。

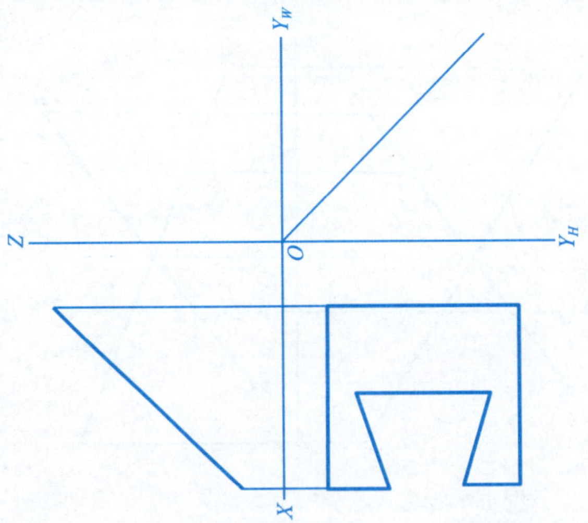

（11）补全平面图形的水平投影。

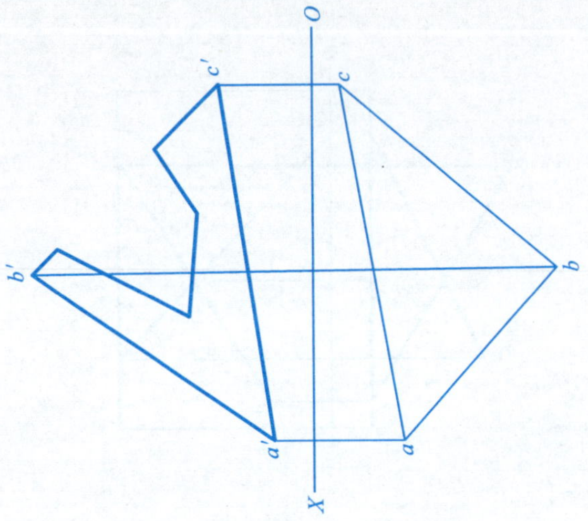

班级　　　　姓名　　　　学号

2-3 平面的投影

（12）在由相交两直线 AB，CD 组成的平面内，过 K 点作一条正平线 EF。

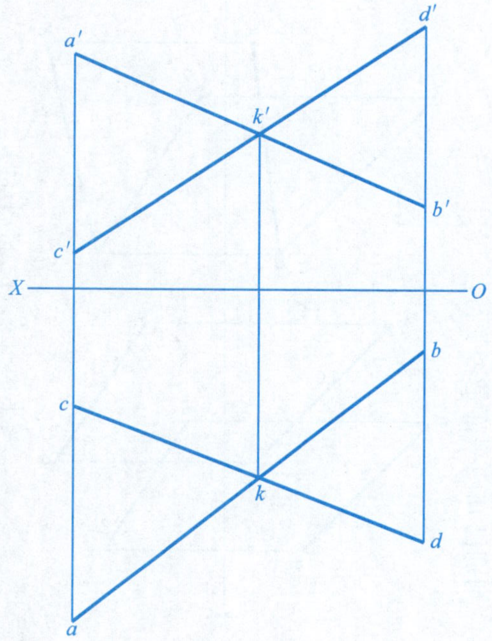

（13）求 $\triangle ABC$ 平面对 V 面的倾角 β_1。

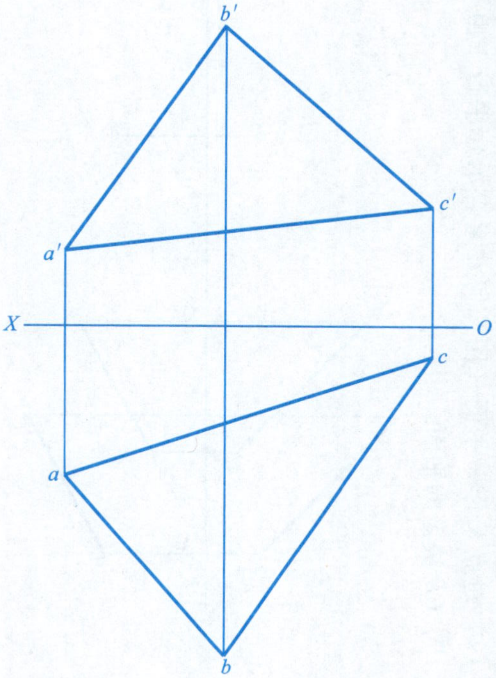

（14）球 M 从斜坡平面 $ABCD$ 上滚下，作出它的轨迹的投影，并求出斜坡对 H 面的倾角 α_1。

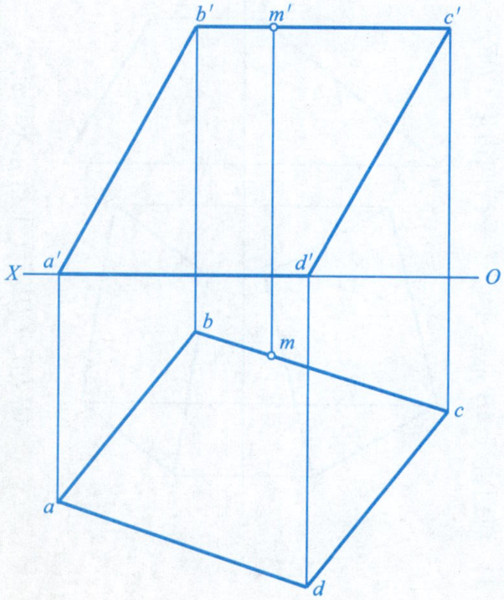

（15）已知 $\triangle ABC$ 对 V 面的倾角 $\beta_1=30°$，作出该 $\triangle ABC$ 的水平投影（bc∥轴）。

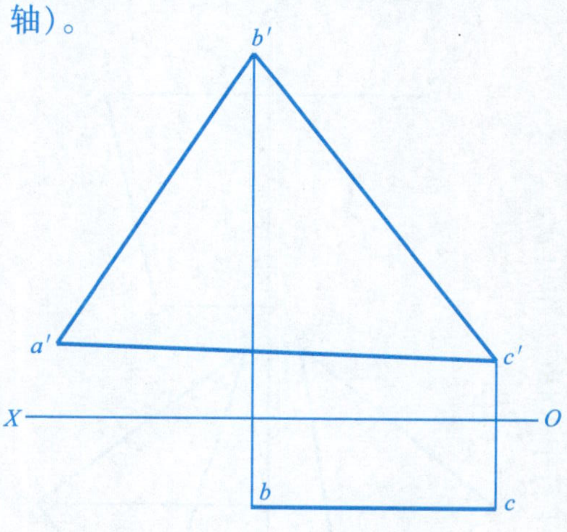

班级　　姓名　　学号

2-4　空间几何元素的相对位置

（1）已知直线 *DE* 平行于△*ABC*，作出 $d'e'$。

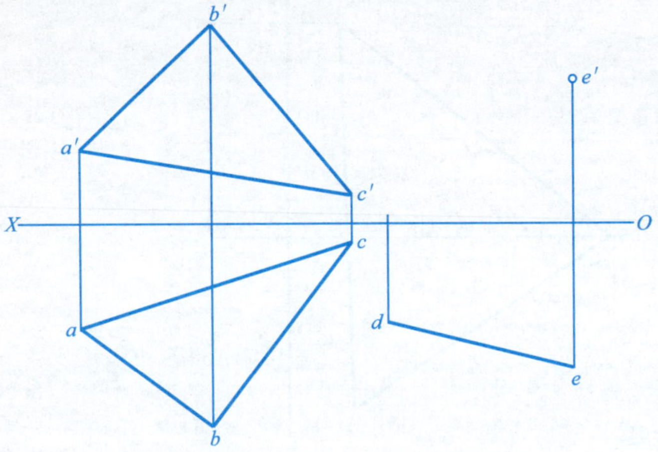

（2）过点 *K* 作一平面（用几何元素表示）平行于由平行两直线 *AB*，*CD* 决定的平面。

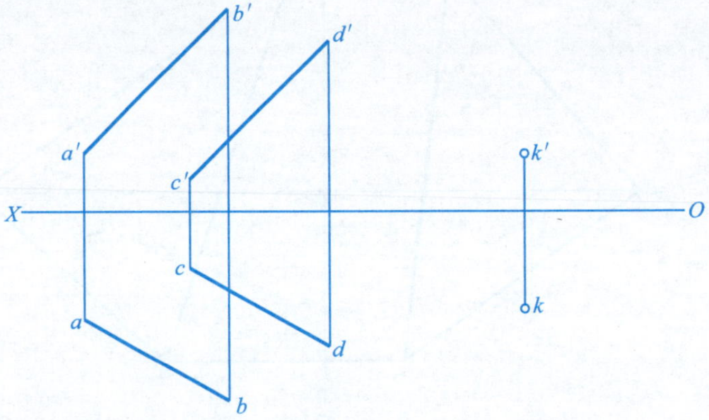

（3）判别直线 *AB* 是否平行于平行四边形 *CDEF*。

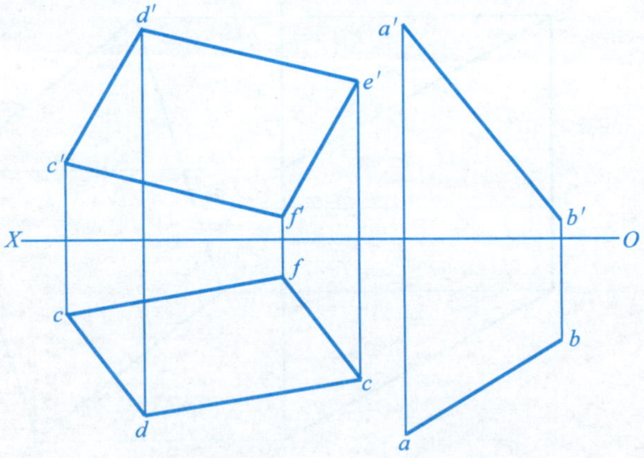

AB 与▱*CDEF*（平行，不平行）

（4）判别已知两平面是否平行。

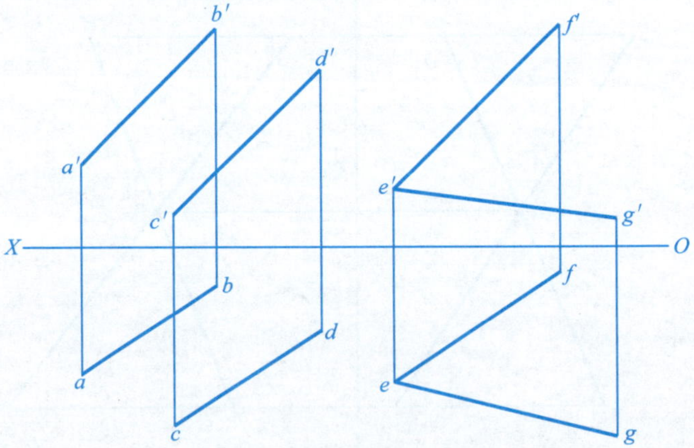

两平面（平行，不平行）

班级　　　　姓名　　　　学号

（5）求直线 *EF* 与 △*ABC* 的交点，并判别其可见性。

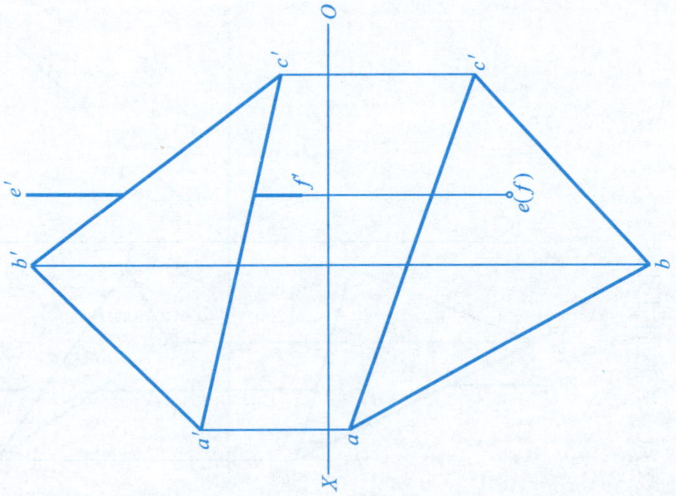

（6）求直线 *EF* 与 △*ABC* 的交点，并判别其可见性。

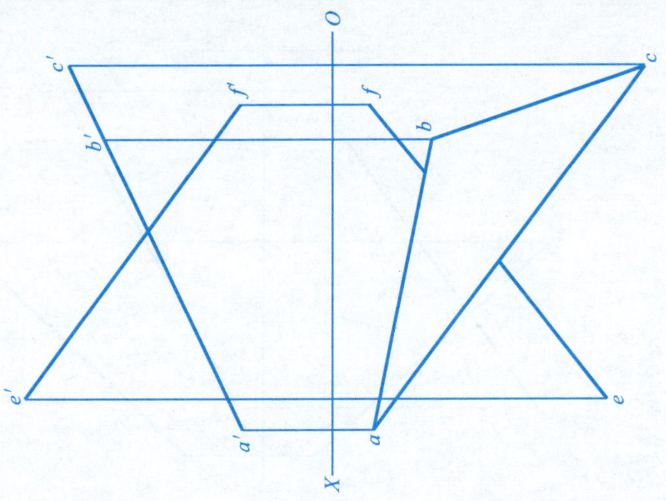

（7）作出平面 *P* 与 △*ABC* 的交线，并判别可见性。

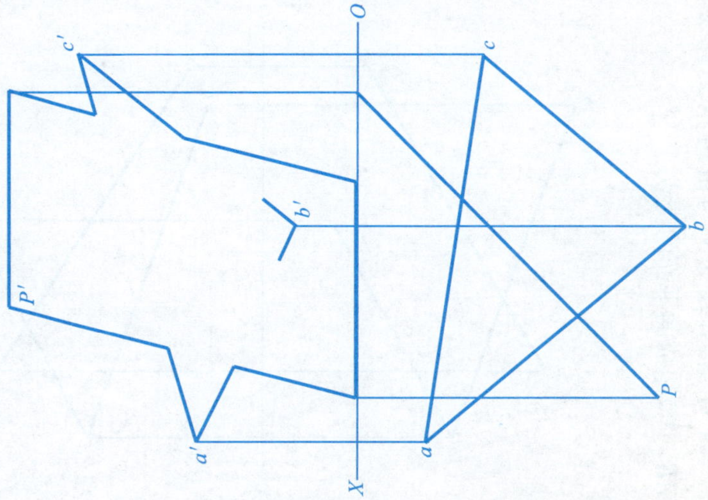

（8）求直线 *EF* 与 △*ABC* 的交点，并判别其可见性。

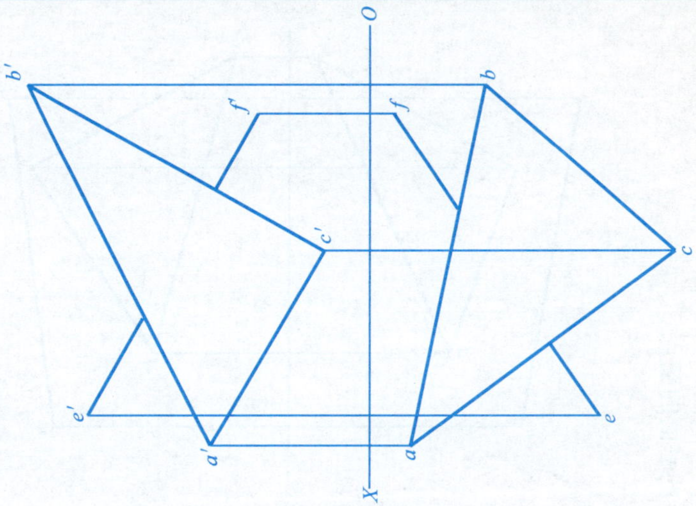

班级　　姓名　　学号

（9）求直线 *MN* 与由两相交直线 *AB*，*AC* 组成的平面的交点。

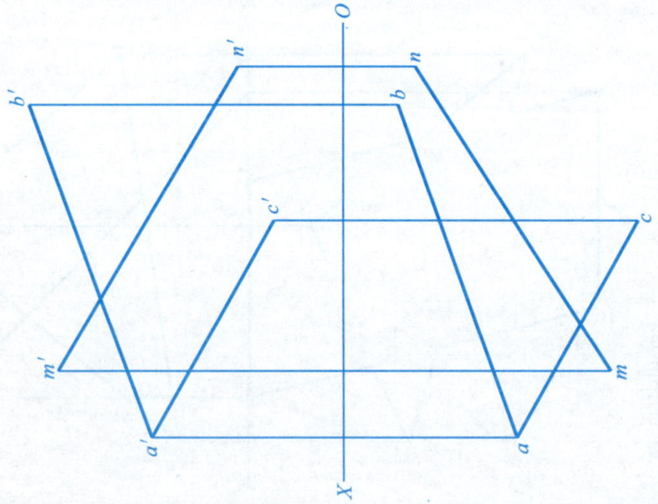

（10）求直线 *MN* 与△*DEF* 所表示的平面的交点。

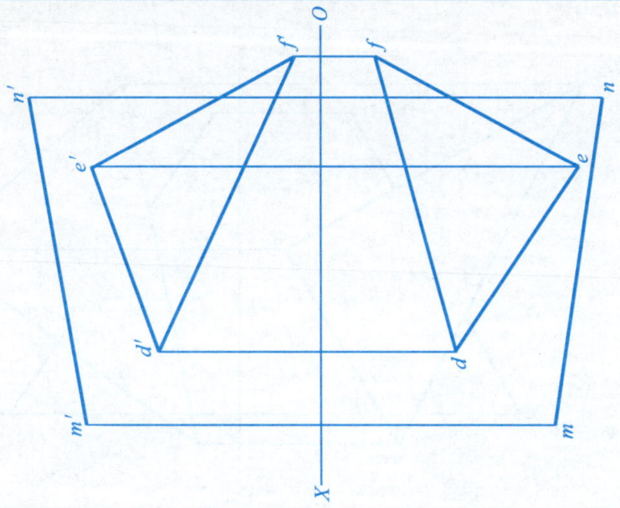

（11）作出侧平线 *MN* 与△*ABC* 的交点，并判别可见性。

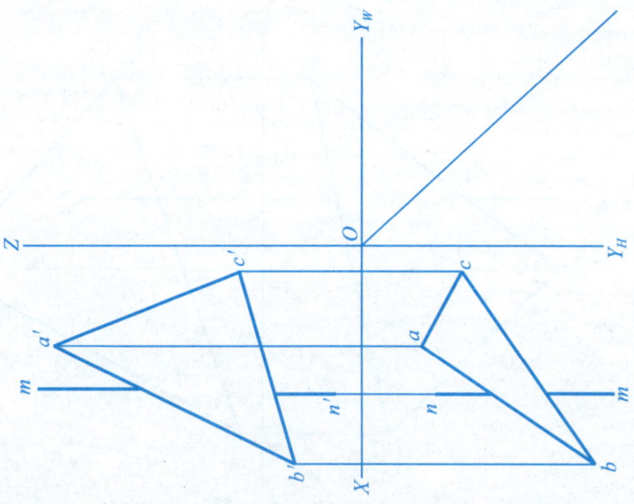

（12）过点 *N* 作一条直线与直线 *AB* 及 *CD* 均相交。

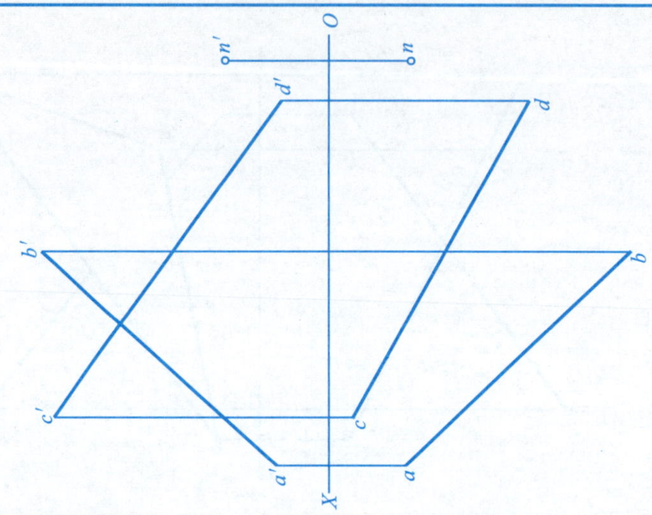

班级 姓名 学号

（13）求两平面的交线，并判别可见性。

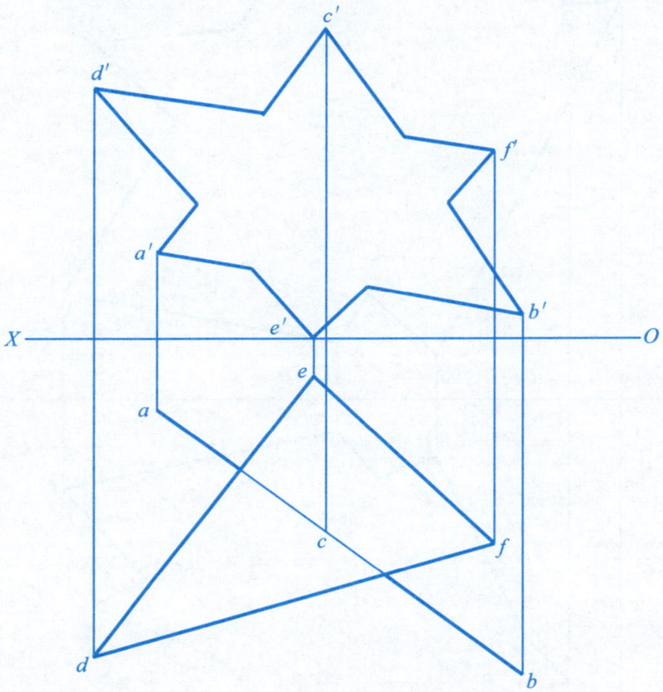

（14）已知两平面的交线为 *MN*，利用重影点的方法判别两平面的可见性。

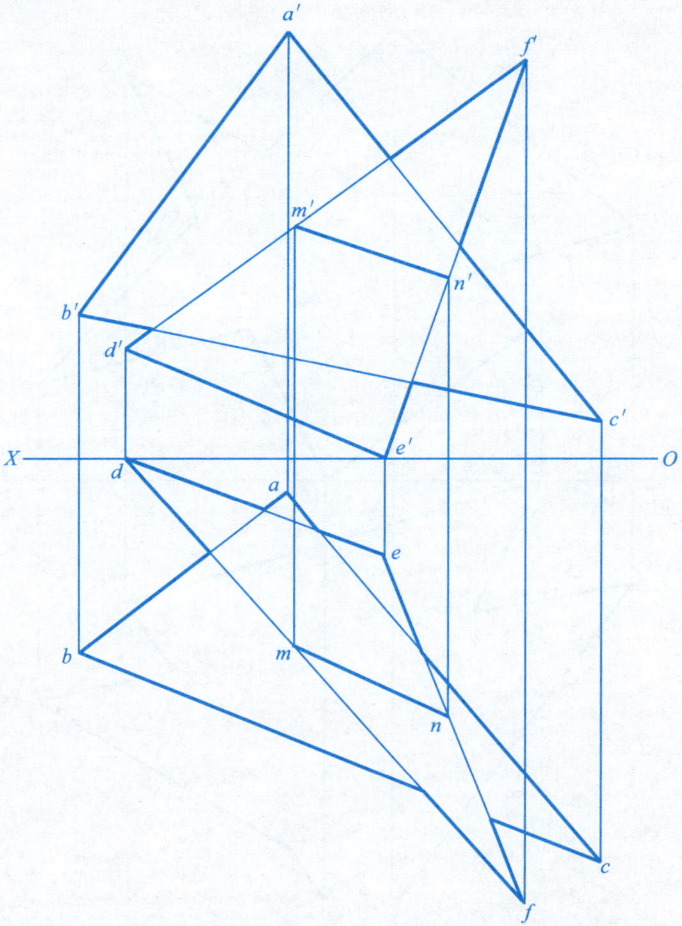

班级　　　　姓名　　　　学号

2-4　空间几何元素的相对位置

（15）作出△*ABC* 与△*DEF* 的交线，并判别其可见性。

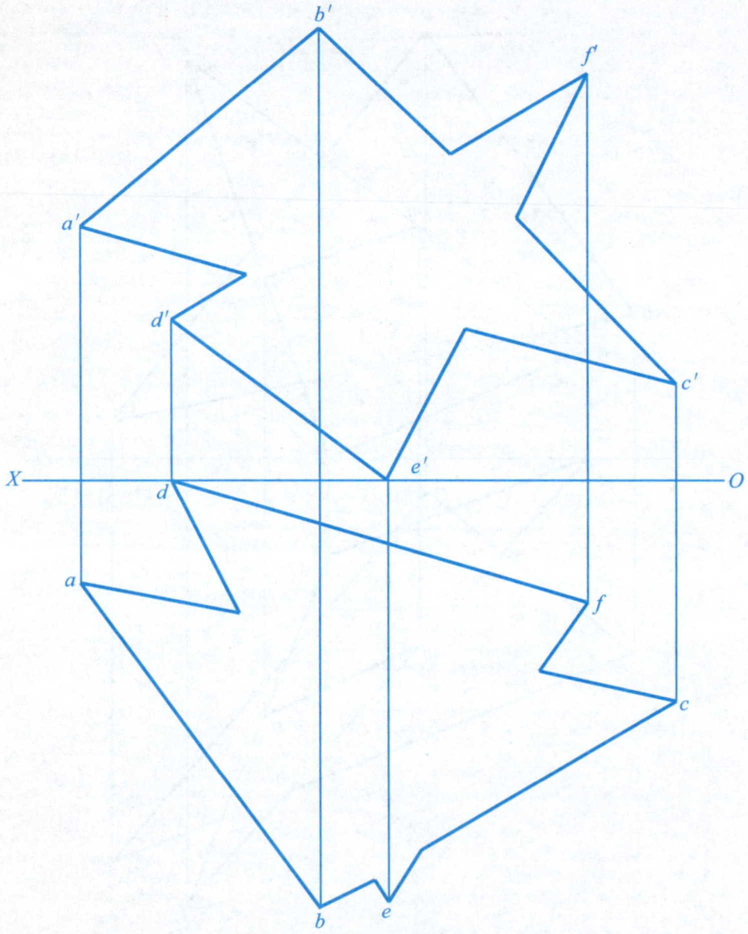

（16）作出平面△*ABC* 与平行四边形 *DEFG* 的交线，并判别其可见性。

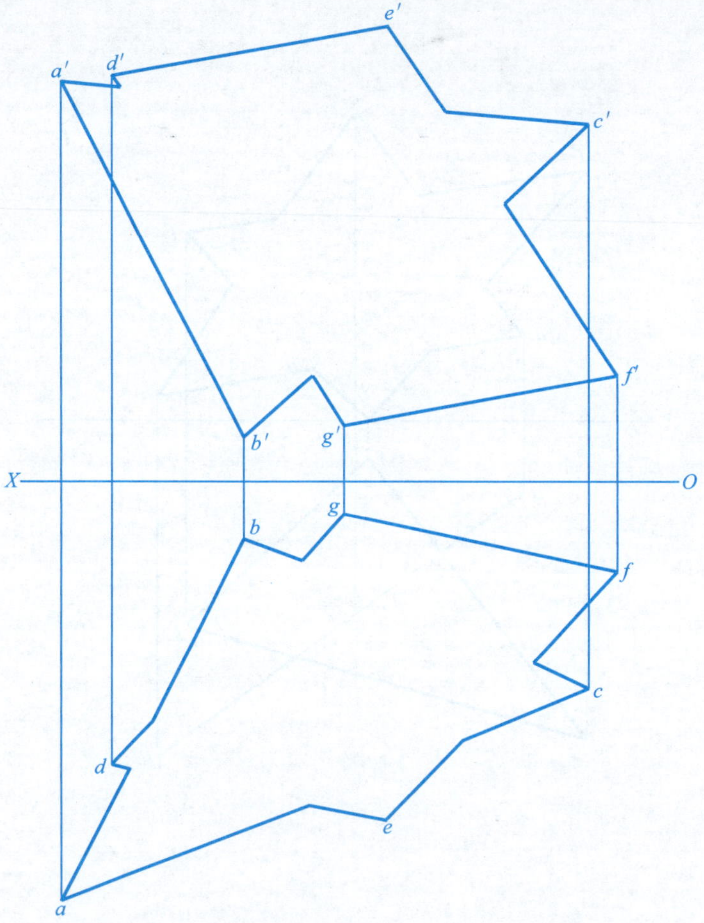

班级　　　　　姓名　　　　　学号

（17）过点 K 作一条直线 KL 与平面 ABC 平行，与直线 EF 相交。

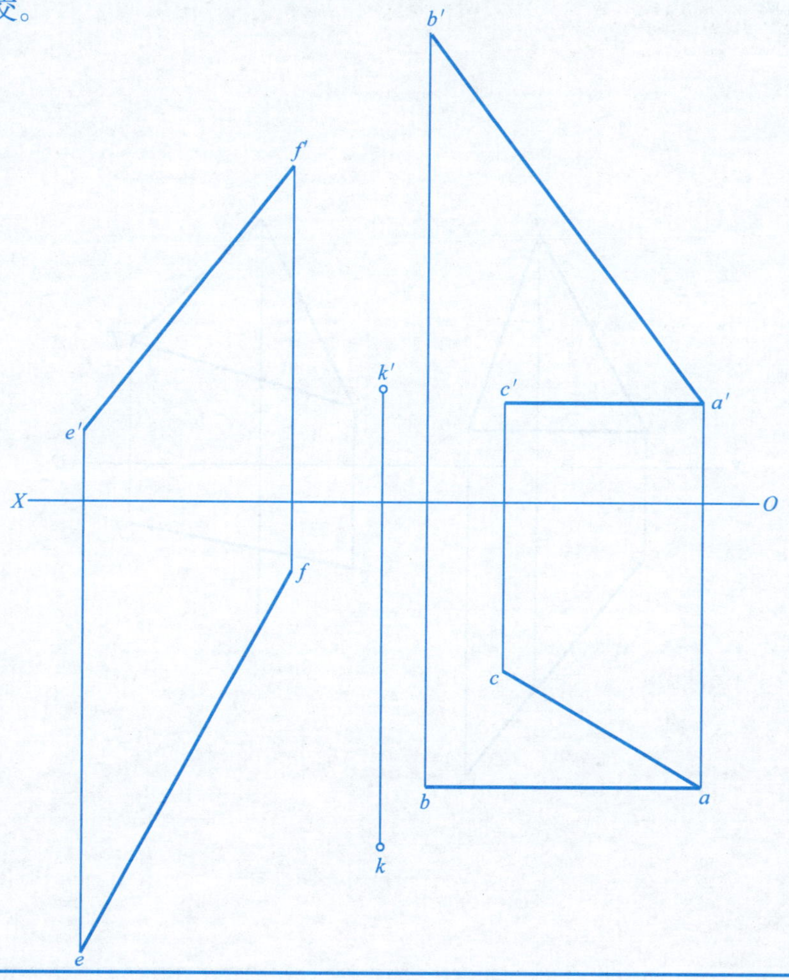

（18）作一个平面平行于△ABC，使 DE 在两平面间的线段实长为 50 mm。

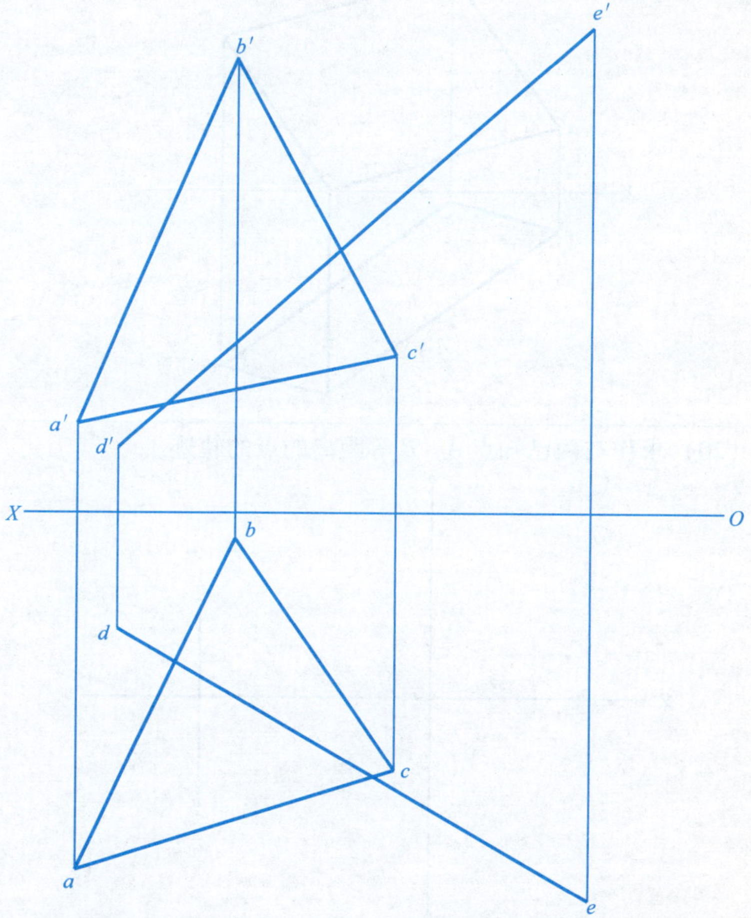

班级　　姓名　　学号

（19）过平行四边形 *ABCD* 的中心，作该平面的垂线。

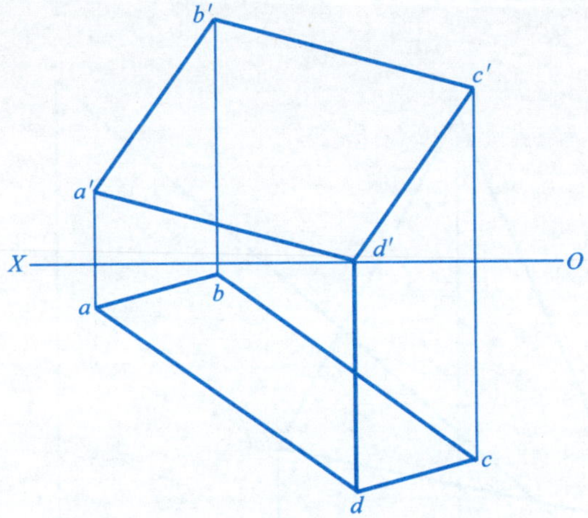

（20）求作与两已知点 *A*，*B* 等距离的点的轨迹。

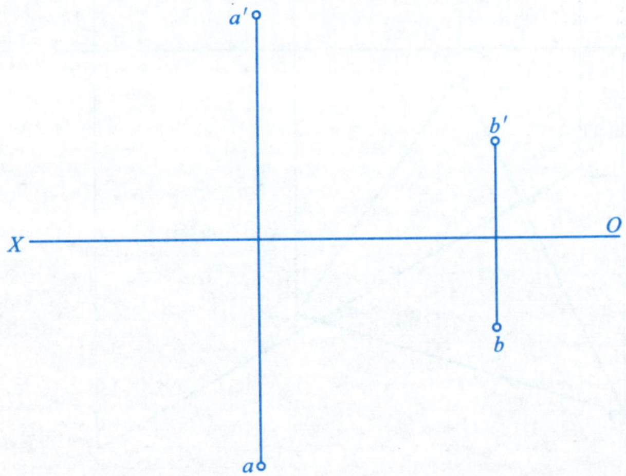

（21）已知平面△*EFG* 与平面△*ABC* 垂直，画全△*EFG* 的水平投影。

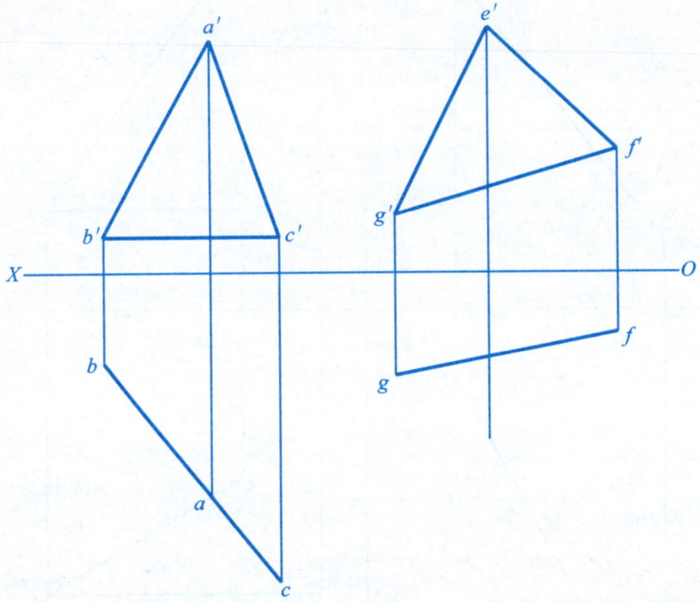

班级 姓名 学号

2-4　空间几何元素的相对位置

（22）求点 K 到 $\triangle ABC$ 的距离。

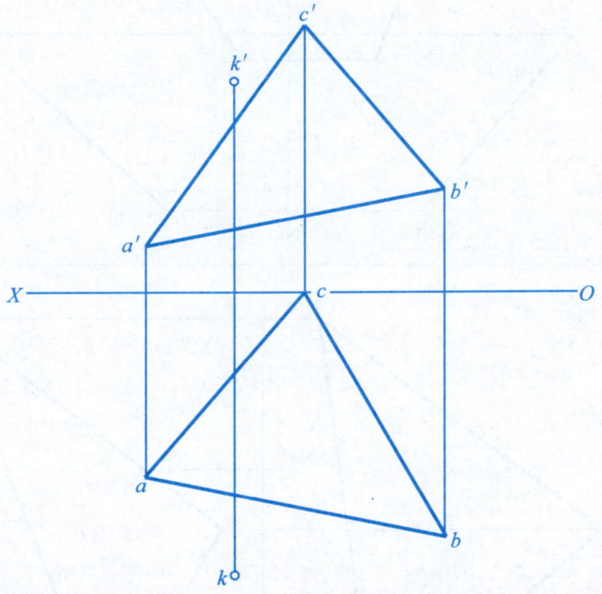

（23）求作等腰 $\triangle ABC$ 的水平投影，AB 为底边。

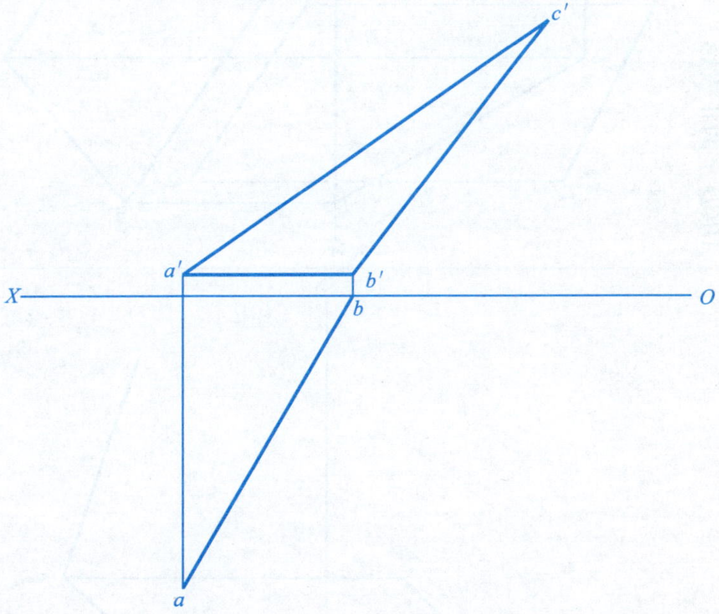

班级　　　　姓名　　　　学号

（24）已知直线 *AB* 垂直 *BC*，作出 *b′c′*。

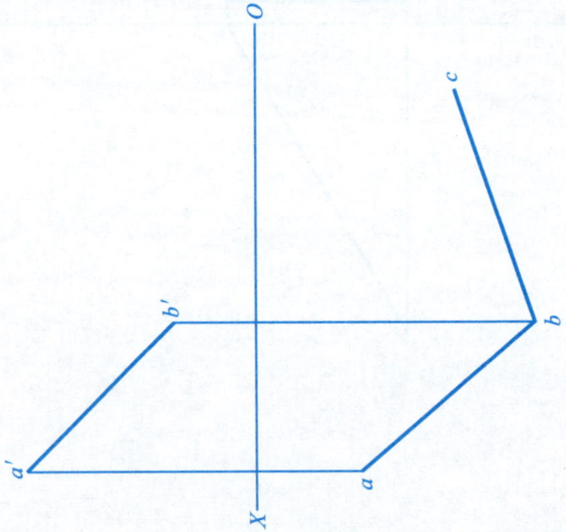

（25）作出直线 *KL* 在平行四边形 *ABCD* 上的正投影。

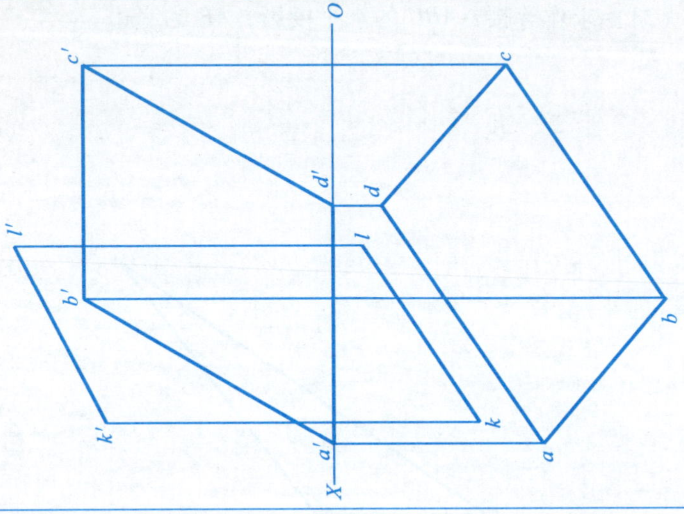

（26）已知点 *K* 与点 *L* 对称于△*ABC*，作出点 *L*。

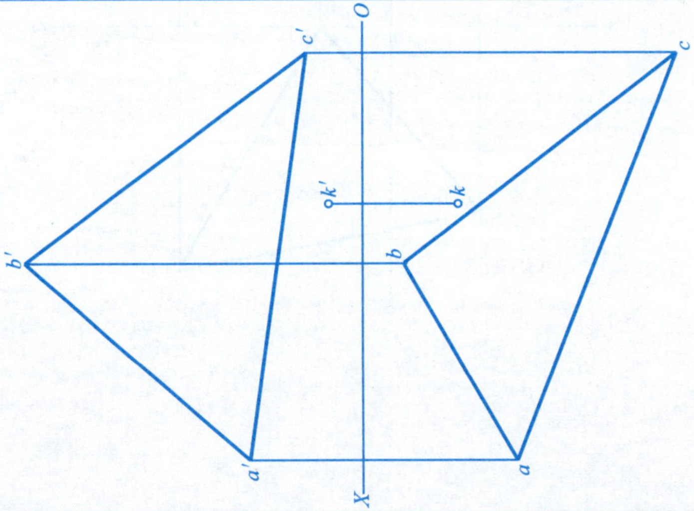

（27）以 *AB* 为底边作一个等腰三角形 *ABC*，点 *C* 在直线 *DE* 上。

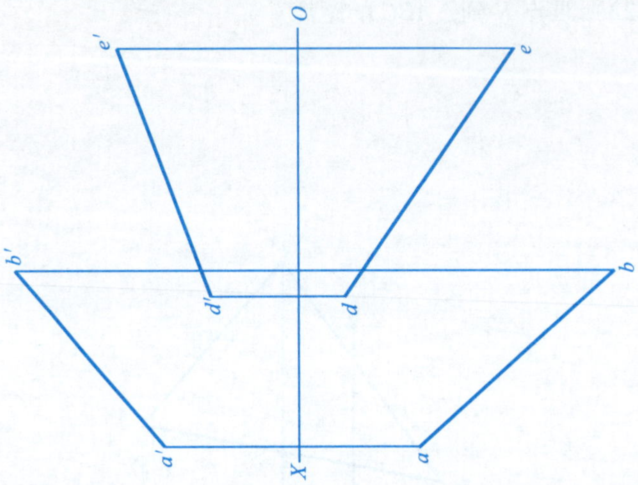

班级　　　　姓名　　　　学号

2-4 空间几何元素的相对位置

(28) 过点 K 作线段 KL，使它垂直于线段 MN，并平行于平面 $ABCD$（$AB/\!/CD$）。

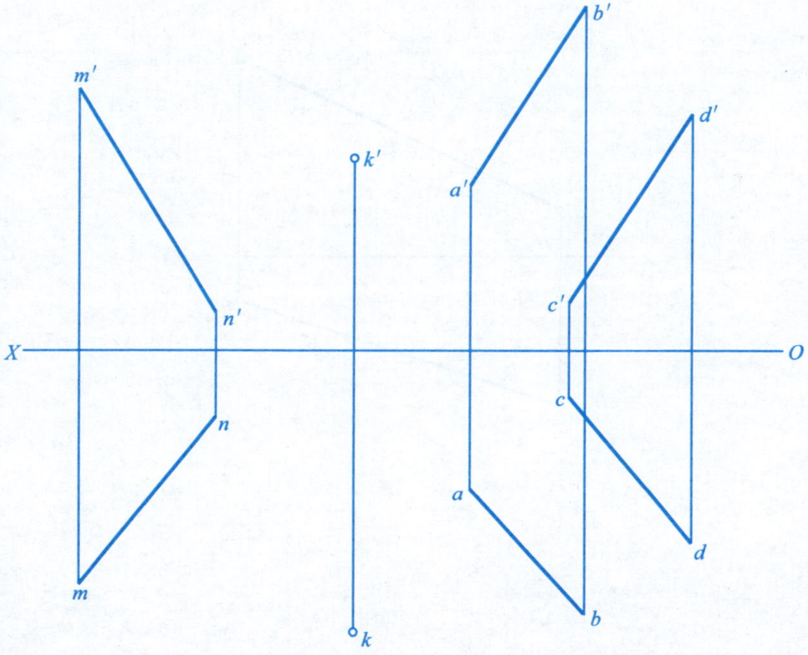

(29) 求作一个矩形 $ABCD$，使顶点 A，B，C 分别在直线 MN，KL，HI 上，并使 $AB/\!/EF$。

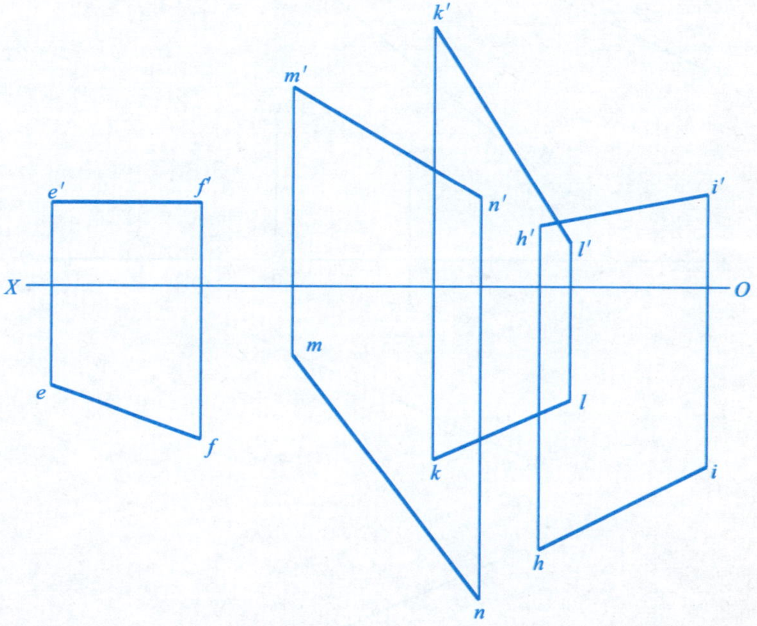

班级　　　　姓名　　　　学号

第三章　投影变换

3-1　换面法

（1）求出点 A 和点 B 在 V_1 面、V_2 面、H_1 面、H_2 面上的投影。

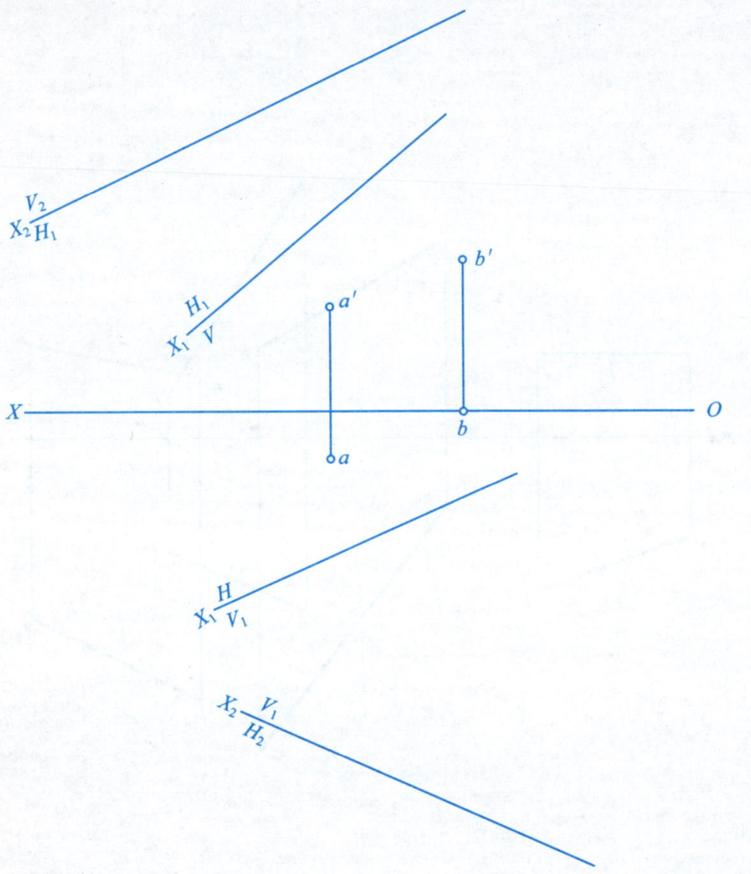

（2）求直线 AB 对 H 面、V 面的倾角 α、β 及实长。

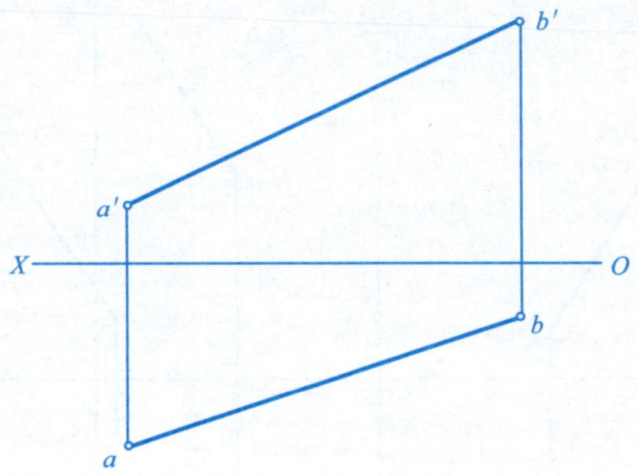

班级　　　　姓名　　　　学号

(3) 已知直线 AB 的实长为 40 mm，作出 $a'b'$。

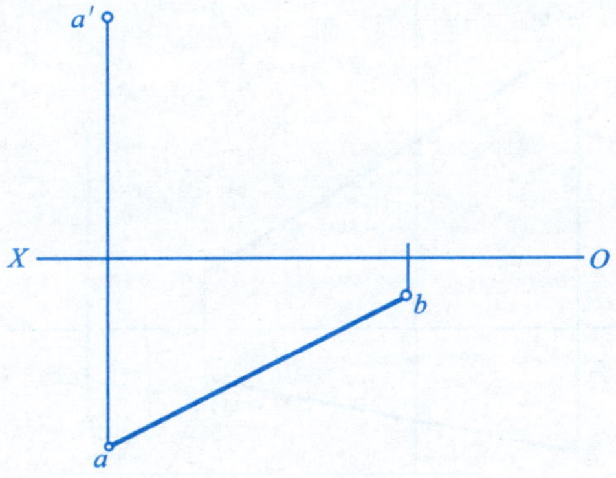

(4) 过点 C 作出直线 AB 的垂线 CD。

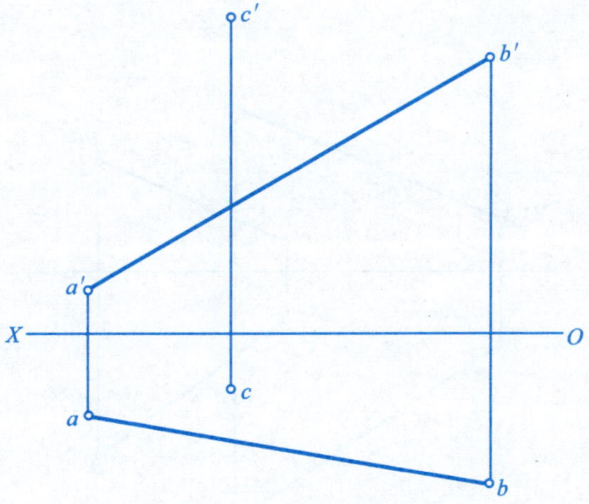

班级　　姓名　　学号

（5）求两条平行直线 *AB*，*CD* 间的距离。

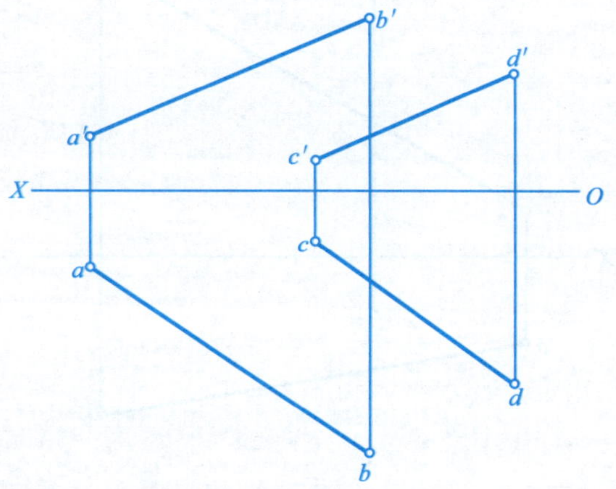

（6）在直线 *AB* 上取一点 *E*，使它与两点 *C*，*D* 等距。

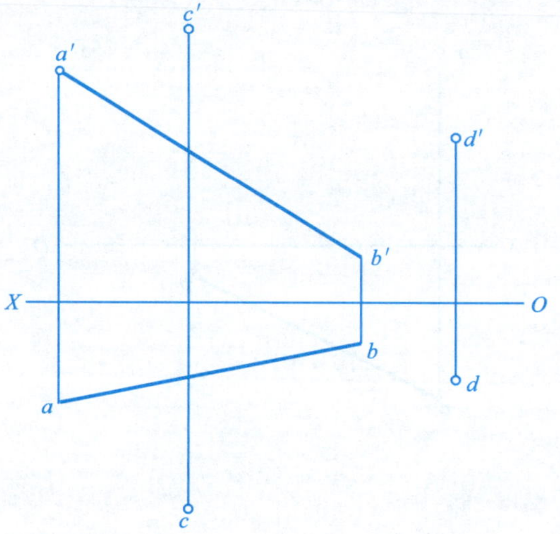

班级　　　　姓名　　　　学号

（7）求出点 A 到 $\triangle DEF$ 的距离。

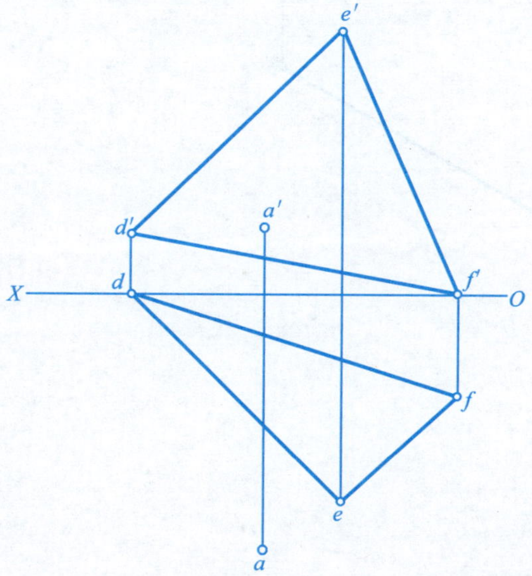

（8）已知 CD 为平面 $\triangle ABC$ 内的正平线，$\triangle ABC$ 对 V 面的倾角 $\beta_1=30°$，作出 $\triangle ABC$ 的正面投影 $\triangle a'b'c'$。

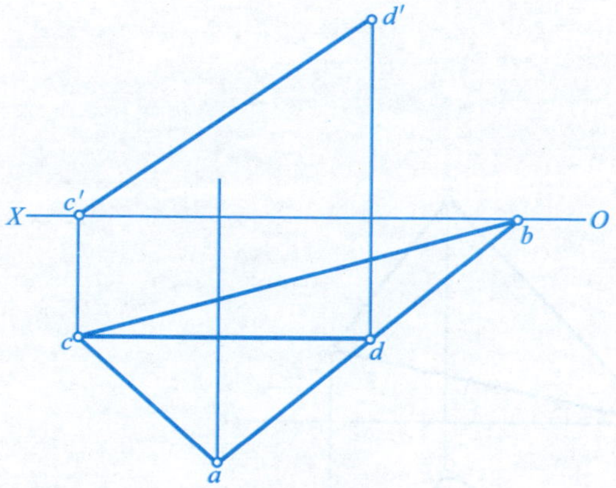

班级　　　　姓名　　　　学号

（9）求△*ABC* 的∠*BAC* 的大小。

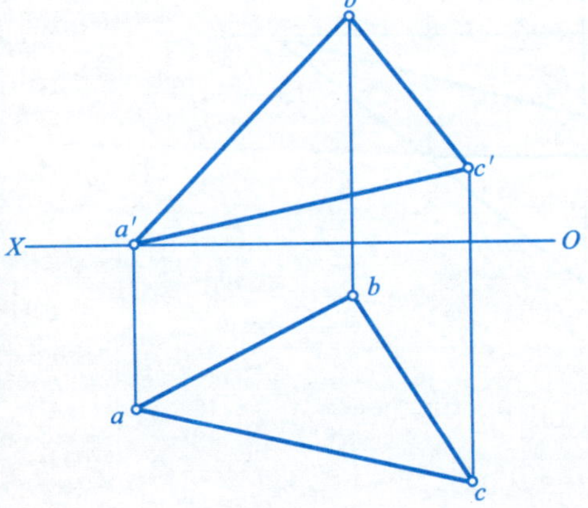

（10）已知正方形的一边 *AB* 为水平线，该平面对 *H* 面的倾角 $\alpha_1=30°$，作出该正方形的投影。

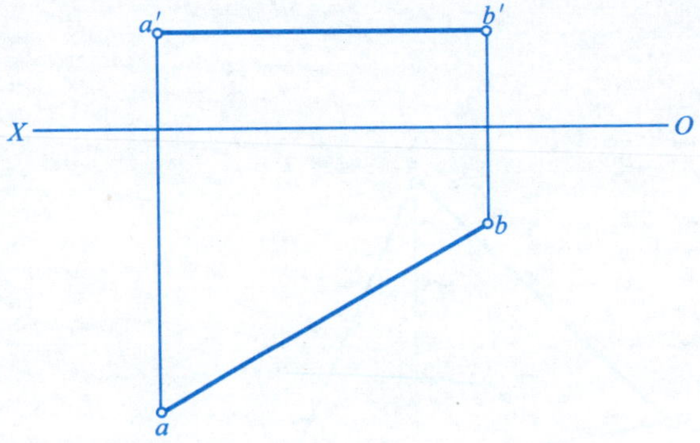

班级　　　　姓名　　　　学号

（11）作出△*ABC*内切圆圆心*K*的投影。

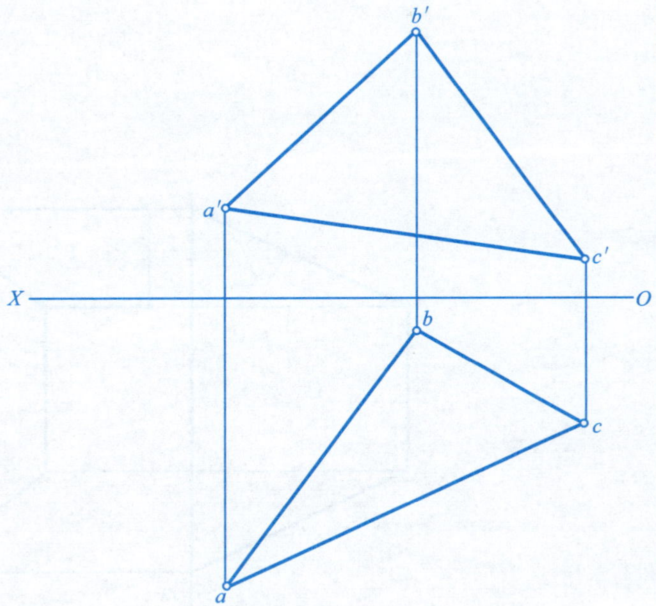

（12）作出直线*AB*在△*DEF*上的正投影。

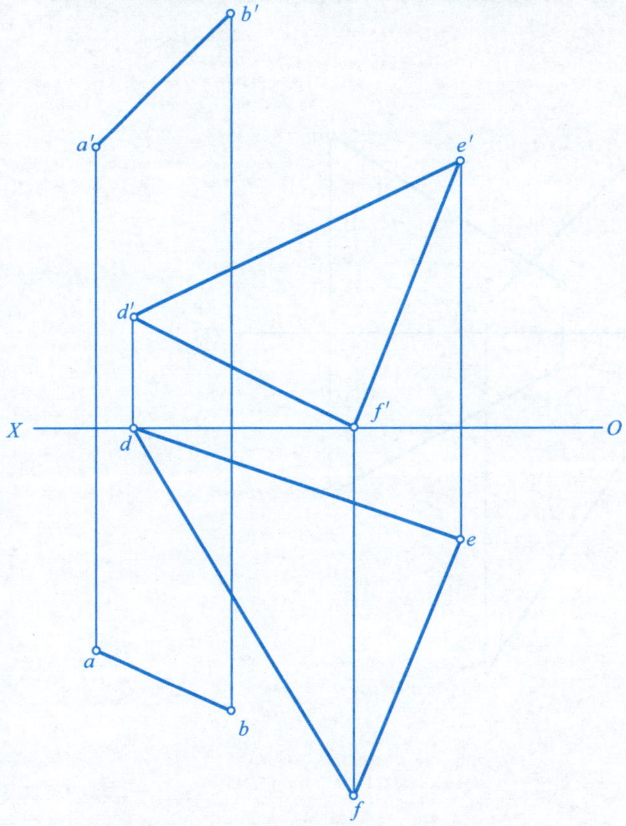

班级　　　　姓名　　　　学号

3-1 换面法

(13) 求出两条交叉直线 AB，CD 的公垂线的投影。

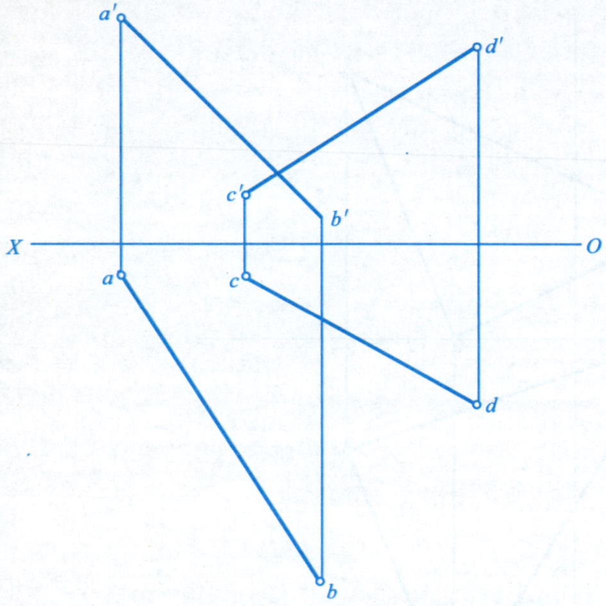

(14) 求出两个相交平面 P 与 Q 之间的夹角。

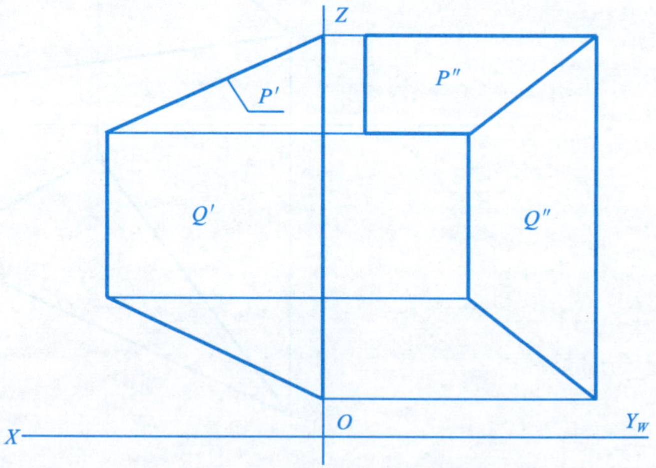

班级　　姓名　　学号

3-2 旋转法

（1）按下列条件作出点绕 OO_1 轴旋转后的投影：

① 点 A 绕轴逆时针旋转 90°。

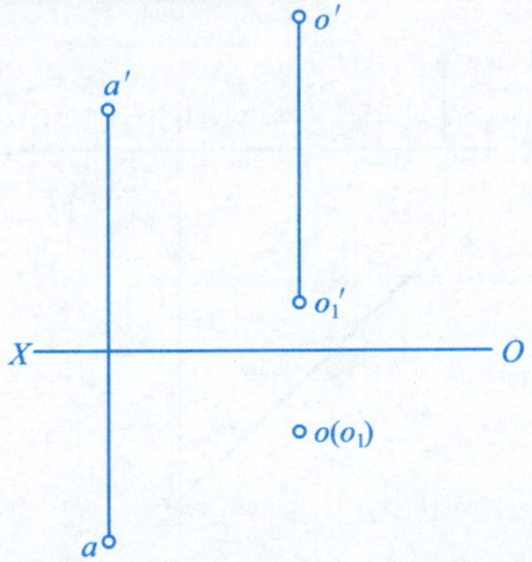

② 点 B 绕轴顺时针旋转 120°。

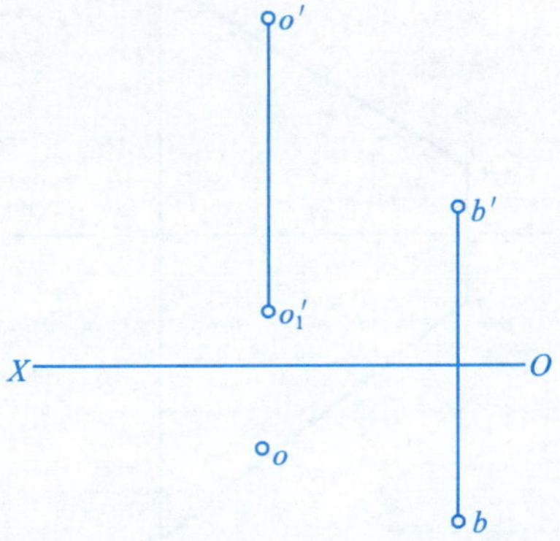

（2）按下列条件作出直线与平面旋转后的投影：

① 直线 AB 绕 OO_1 轴逆时针旋转 120°。

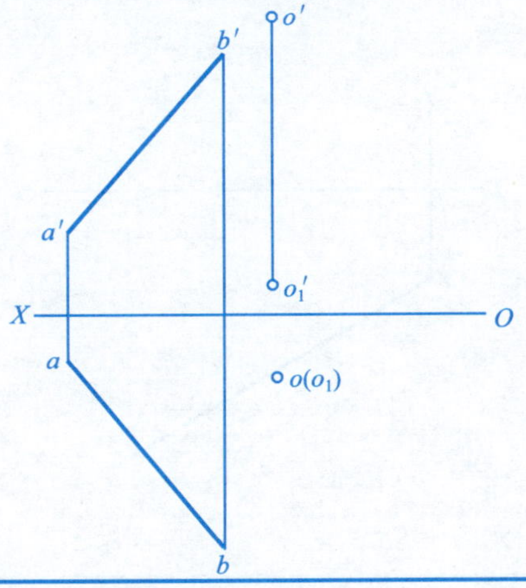

② 平面 ABC 绕过点 A 垂直于 V 面的轴顺时针旋转 90°。

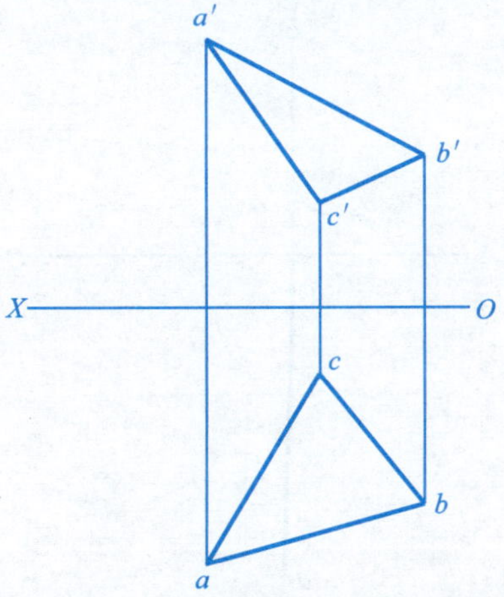

班级　　　　姓名　　　　学号

3-2　旋转法

（3）求直线 AB 的实长及 α 角。

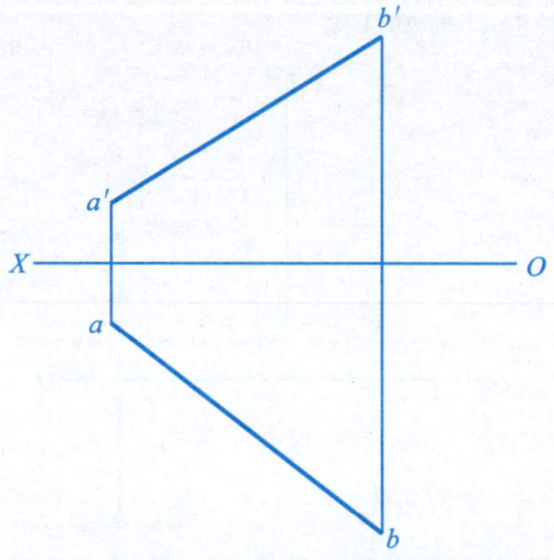

（4）已知直线 AB 的倾角 $\alpha=30°$，作出直线 AB 的正面投影。

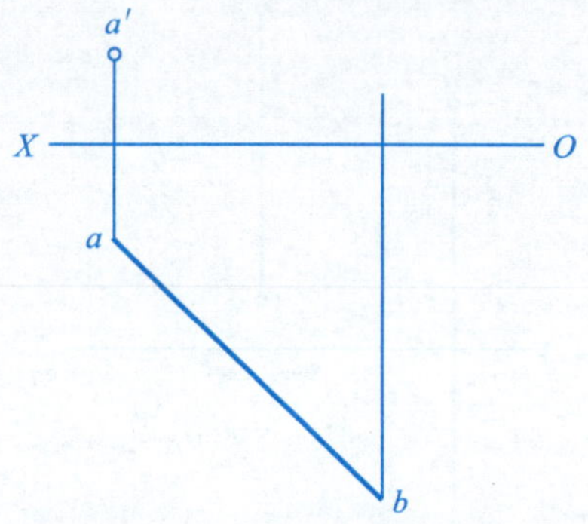

（5）已知直线 CD 的倾角 $\beta=60°$，作出直线 CD 的正面投影。

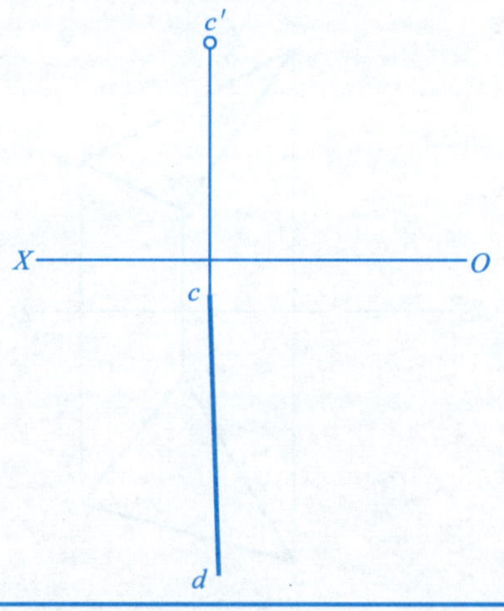

（6）已知直线 AB 的实长为 45 mm，作出 $a'b'$。

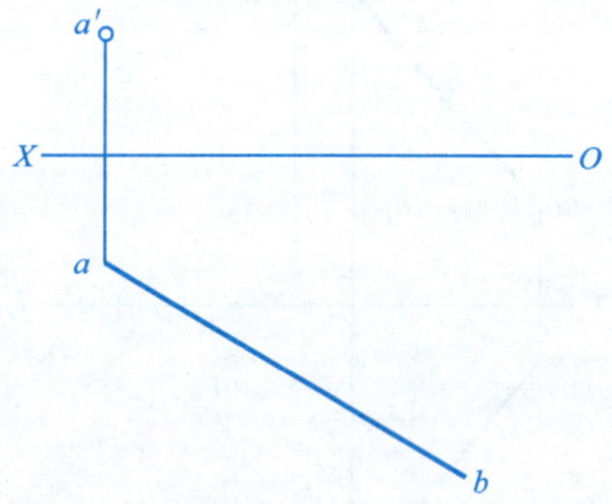

班级　　　　姓名　　　　学号

3-2 旋转法

（7）已知直线 $AB=40$ mm，$\alpha=30°$，$\beta=45°$，作出 $a'b'$ 及 ab。

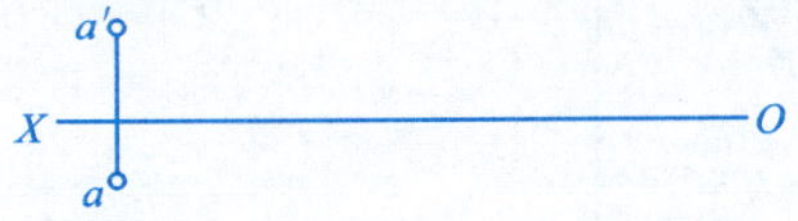

（8）作出▱$ABCD$ 的实形。

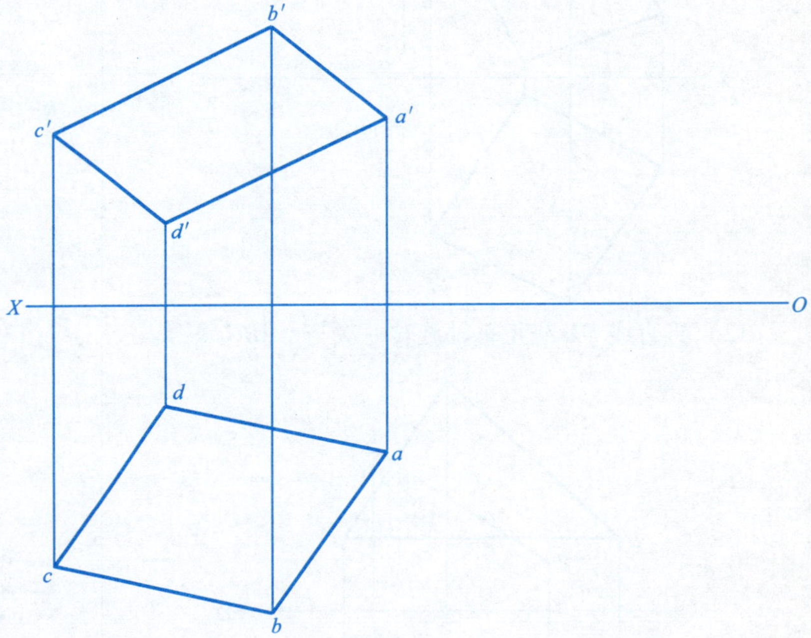

（9）作出五边形 $ABCDE$ 的实形。

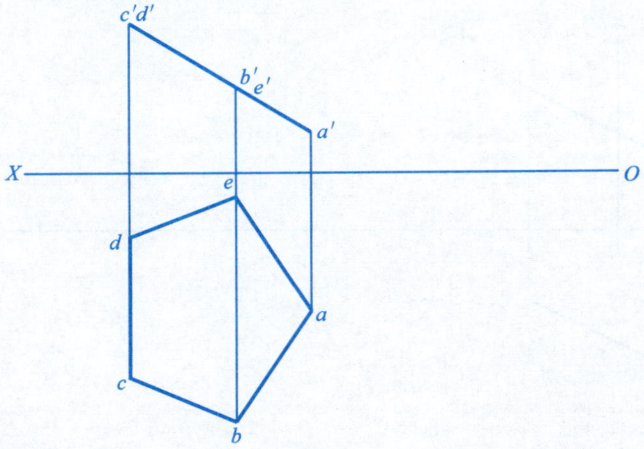

班级　　　　姓名　　　　学号

3-2 旋转法

(10) 将点 M 绕 OO_1 轴旋转到平面 P 上。

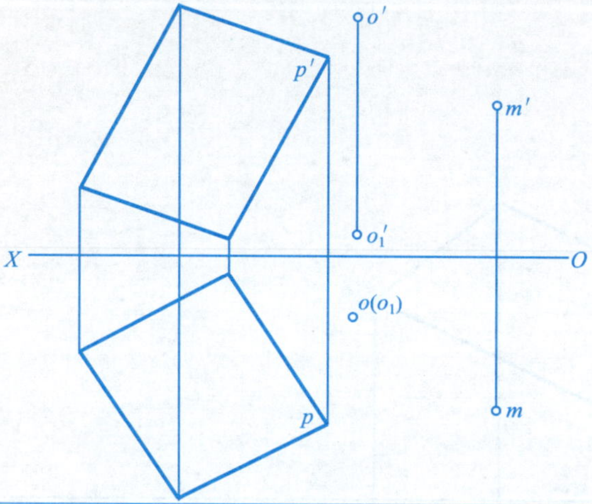

(11) 已知 BC 为等腰△ABC 的底边，用不指明轴旋转法作出△ABC。

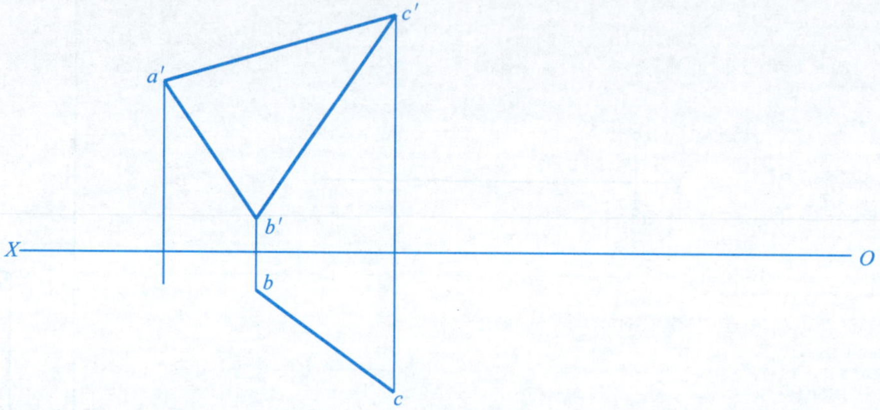

(12) 将直线 DE 绕正垂轴旋转一次与△ABC 重合。

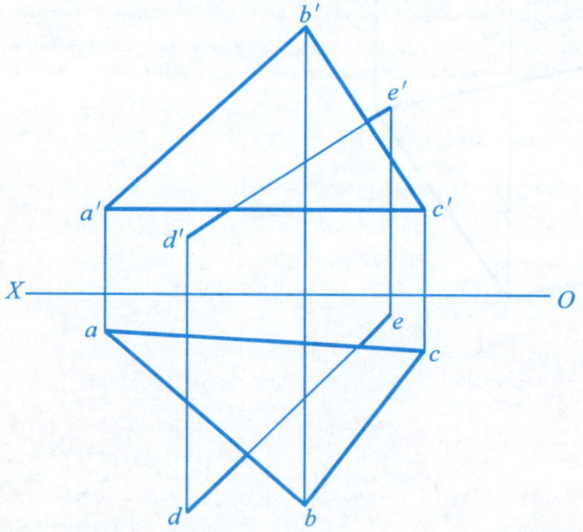

(13) 已知点 B 到直线 AC 的距离为 30 mm，用不指明轴旋转法作出 b。

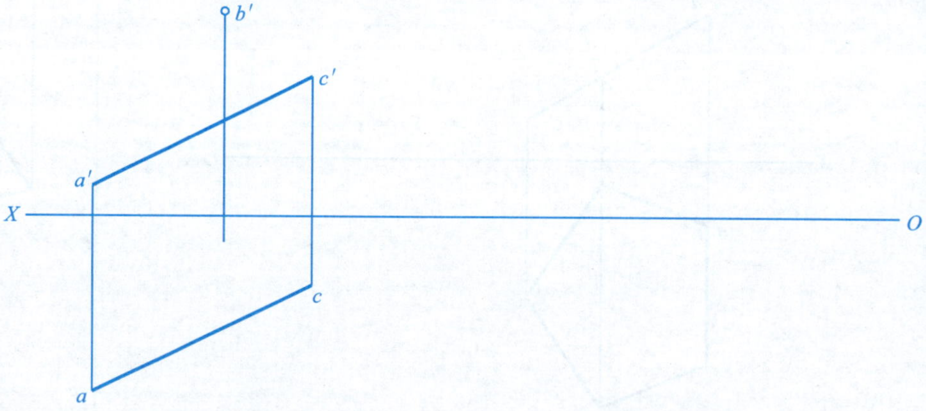

班级　　　　姓名　　　　学号

（1）已知柱面的导线 M 及母线方向 S，柱高为 30 mm，试作出柱面的投影图。

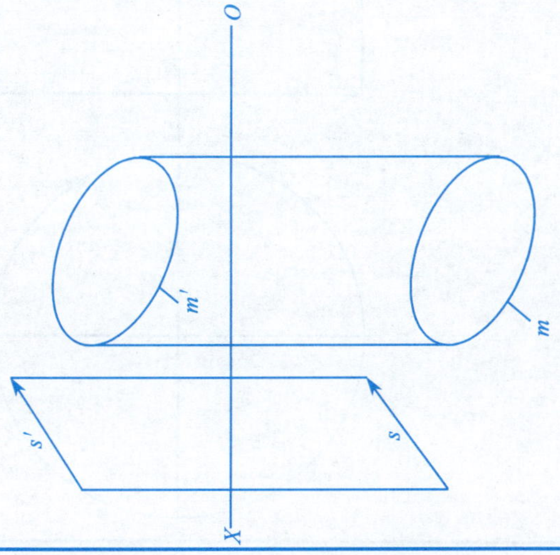

（2）已知柱面顶点 S 及导线 MN，试求锥面上三点 A，B，C 的另一投影。

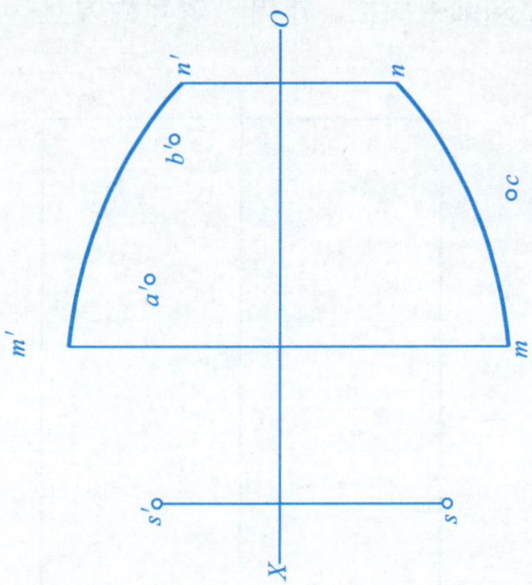

（3）试在平面 ABC 上，以 O 为圆心，作一直径为 50 mm 圆的两面投影。

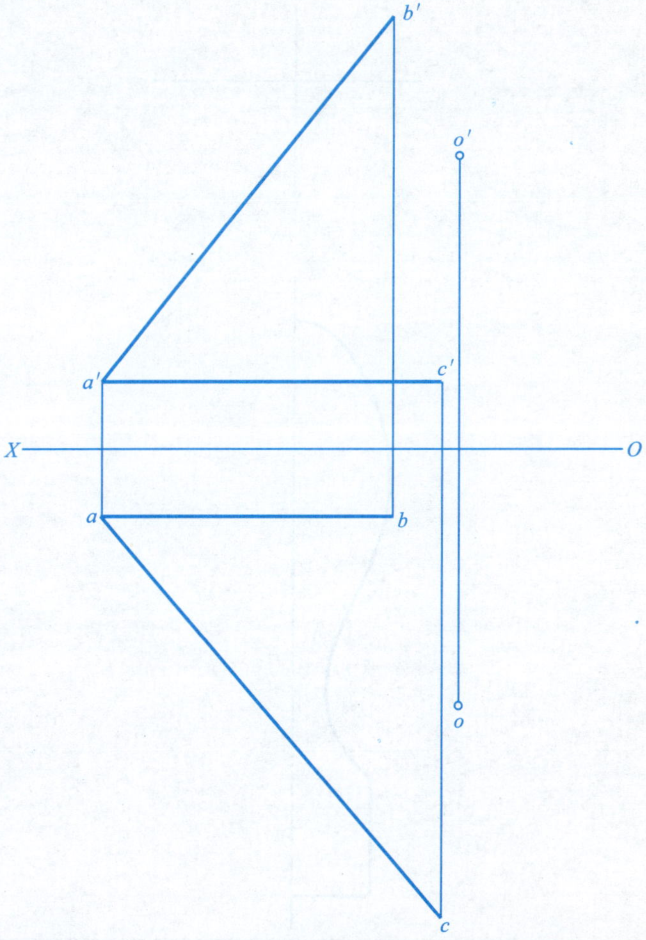

班级　　　　姓名　　　　学号

（4）手柄是一个回转面，已知其母线和轴线，试作出它的 *V* 面、*W* 面的投影。

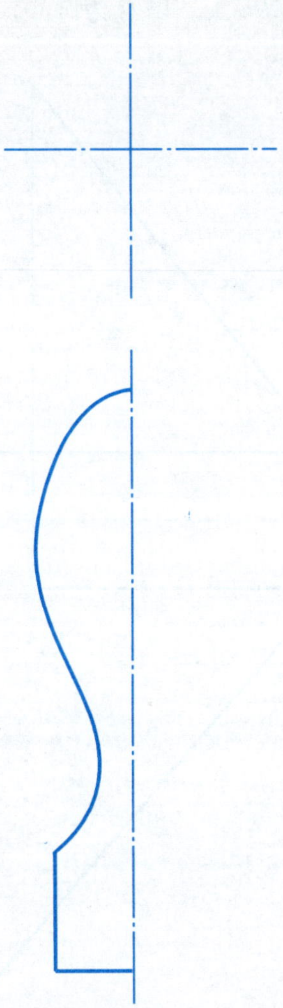

（5）在已知圆锥面上，作出一条导程为 60 mm 的右旋圆柱螺旋线。

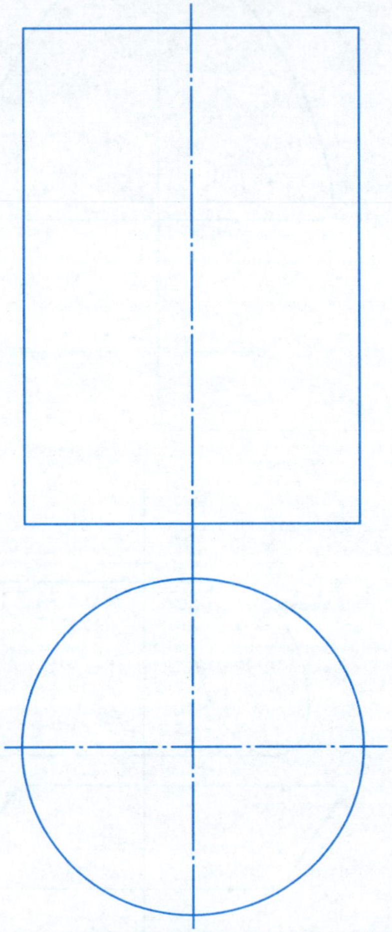

班级　　　　姓名　　　　学号

（6）已知圆柱正螺旋面的外径为 60 mm，内径为 20 mm，导程为 60 mm，右旋，试作出该螺旋面的投影。

（7）已知圆柱斜螺旋面的外径为 60 mm，内径为 20 mm，导程为 60 mm，右旋，母线与水平面呈 30°角，试作出该螺旋面的投影。

班级　　　　姓名　　　　学号

第五章　基本立体及其表面的交线

5-1　立体的投影

作出平面立体的侧面投影以及它表面上点 A，B 的另外两投影。

(1)

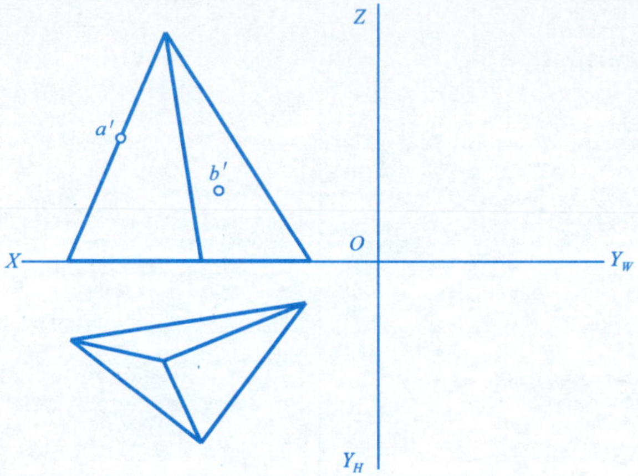

(2)

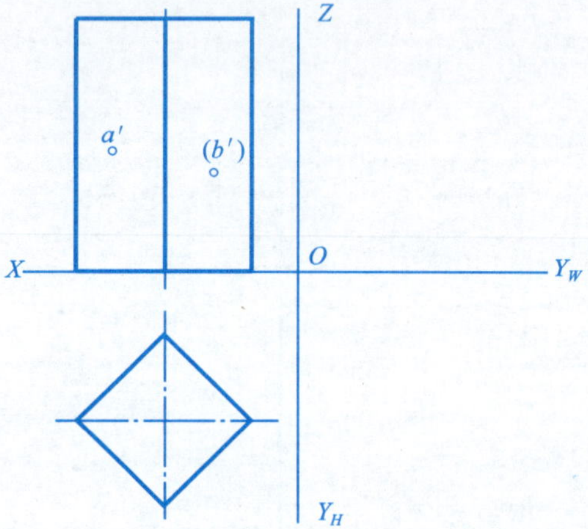

(3)

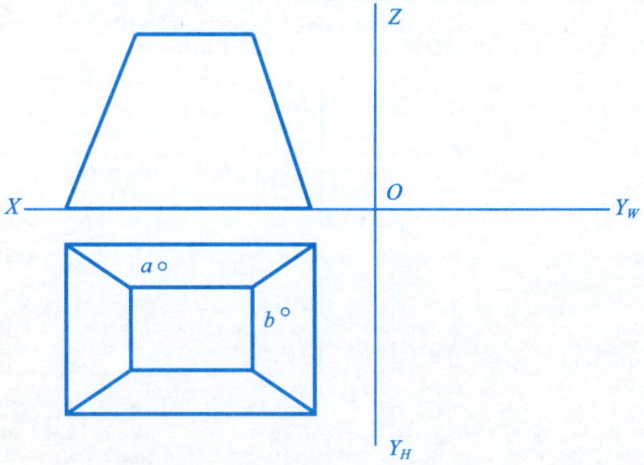

(4)

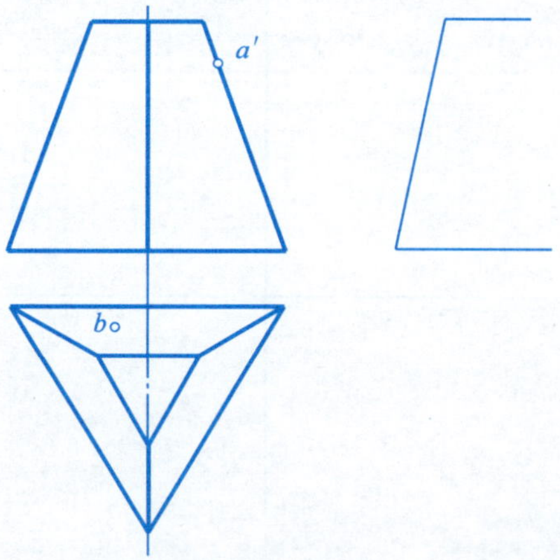

班级　　　　姓名　　　　学号

5-1 立体的投影

（5）作出圆柱的侧面投影以及它表面上点 A，B 的另外两投影。

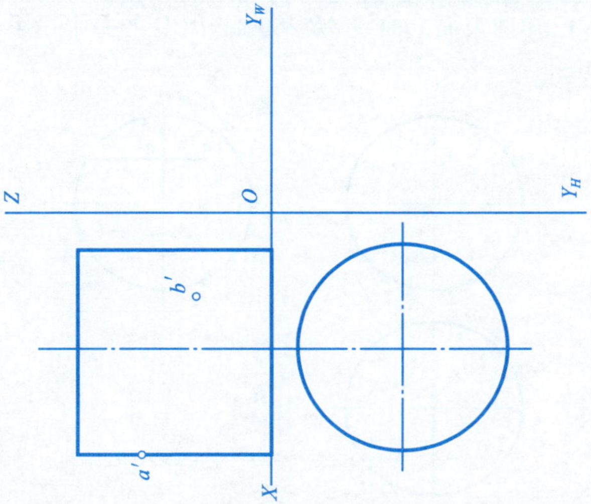

（6）作出圆锥的侧面投影以及它表面上点 A，B 的另外两投影。

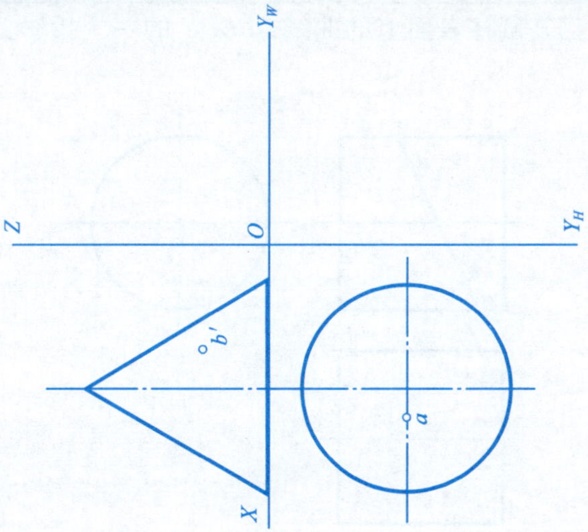

（7）作出圆球的侧面投影以及它表面上点 A，B 的另外两投影。

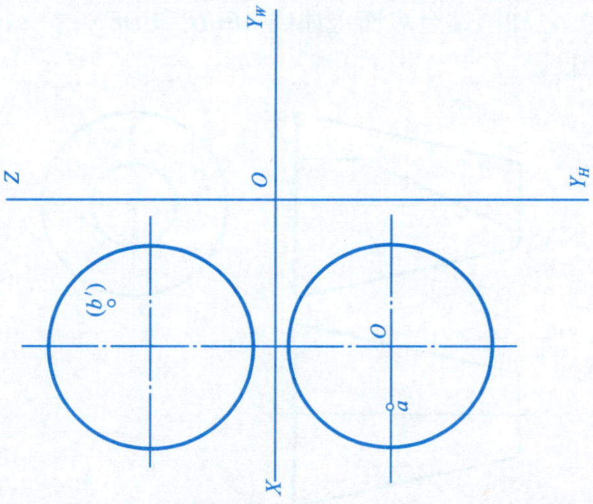

（8）作出圆弧回转面的水平投影以及它表面上点 A，B 的另外两投影。

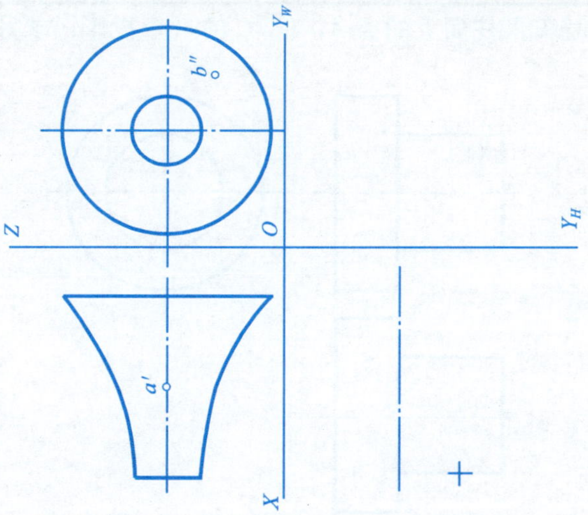

班级　　　　姓名　　　　学号

(9) 已知圆柱面上的点 *A*，*B*，*C* 的一个投影，求另外两个投影。

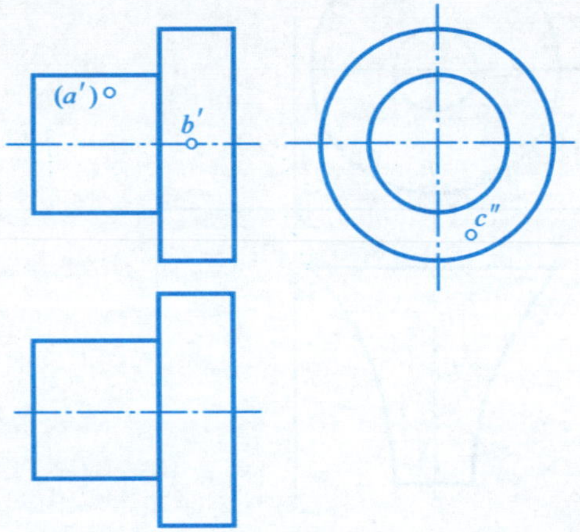

(10) 已知圆柱表面上的曲线 *ABCDE* 的一个投影，求另外两个投影。

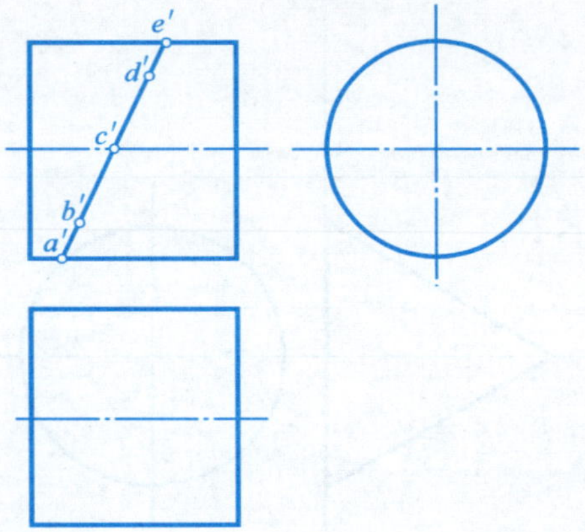

(11) 已知圆锥台表面上曲线 *ABCD* 和 *DEF* 的一个投影，求另外两个投影。

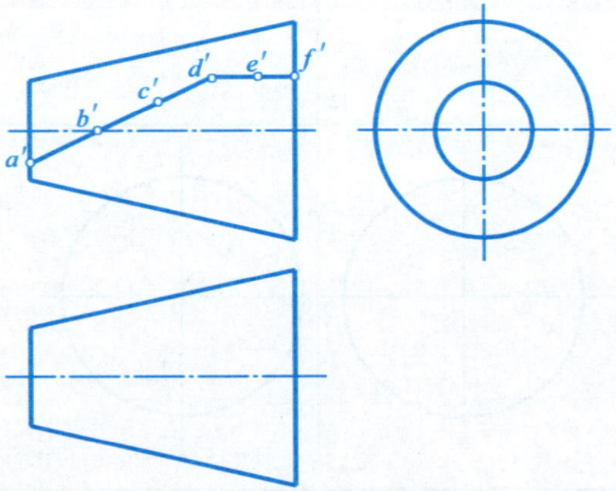

(12) 已知球表面上曲线 *AB* 和曲线 *BCD* 的一个投影，求另外两个投影。

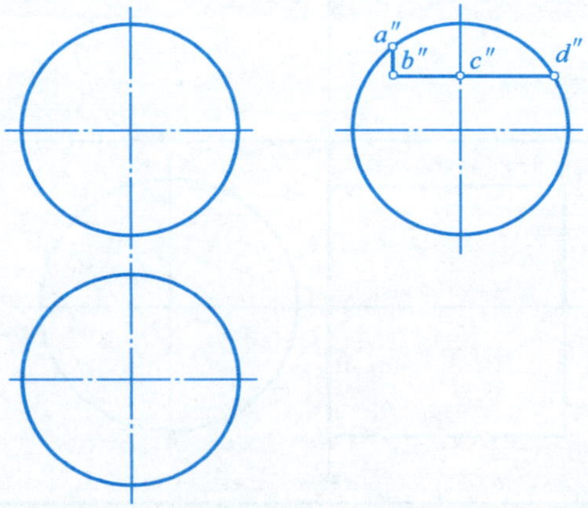

班级　　　　姓名　　　　学号

5-2　平面与立体相交

(1) 完成五棱柱被截切后的三面投影。

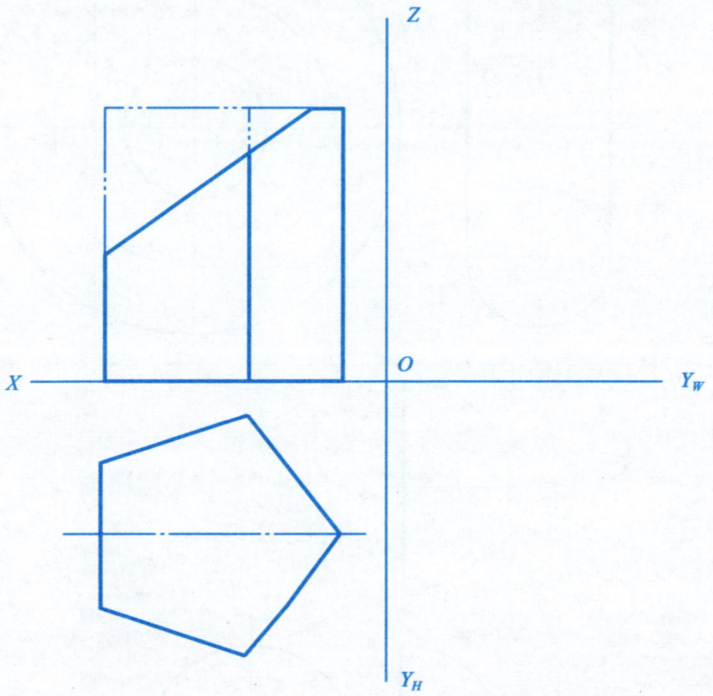

(2) 完成正三棱锥被截切后的三面投影。

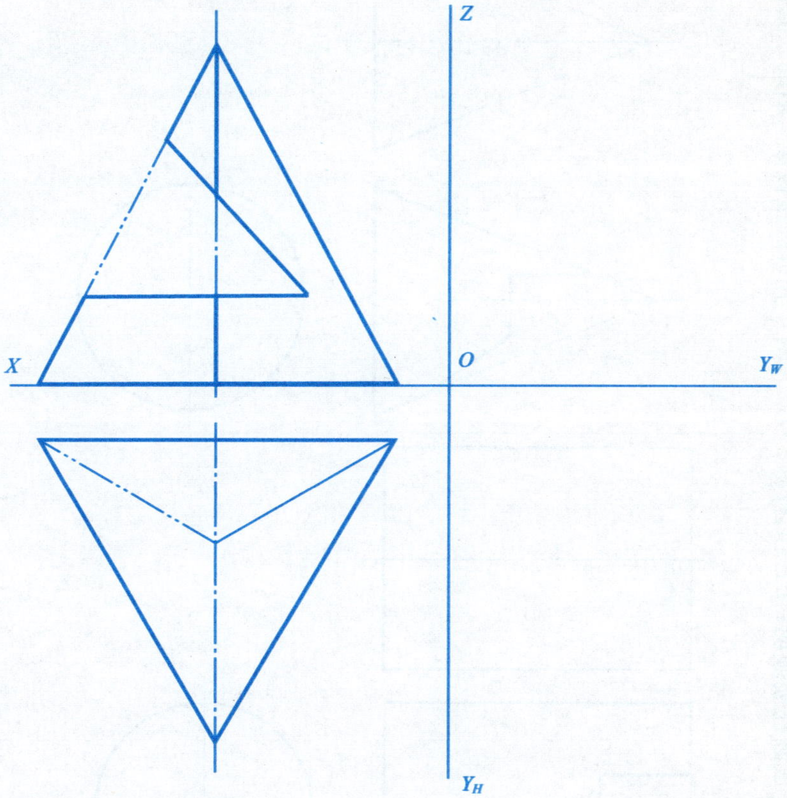

班级　　　　姓名　　　　学号

5-2 平面与立体相交

（3）完成圆柱被截切后的三面投影。

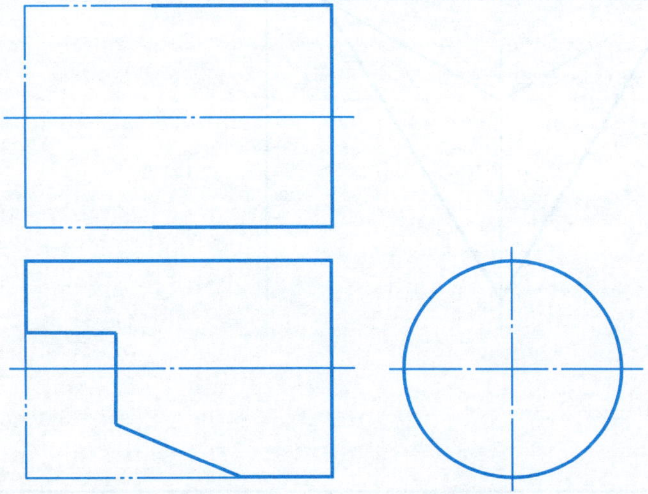

（4）完成圆锥被截切后的三面投影。

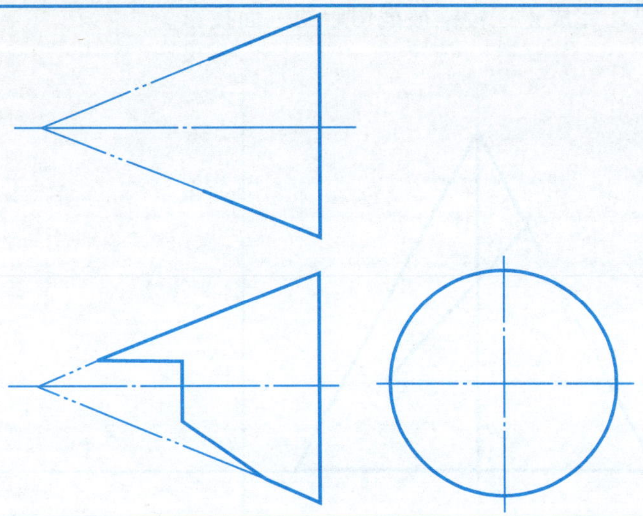

（5）完成圆球被截切后的三面投影。

（6）作出正平面 *P* 与圆环截交线的正面投影。

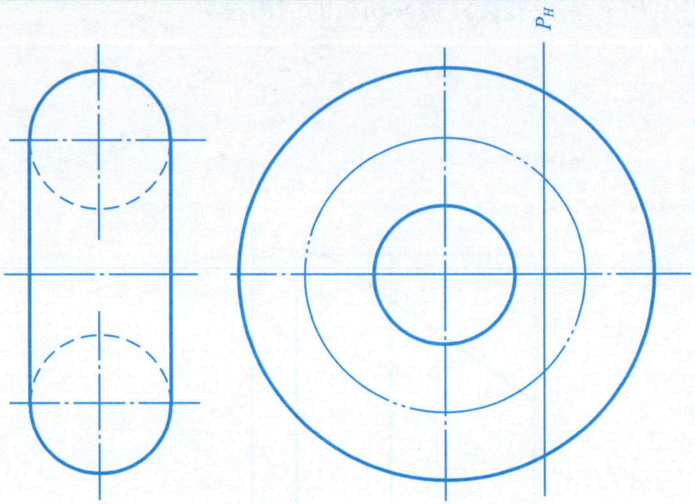

班级　　　　姓名　　　　学号

5-2　平面与立体相交

（7）补全水平投影，并求侧面投影。

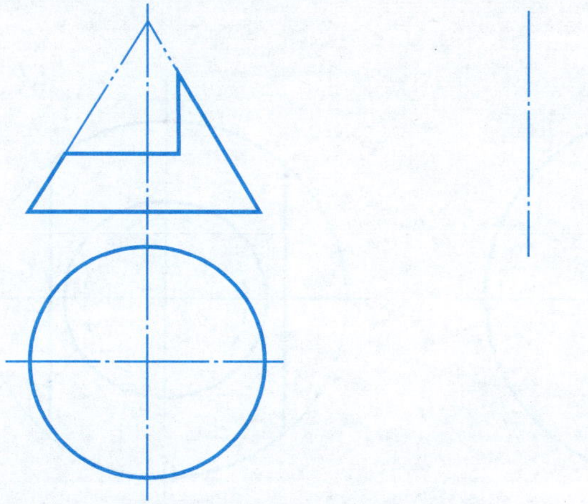

（8）补全侧面投影，并求水平投影。

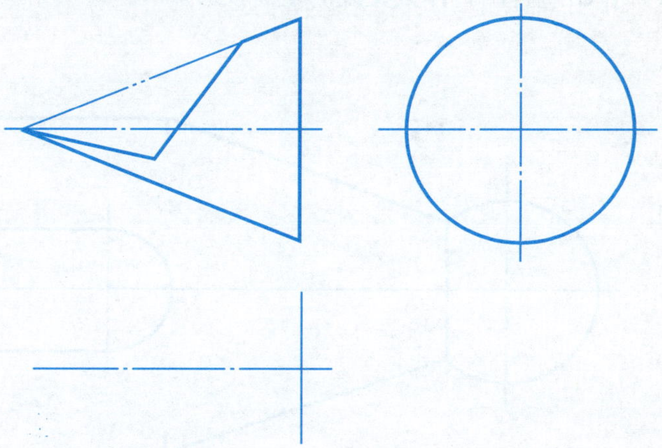

（9）求圆球被截切后的水平投影和侧面投影。

（10）求作水平投影。

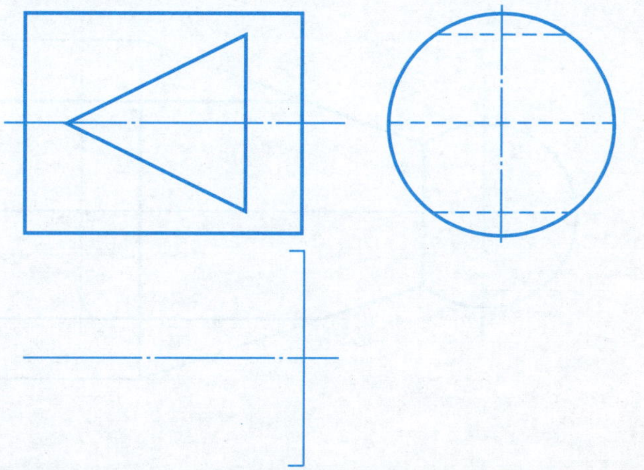

班级　　　　　　姓名　　　　　　学号

（11）作出组合回转体截交线的正面投影。

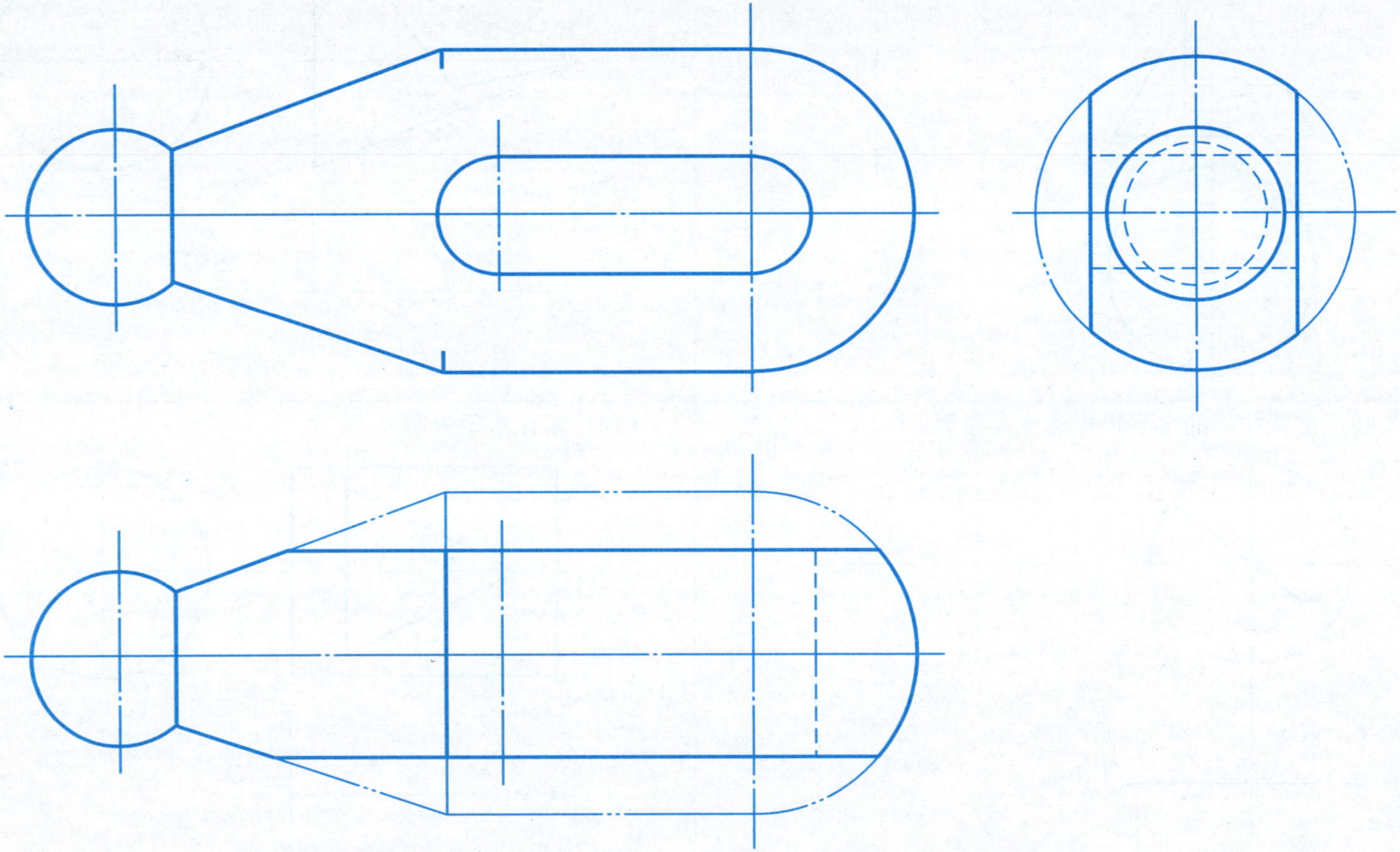

班级　　　　姓名　　　　学号

5-3 平面立体与曲面立体相交

（1）作出三棱柱与半圆球相贯线的正面投影和侧面投影。

（2）作出四棱柱与圆柱相贯线的正面投影。

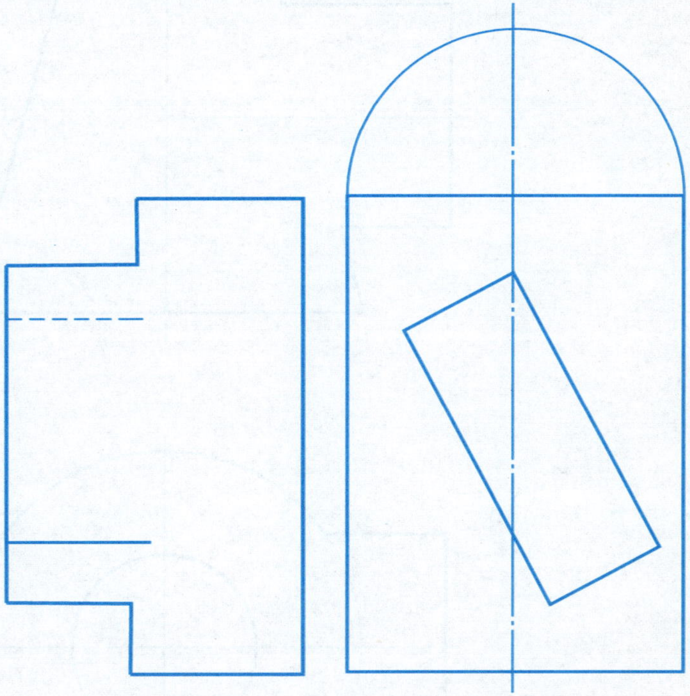

班级　　　　姓名　　　　学号

5-4 两曲面立体相交

（1）求圆柱与圆锥相贯线的投影。

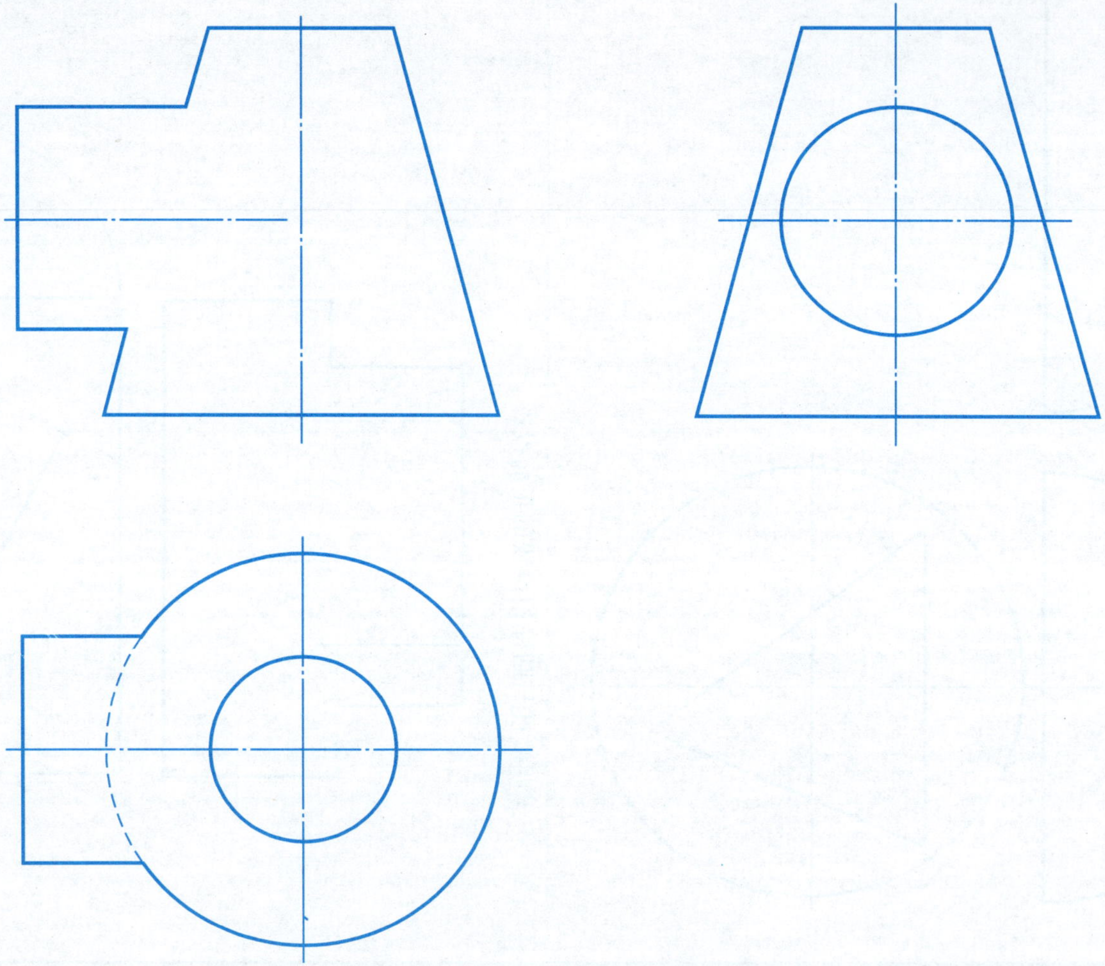

班级　　　　姓名　　　　学号

5-4　两曲面立体相交

（2）求两圆柱相贯线的投影。

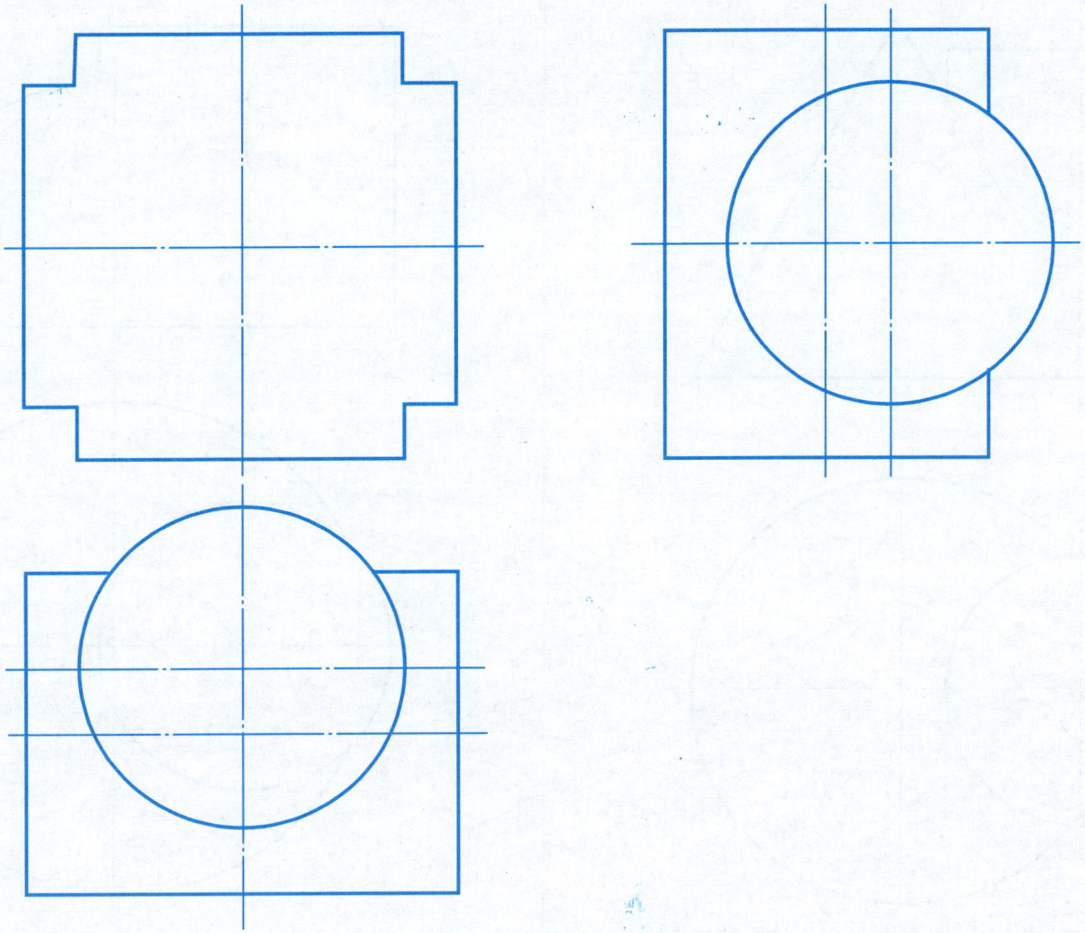

班级　　　　姓名　　　　学号

（3）用辅助平面法求相贯线的正面投影。

（4）用辅助平面法求相贯线的正面投影。

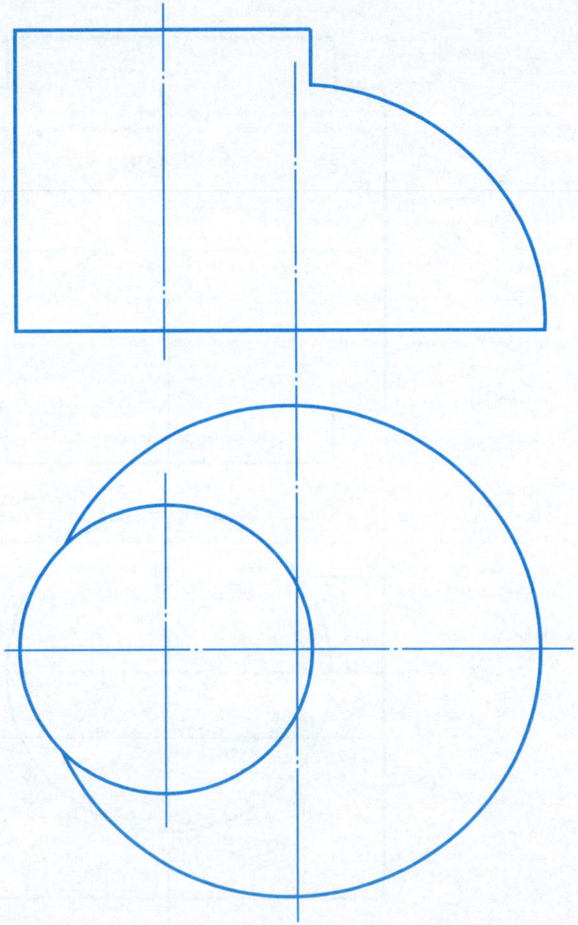

班级 姓名 学号

（5）作出圆柱与圆锥面相贯线的投影。

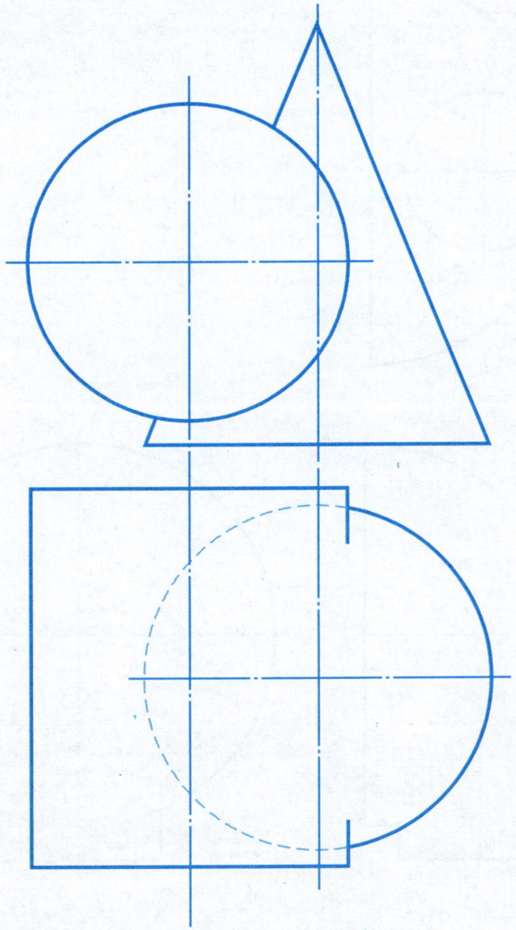

（6）作出圆球与圆柱面相贯线的投影。

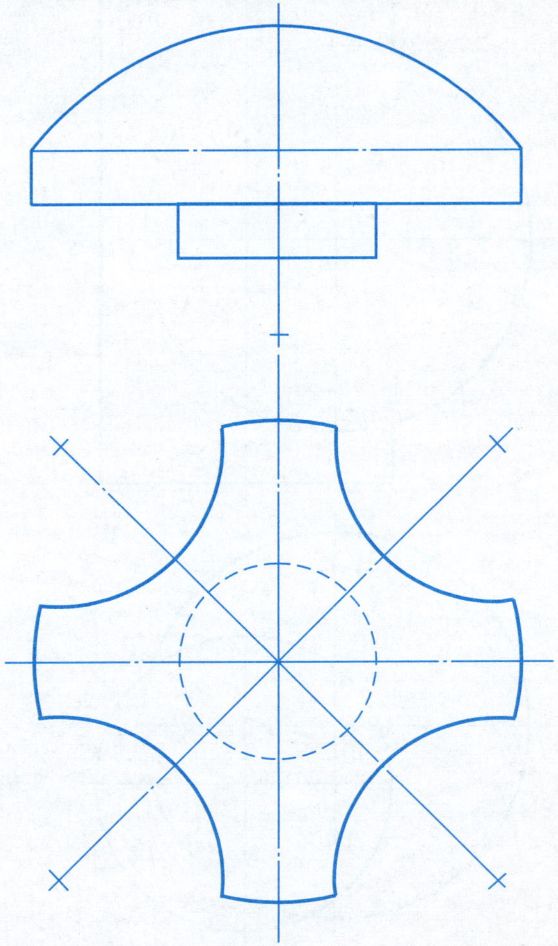

班级　　　　　　姓名　　　　　　学号

5-4　两曲面立体相交

（7）求圆柱与圆球相贯线的投影。

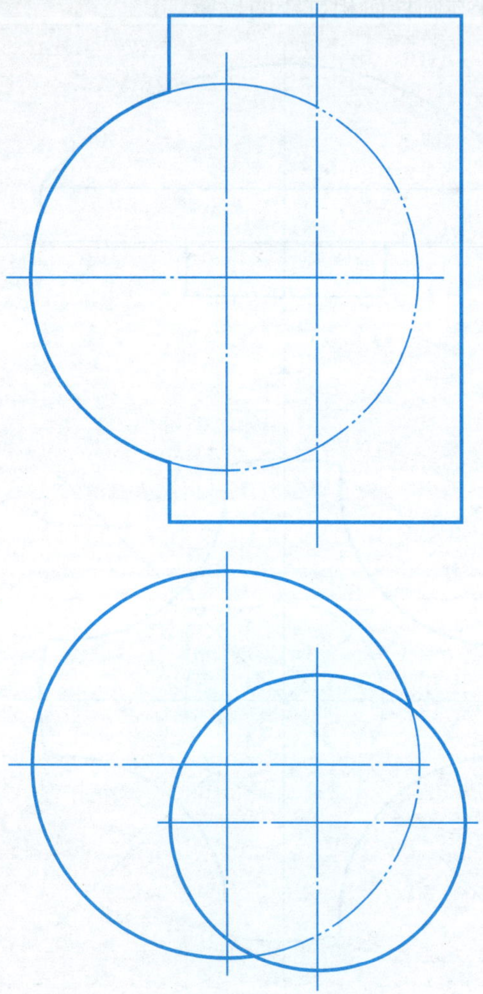

（8）求圆柱与半圆球相贯线的投影。

班级　　　　姓名　　　　学号

（9）求圆柱与圆锥相贯线的投影。

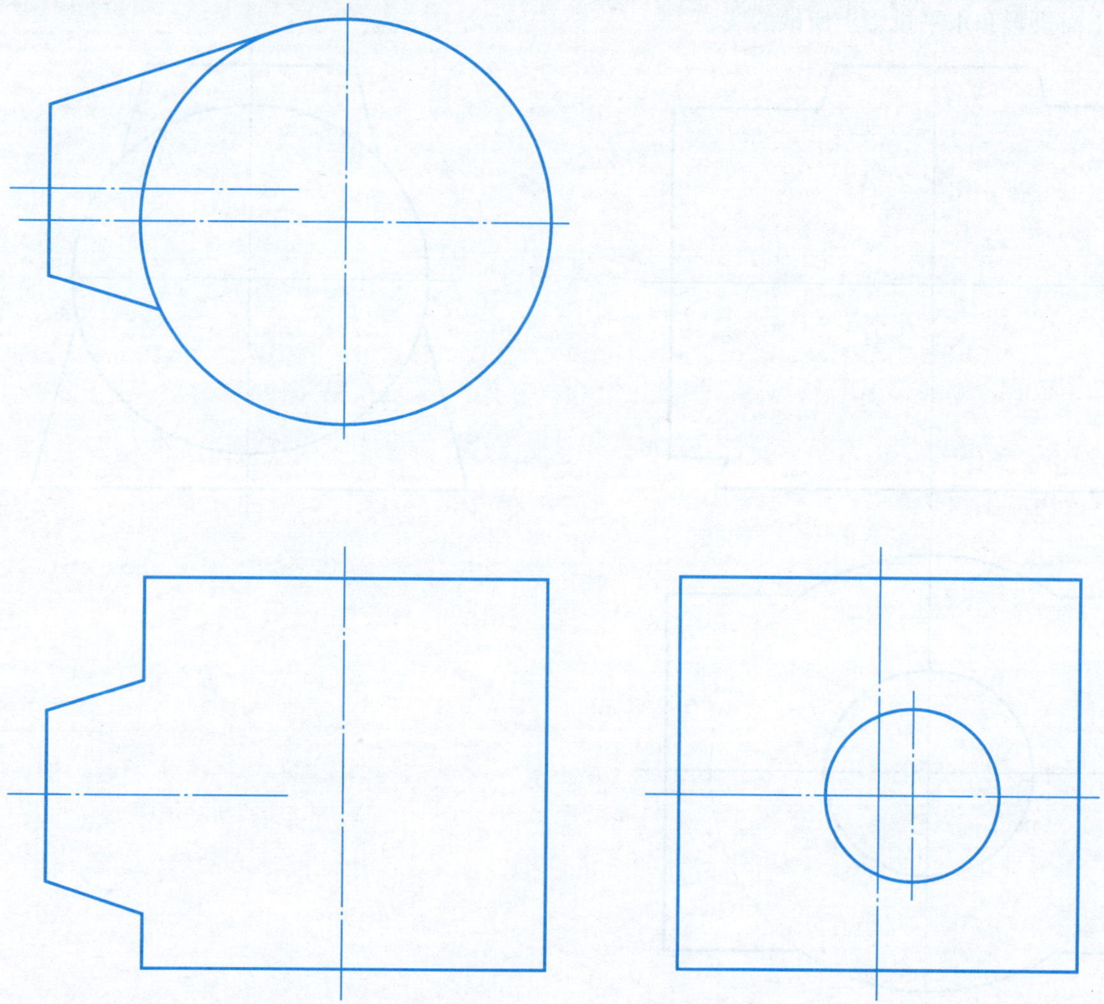

班级　　姓名　　学号

（10）用辅助平面法补全正面投影和水平投影上所缺的线。

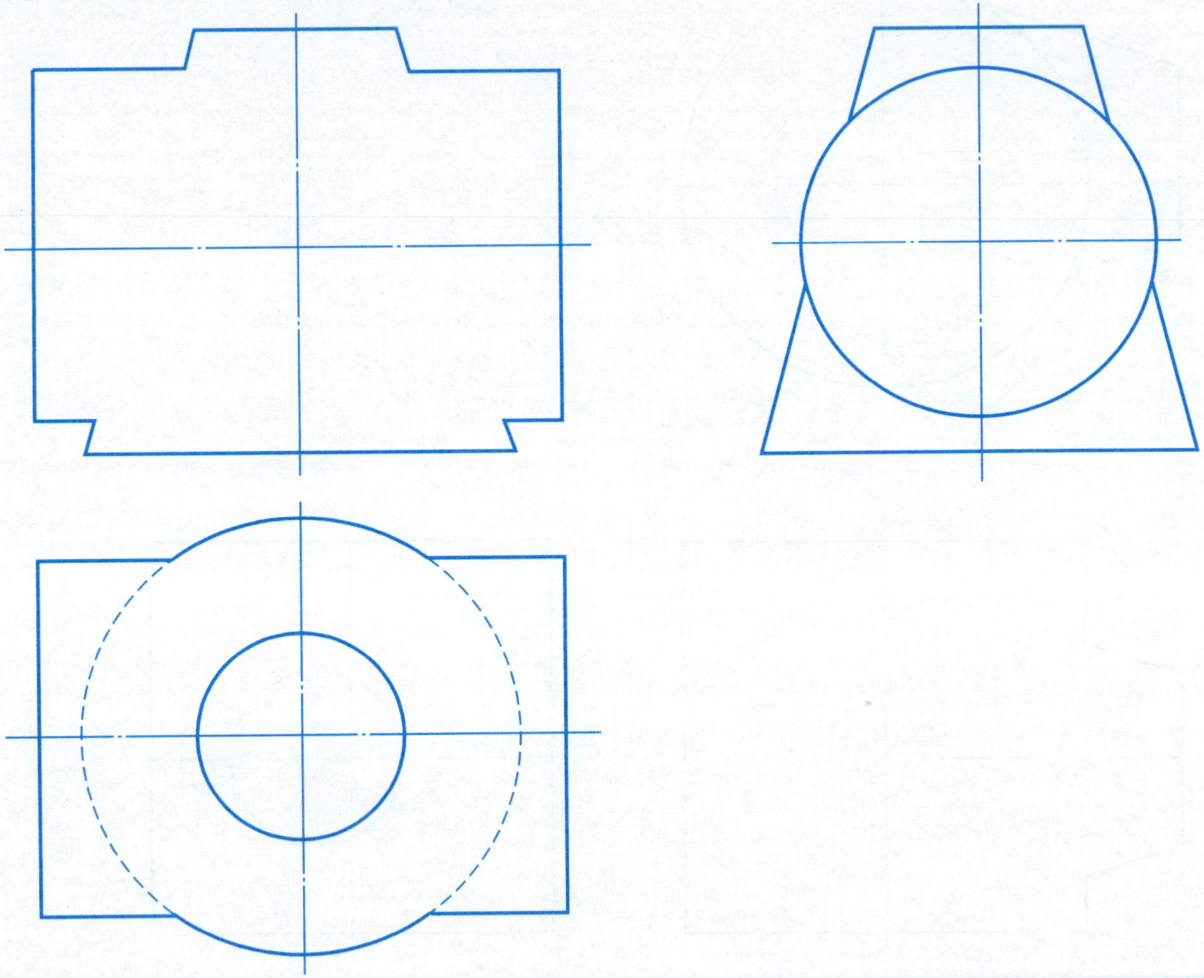

班级　　　　姓名　　　　学号

（11）作出两圆柱内、外表面的相贯线的投影。

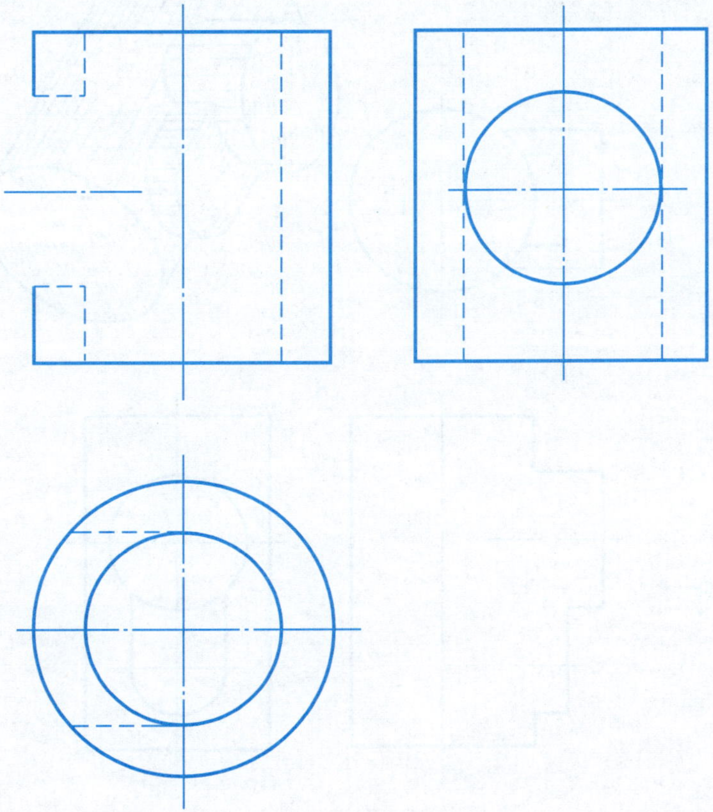

（12）作出物体表面的相贯线的投影。

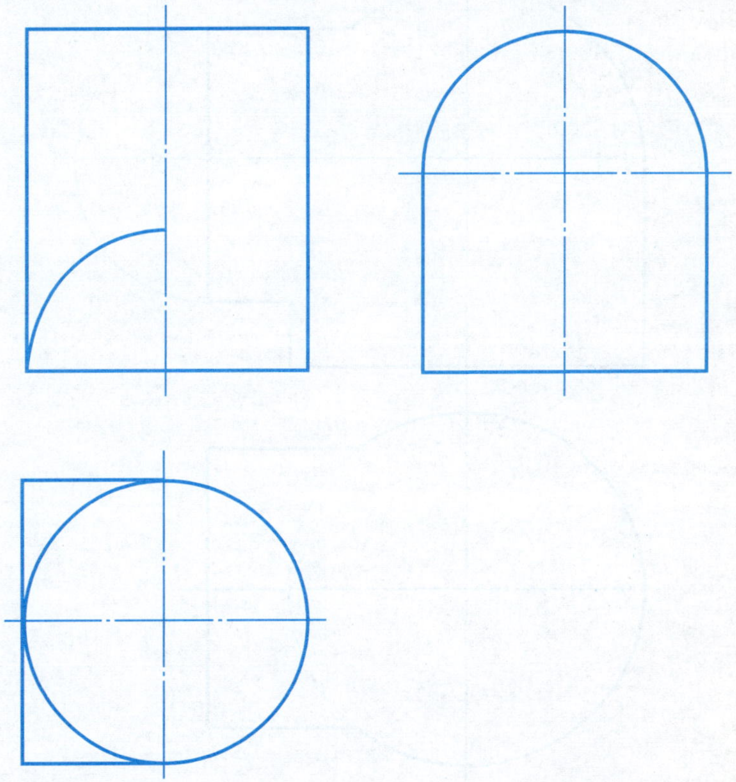

班级 姓名 学号

5-5 多个曲面立体相交

（1）作出物体表面的相贯线的投影。

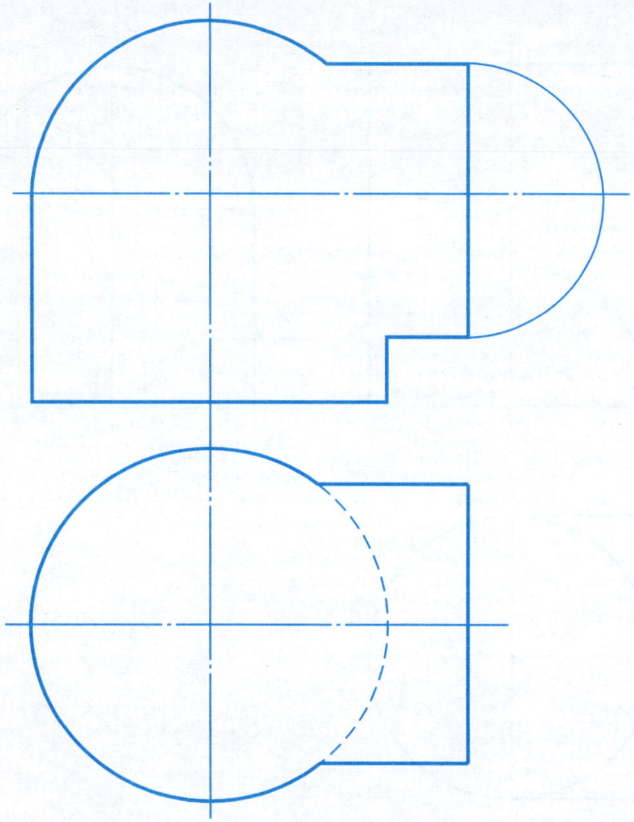

（2）作出物体表面的相贯线的投影。

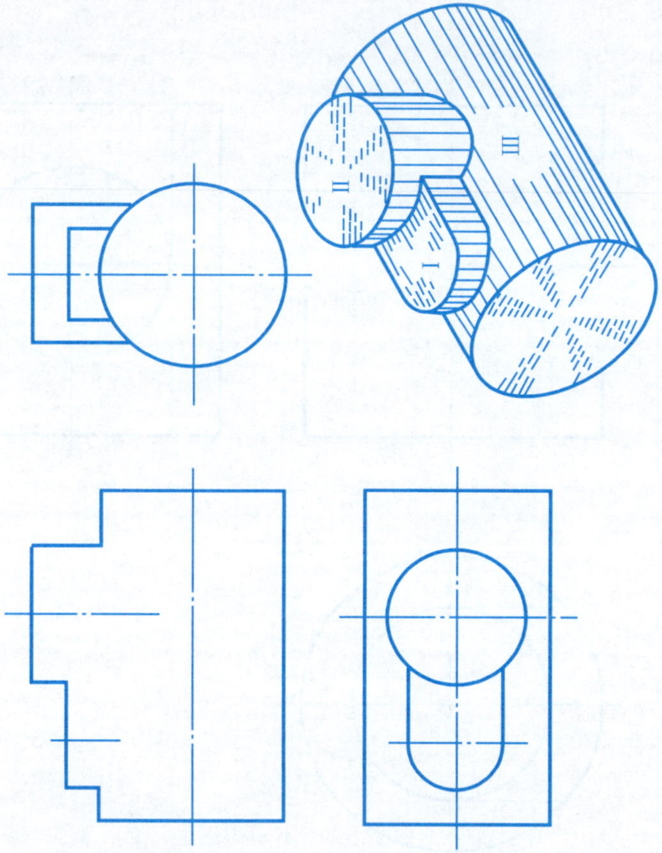

班级　　　　姓名　　　　学号

第六章　组合体的视图

6-1　由轴测图画三视图

1. 看懂下列各轴测图，在下页习题中找出所对应的三视图，并将其编号填在该轴测图旁的圆圈内。

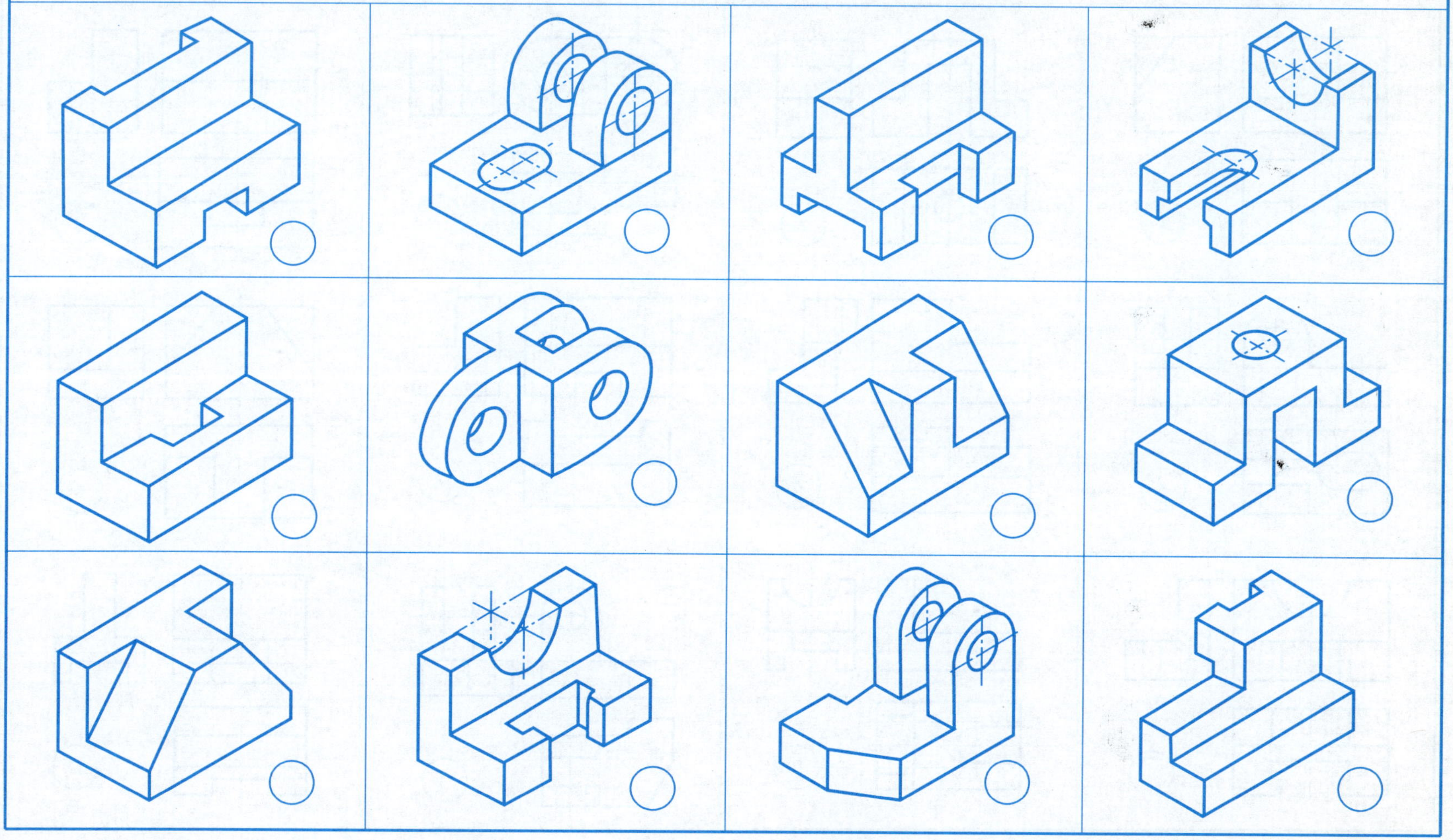

班级　　　　姓名　　　　学号

6-1　由轴测图画三视图

2. 根据上页的轴测图，找出相对应的三视图。

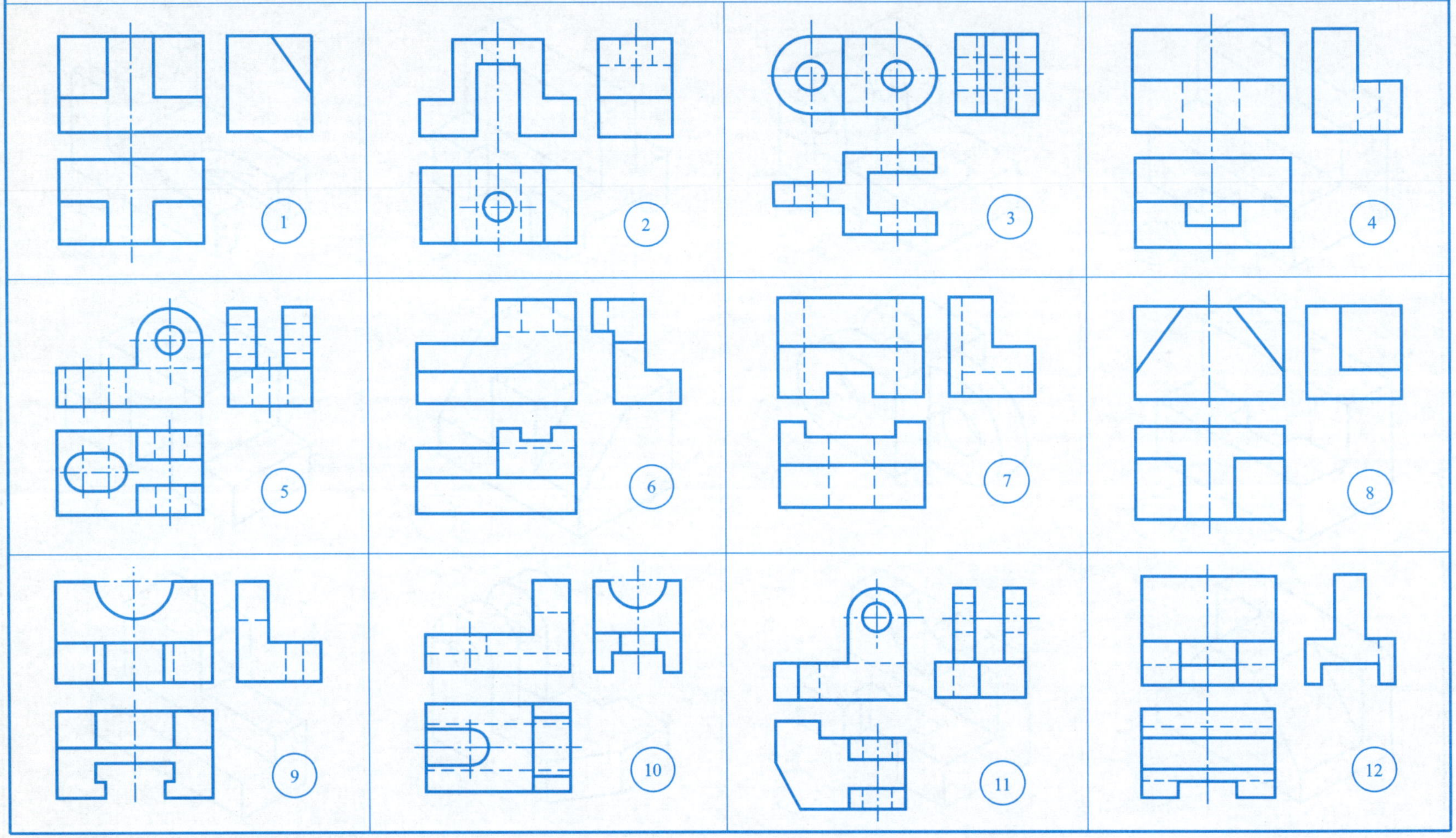

班级　　　　姓名　　　　学号

6-1 由轴测图画三视图

3. 根据轴测图，补画出三视图上所缺少的线条。

（1）

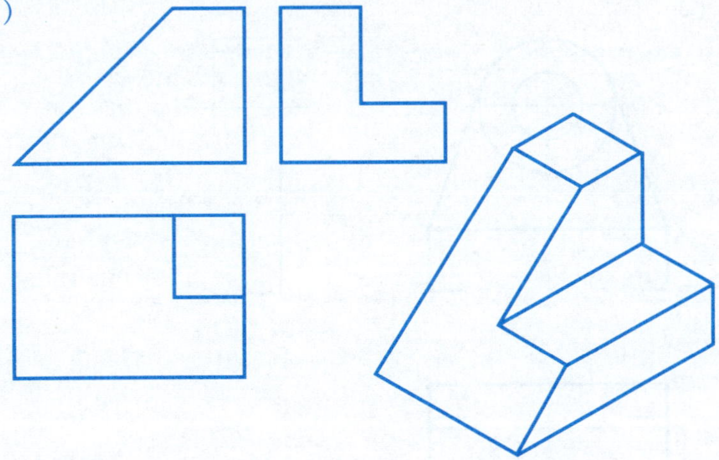

（2）

（3）

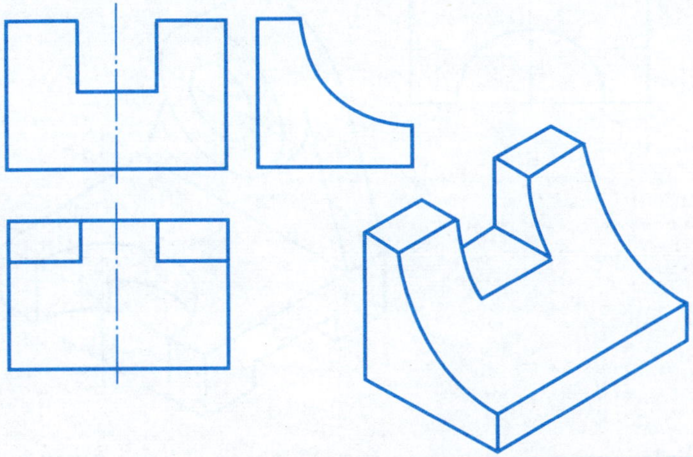

（4）

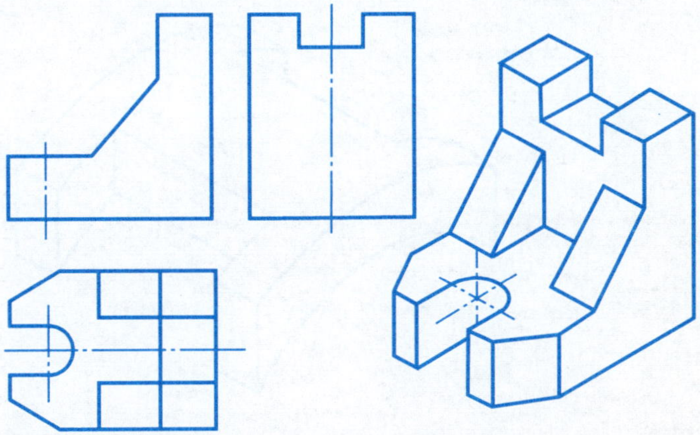

班级　　　　姓名　　　　学号

4. 根据轴测图，补齐已给两个视图上所缺少的线条，并补画出第三视图。

(1)

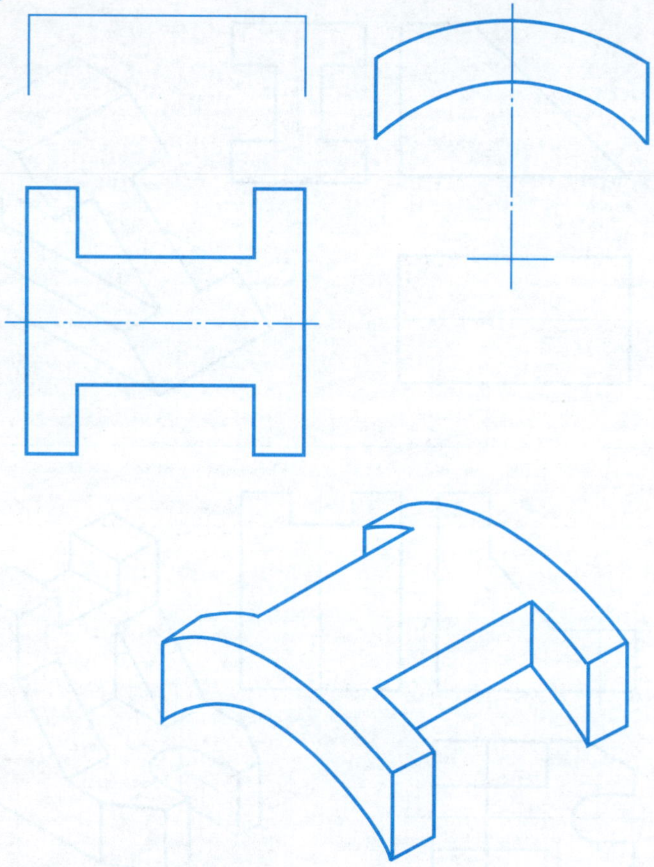

(2)

班级　　　　姓名　　　　学号

5. 根据轴测图，补齐已给主、俯视图上所缺少的线，并补画出左视图。

（1）

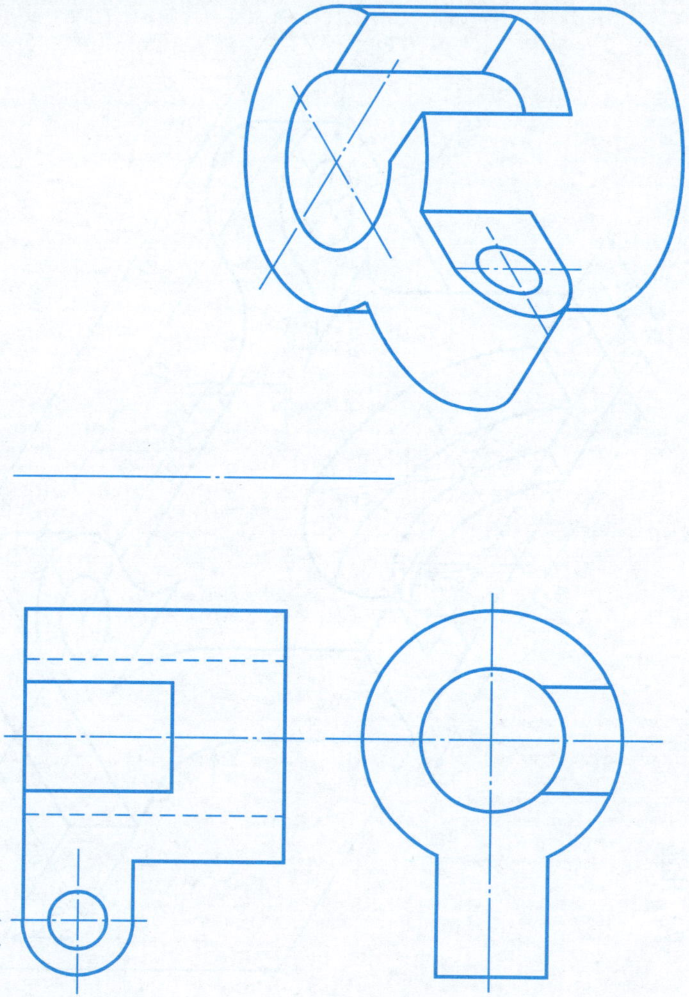

（2）

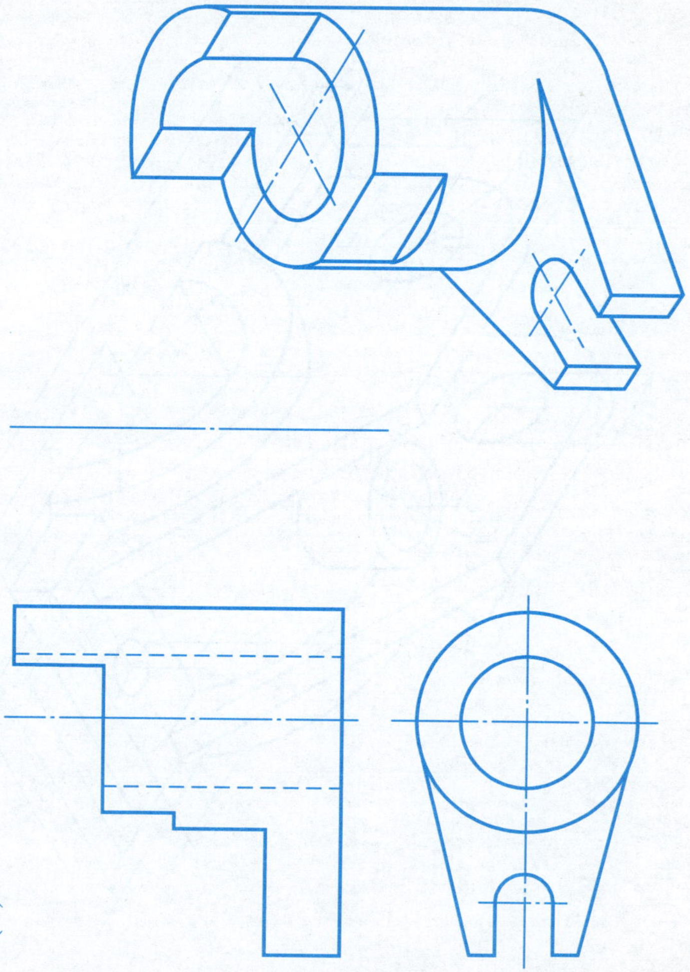

班级　　　　姓名　　　　学号

6-1　由轴测图画三视图

6. 根据轴测图画三视图，并标注尺寸。用 A3 图纸，比例为 1:1。

（1）座盖

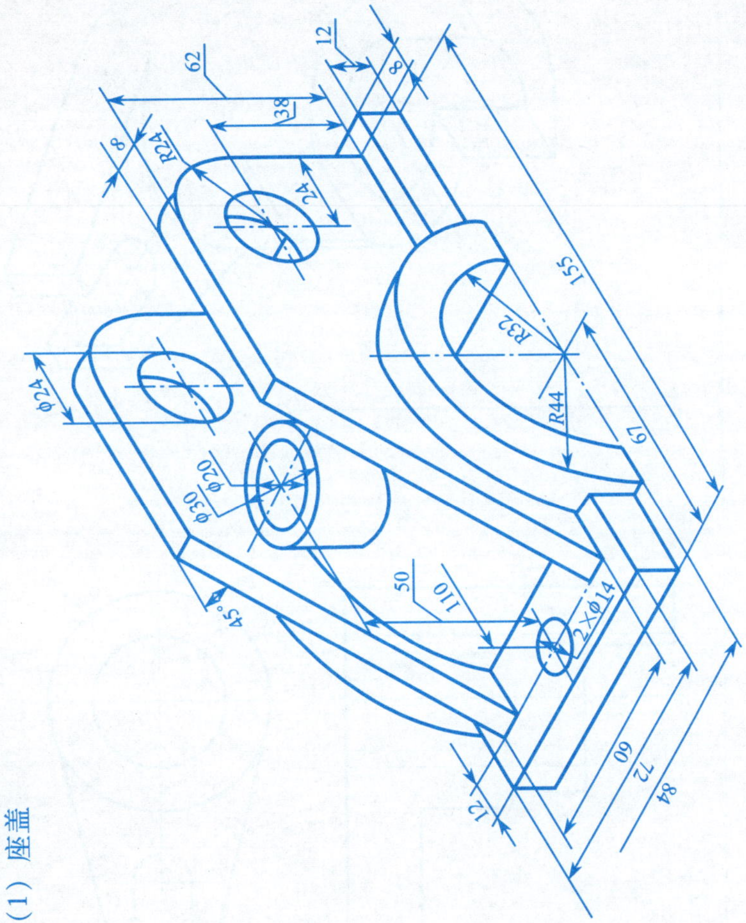

（2）托座

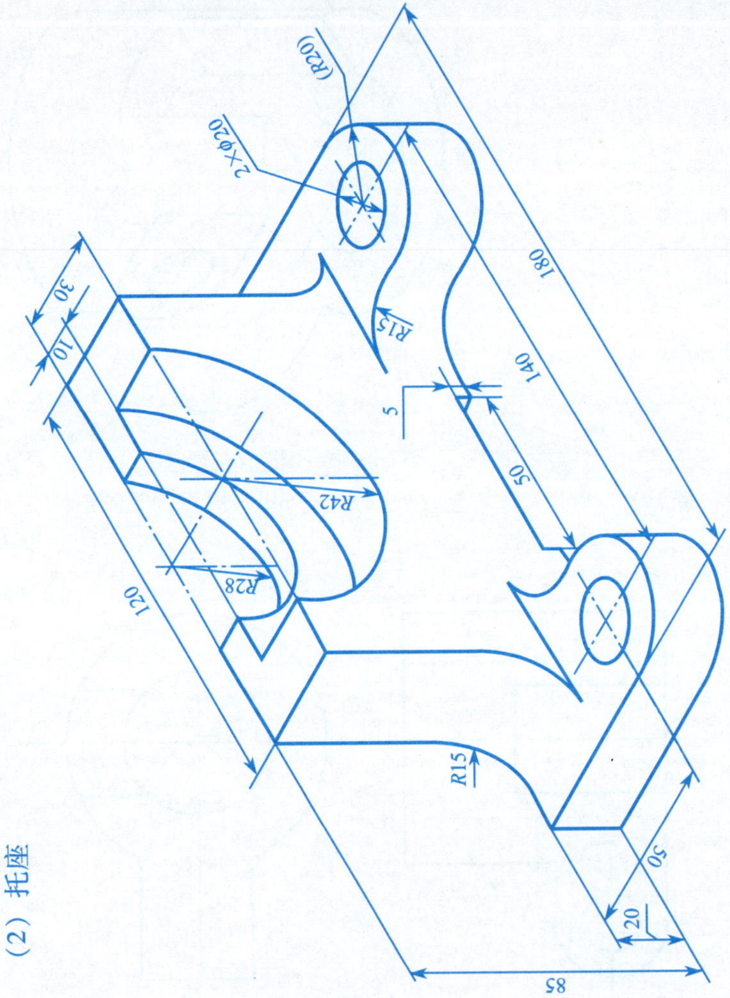

班级　　　　　　姓名　　　　　　学号

6-2 构形练习

1. 试按立体图所示的 3 个形体，分别补画其左视图。

(1)

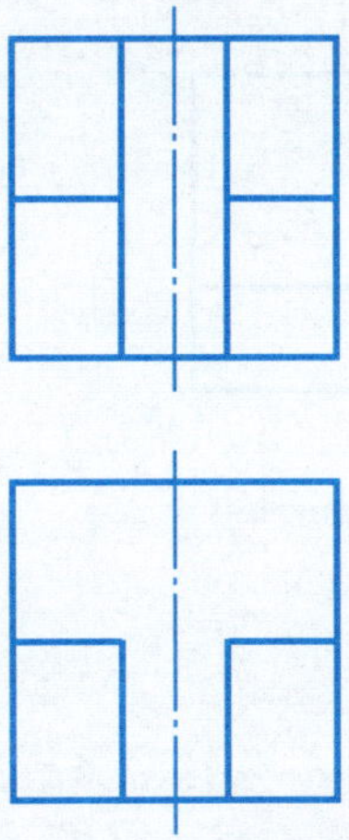

(2)

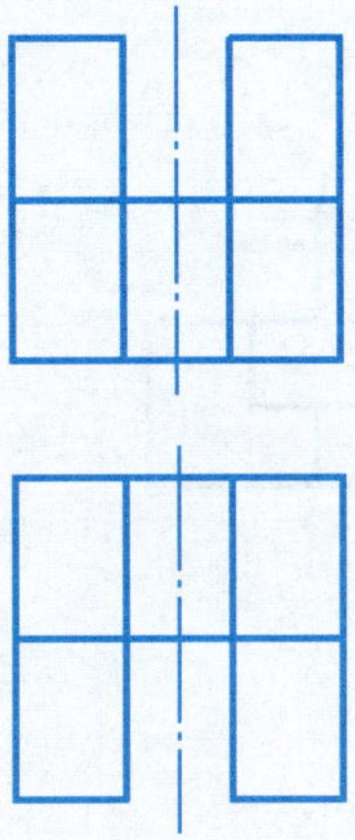

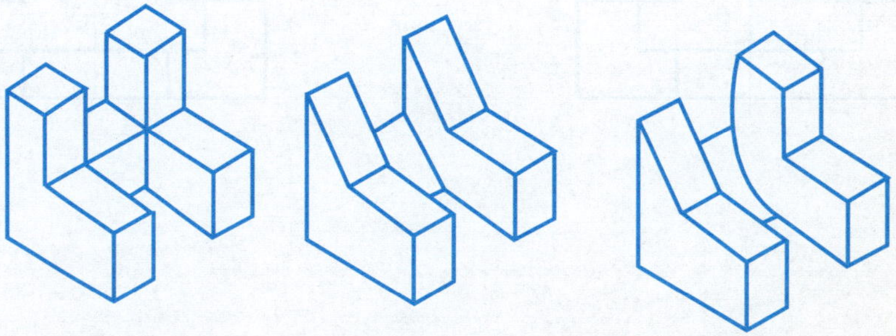

班级　　　　姓名　　　　学号

2. 根据已知的主视图，构思不同形状的组合体，画出另外两个视图。

（1）

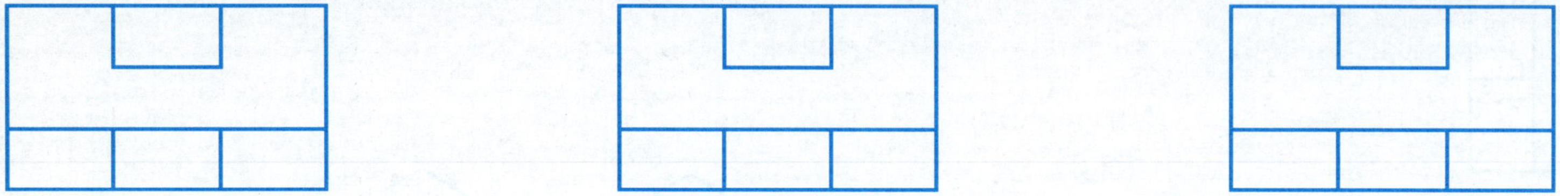

（2）

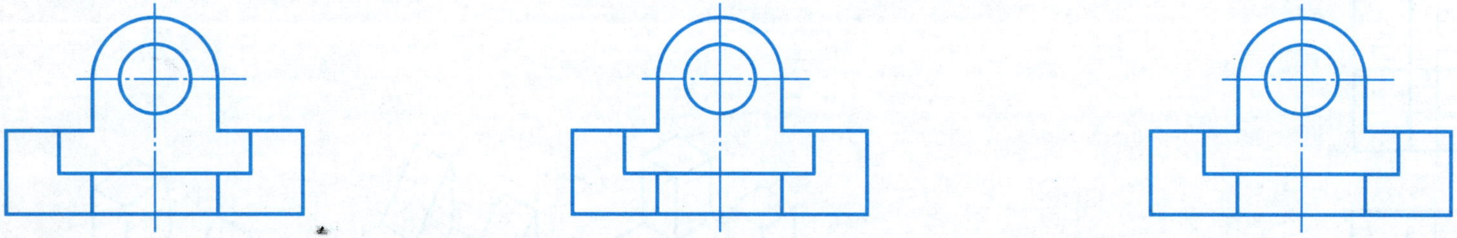

班级　　　　姓名　　　　学号

3. 根据已知的主视图，想象出物体的形状，构思一个与之相嵌的立体，与该物体构成一个完整圆柱体，并画出其三视图。

(1)

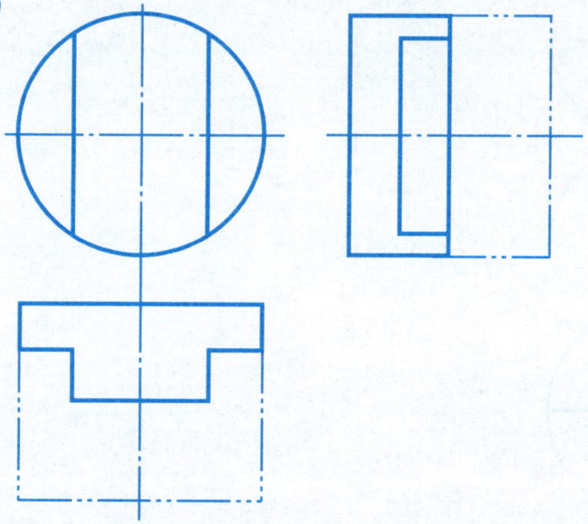

(2)

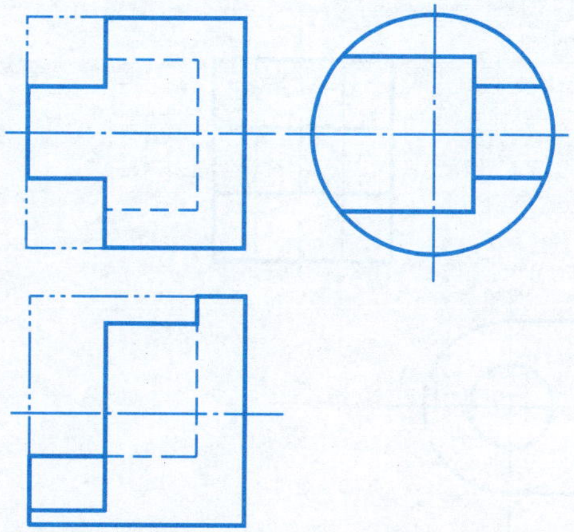

班级　　　　姓名　　　　学号

6-2　构形练习

4. 根据所给视图，构思不同形体，分别补画出（1）中的左视图和（2）中的主视图。

（1）

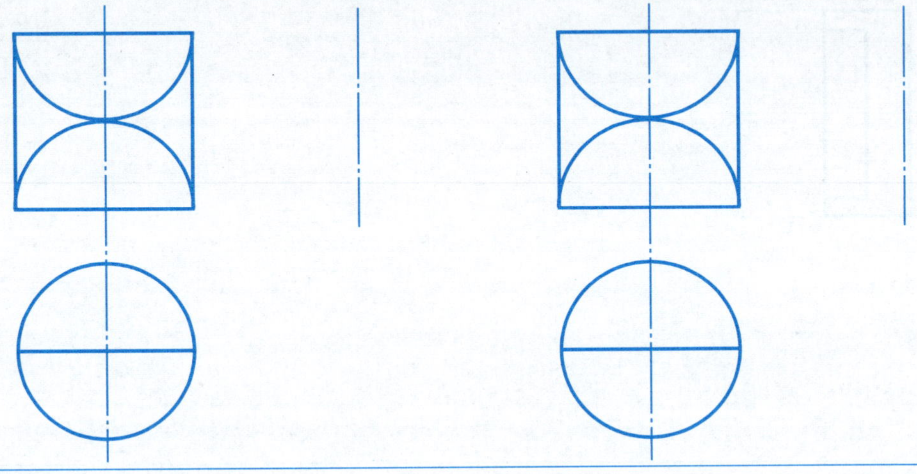

（2）

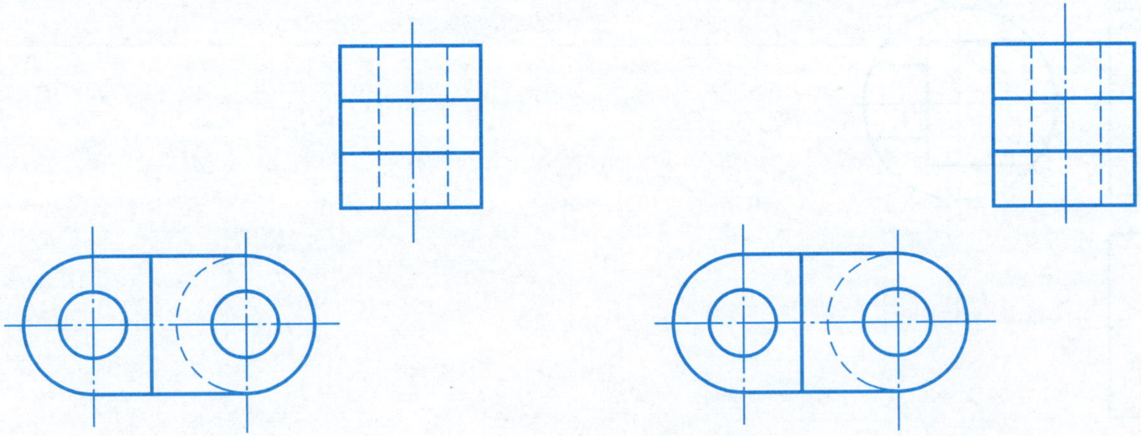

班级　　　　姓名　　　　学号

5. 根据给出的俯视图，构造设计组合体，画出相应的主视图。

（1）

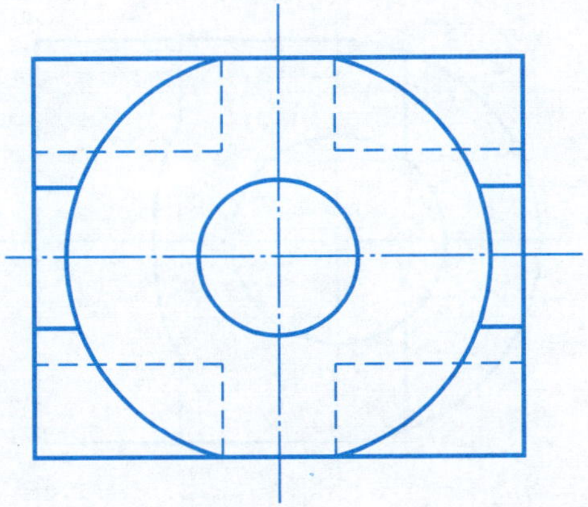

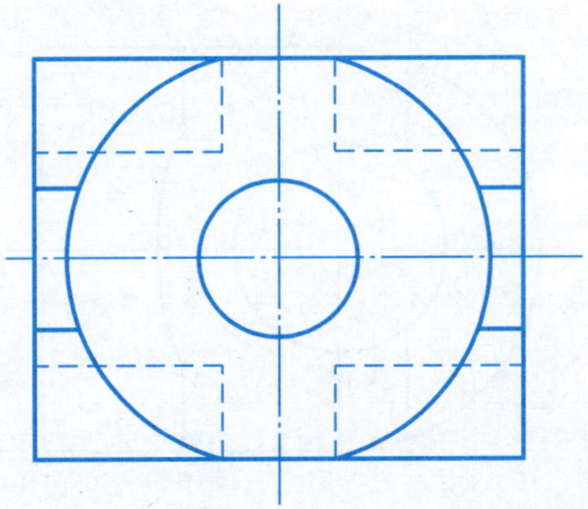

班级 姓名 学号

5. 根据给出的俯视图，构造设计组合体，画出相应的主视图。

（2）

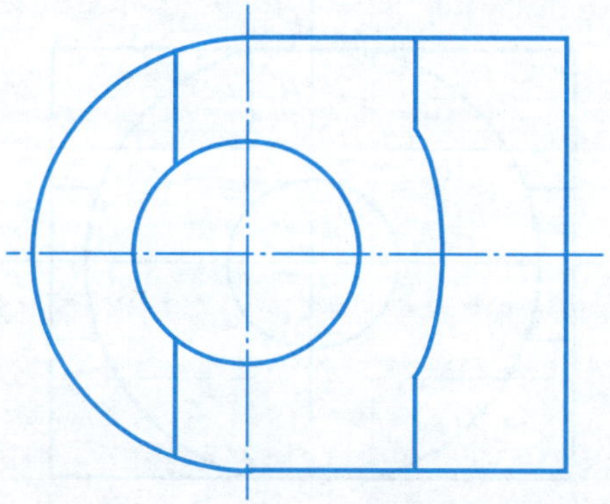

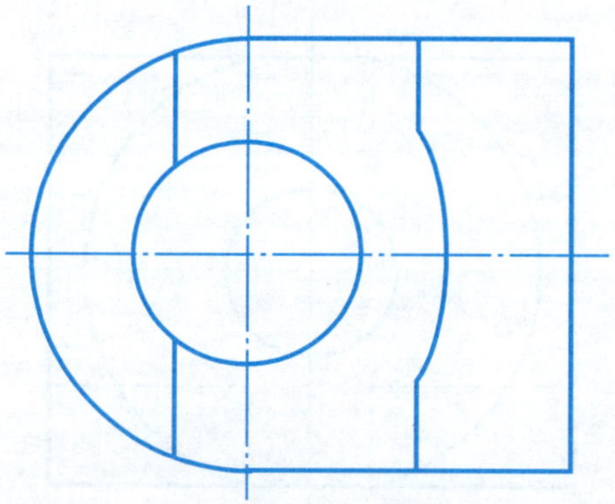

班级　　　　姓名　　　　学号

6-3 标注尺寸

1. 根据三视图，补全视图中所缺少的尺寸（尺寸数值从图上按 1:1 量取，取整数）。

（1）

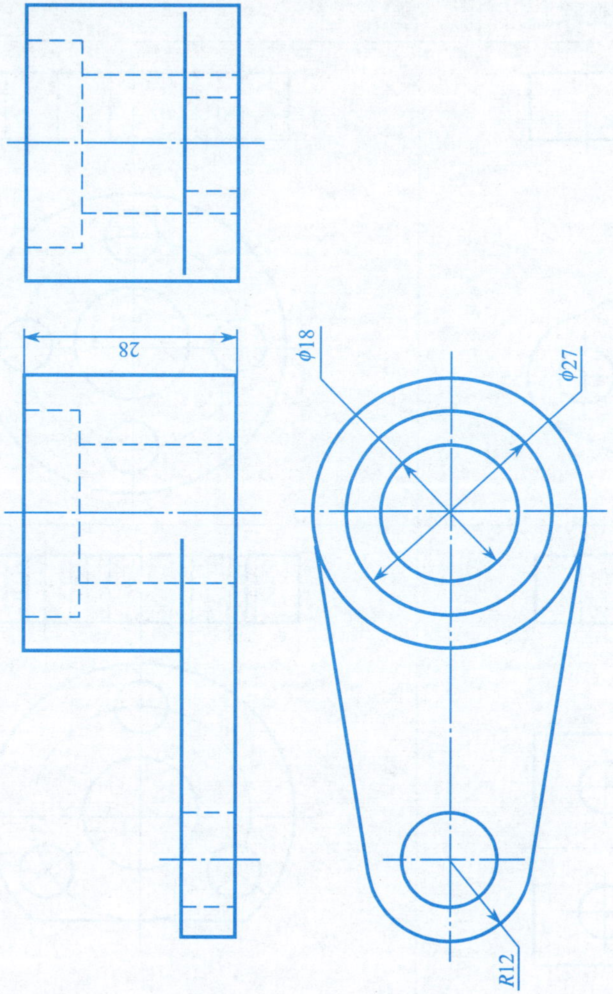

（2）

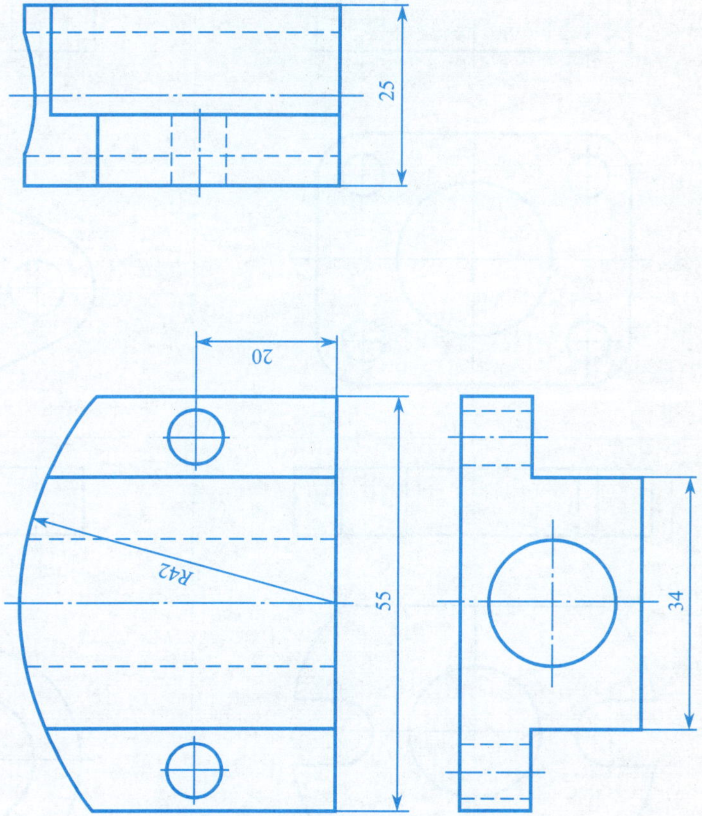

班级　　　　姓名　　　　学号

2. 标注下列常见、简单组合体的尺寸（尺寸数值从图上按 1∶1 量取，取整数）。

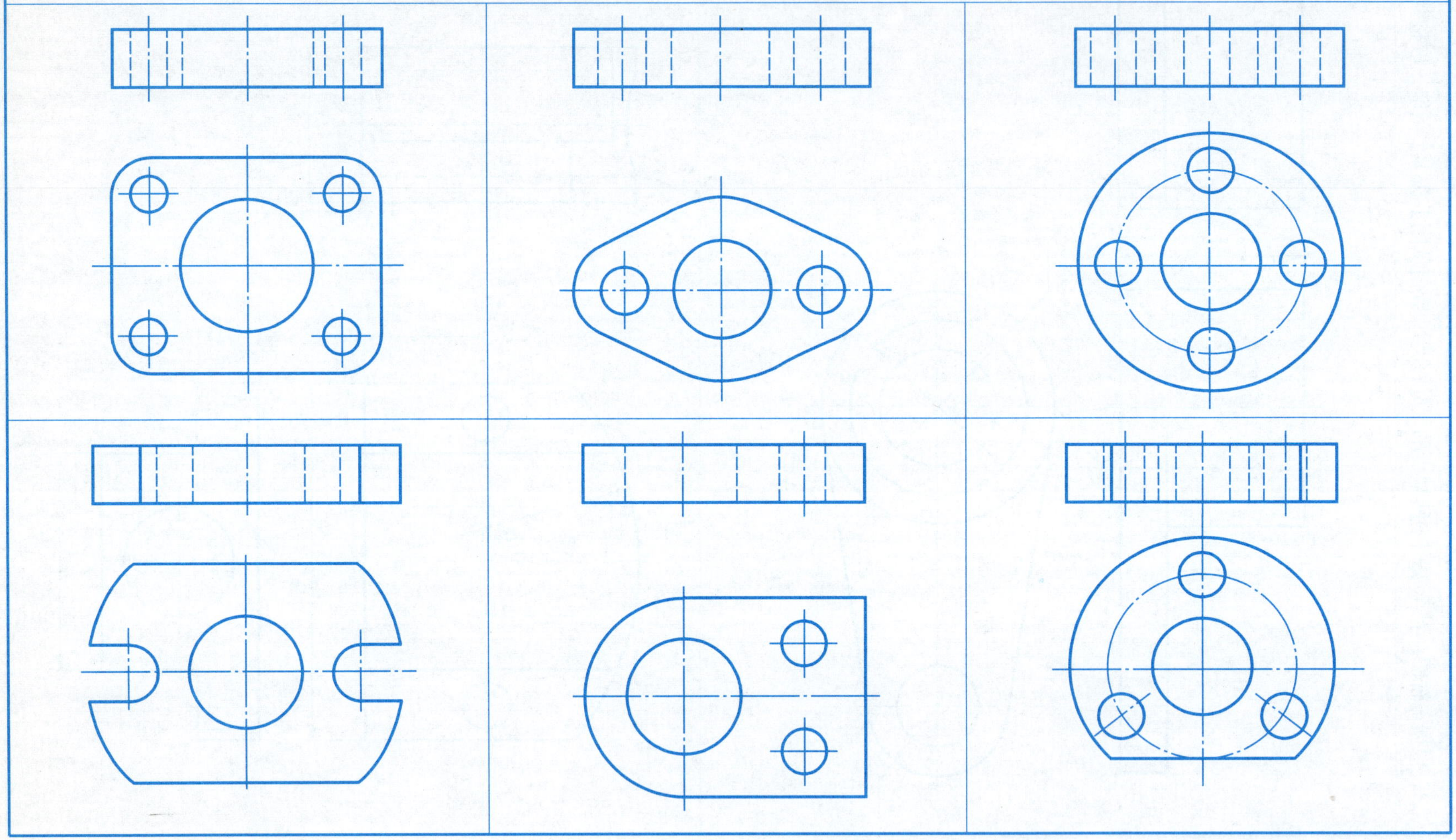

班级　　　　姓名　　　　学号

3. 标注尺寸（尺寸数值从图上按 1∶1 量取，取整数）。

(1)

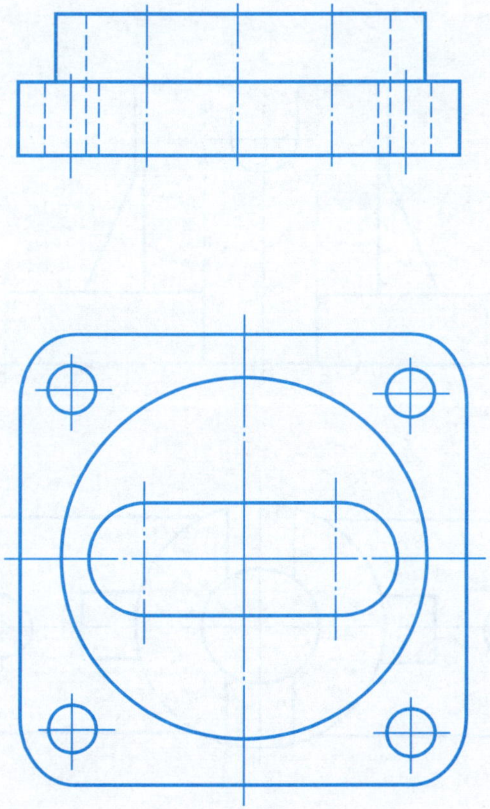

(2)

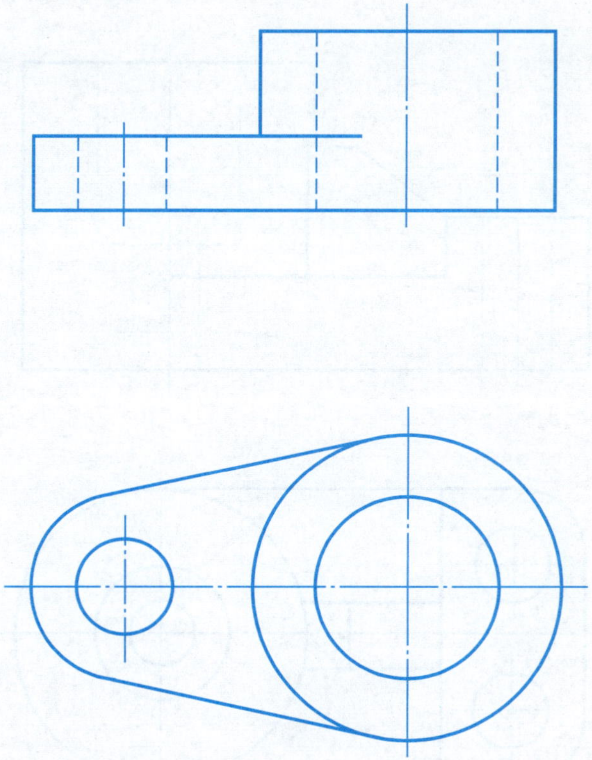

班级　　　　姓名　　　　学号

4. 读懂视图，标注尺寸（尺寸数值从图上按 1:1 量取，取整数）。

（1）

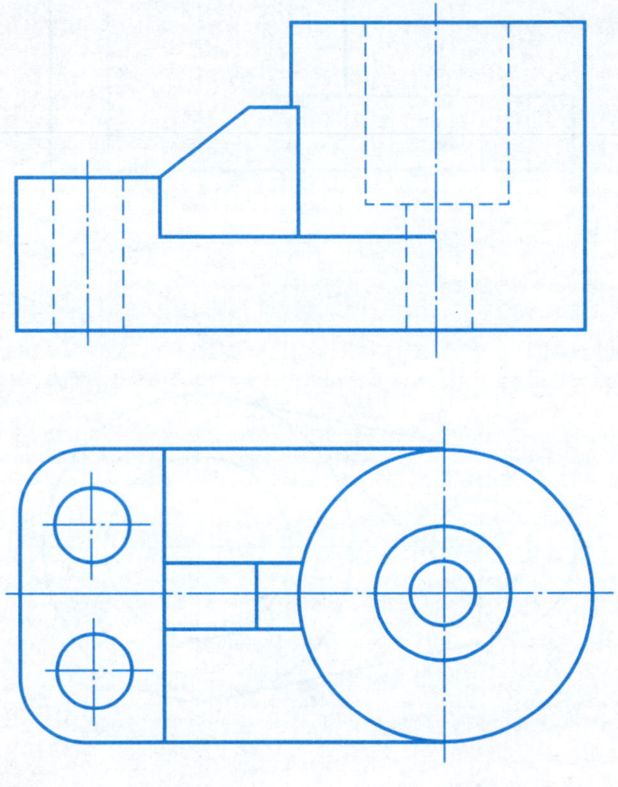

（2）

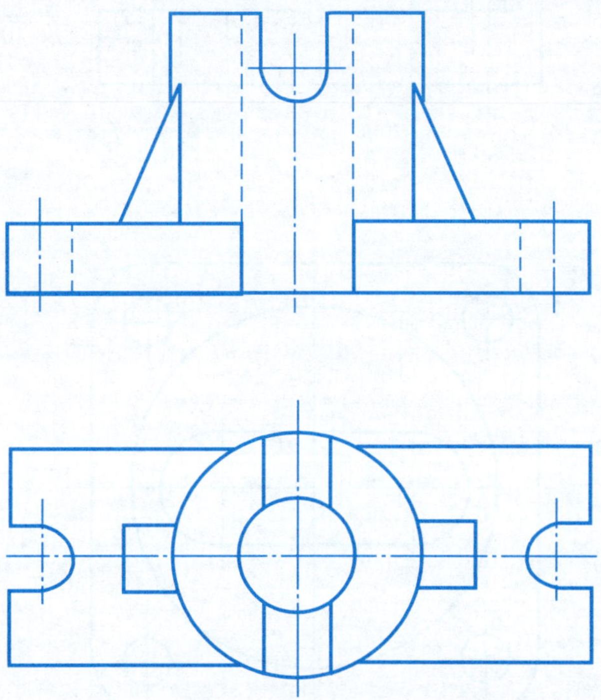

班级　　　　　　姓名　　　　　　学号

5. 读懂视图，标注尺寸（尺寸数值从图上按 1:1 量取，取整数）。

（1）

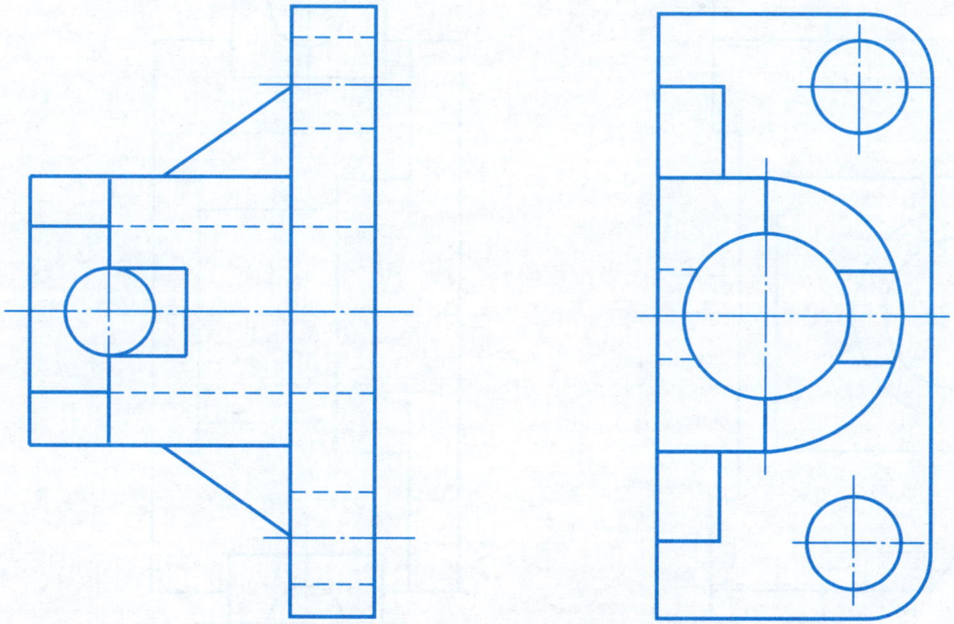

班级　　　　姓名　　　　学号

5. 读懂视图，标注尺寸（尺寸数值从图上按 1:1 量取，取整数）。

（2）

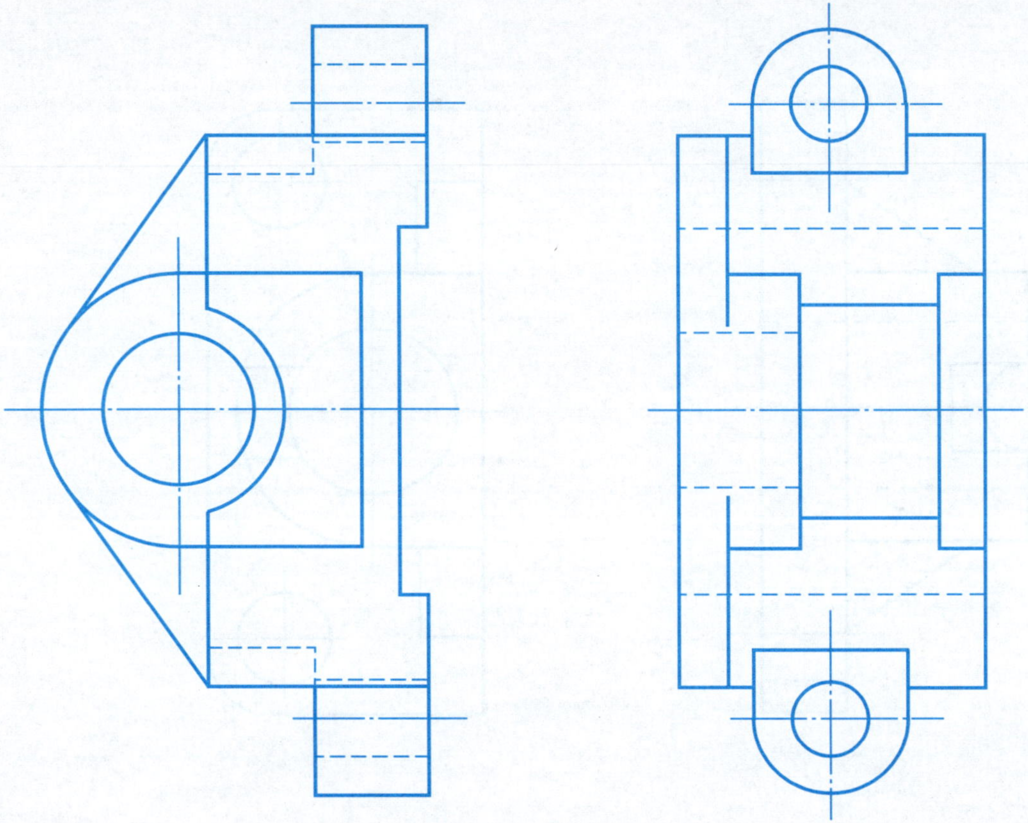

班级　　　　姓名　　　　学号

6-3　标注尺寸

6. 根据视图想象出零件形状，补齐视图中遗漏的尺寸，去掉多余甚至矛盾的尺寸，并改正尺寸注法中的错误。

（1）

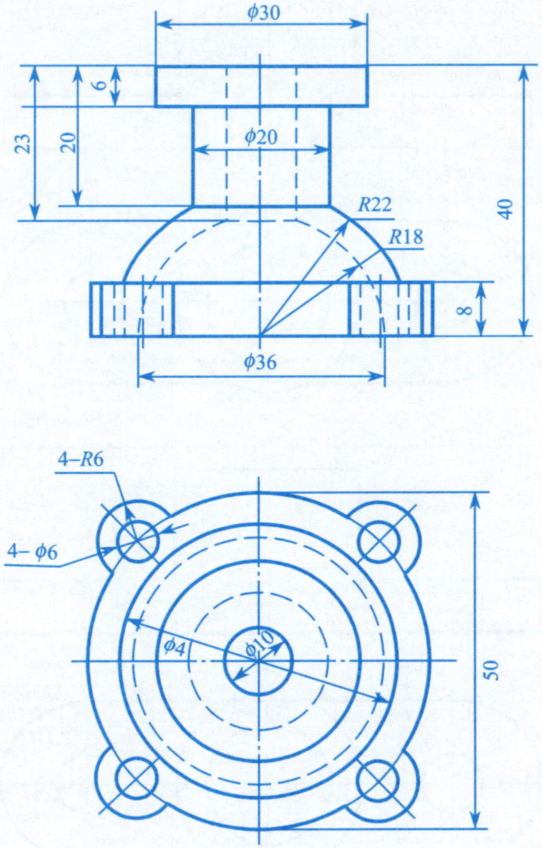

（2）

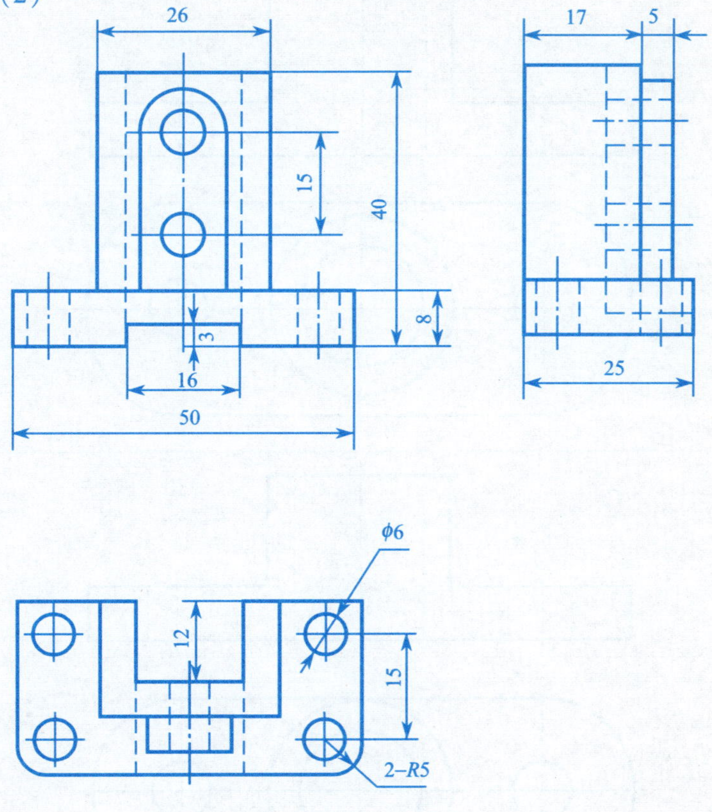

班级　　　　　姓名　　　　　学号

6-4 看图练习

1. 根据俯视图的各种变化，补齐相应的主视图中所缺的线。

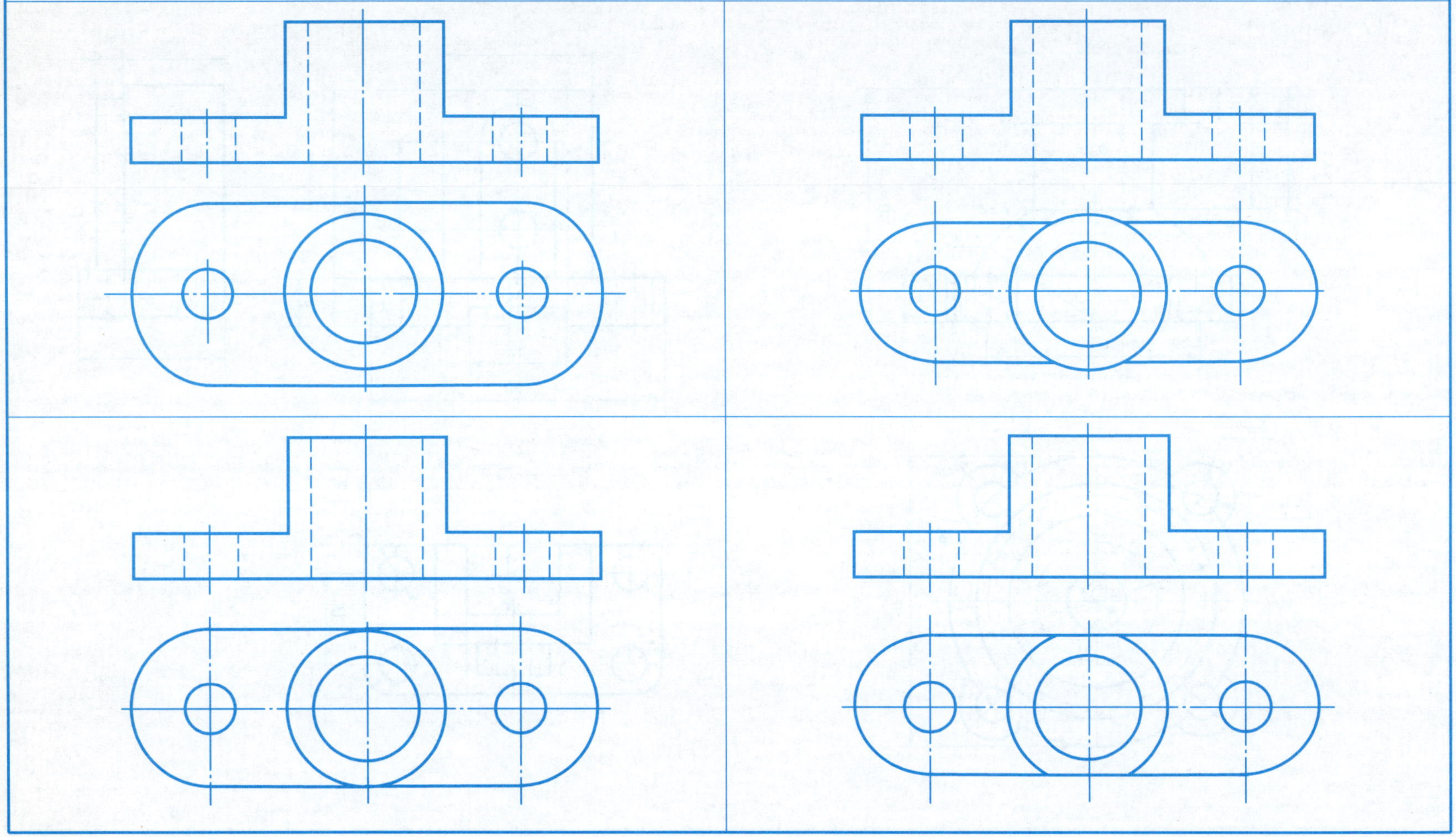

班级　　　　　姓名　　　　　学号

6-4 看图练习

2. 根据形状的变化，补全视图中所缺的线。

班级　　　　姓名　　　　学号

6-4　看图练习

3. 补齐视图中所缺少的线条。

（1）

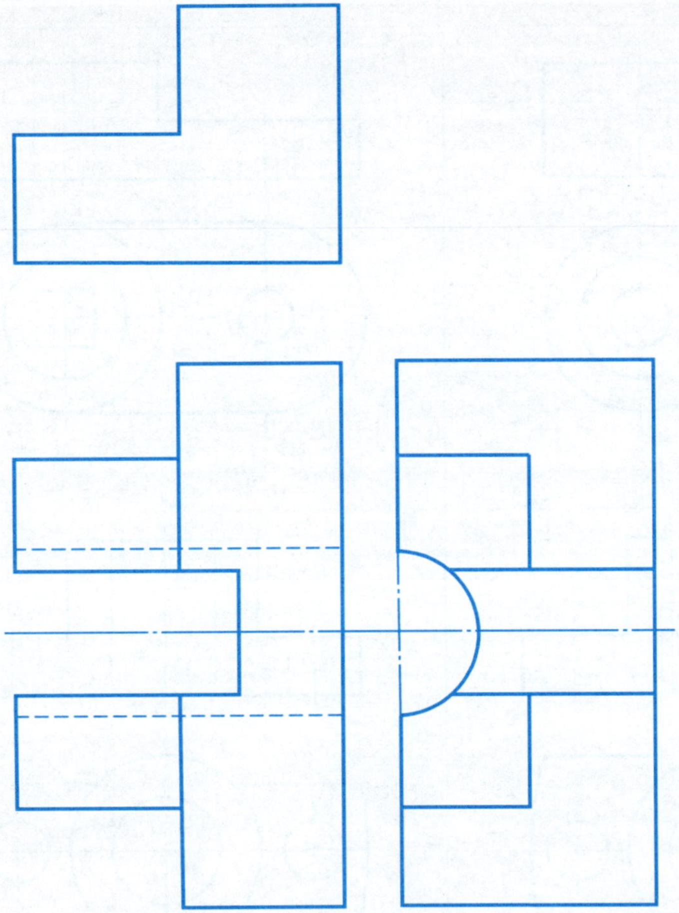

（2）

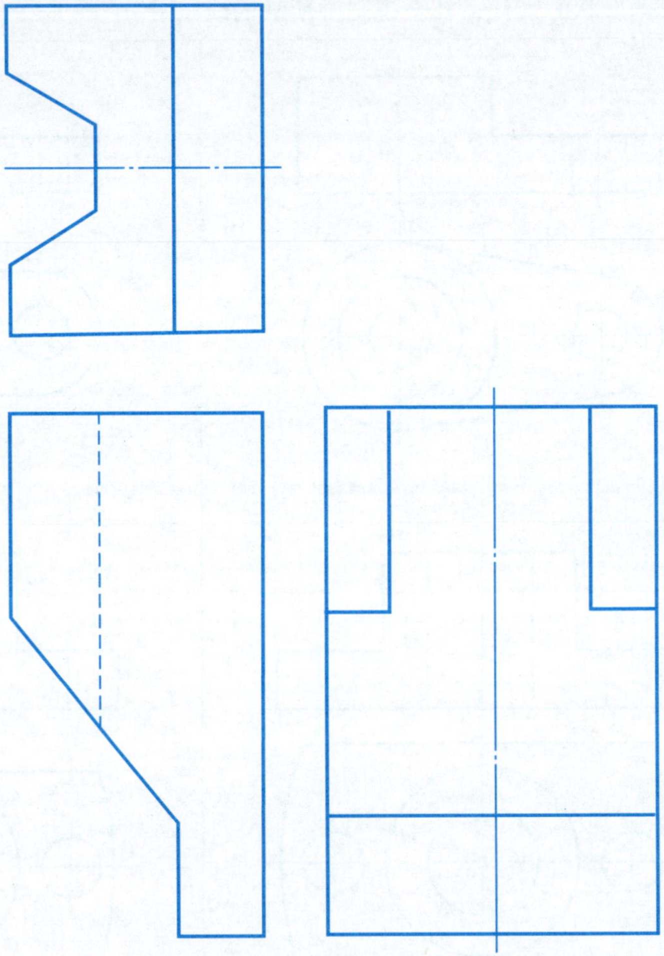

班级　　　　姓名　　　　学号

3. 补齐视图中所缺少的线条。

（3）

（4）

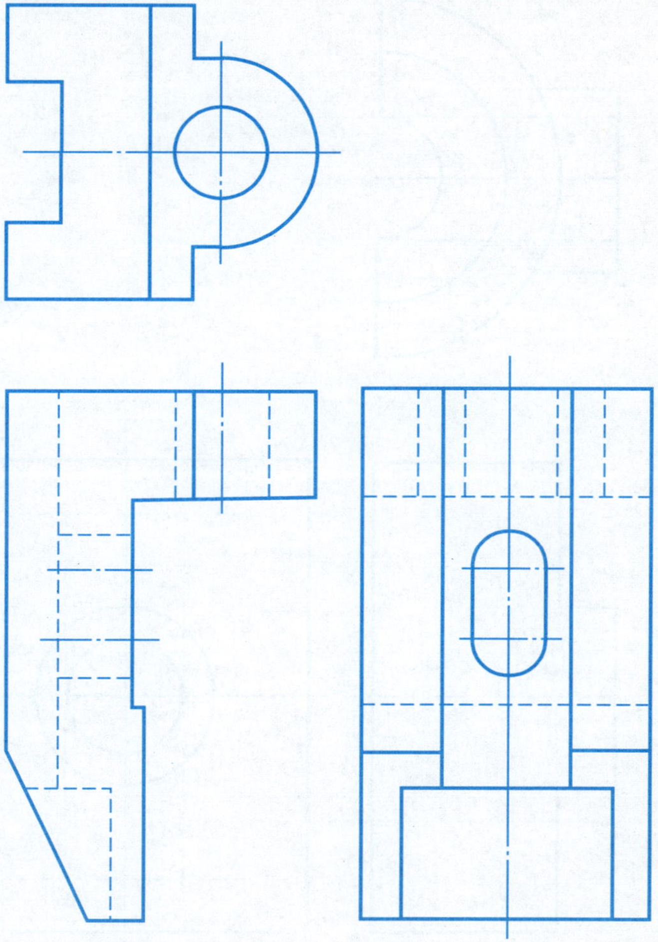

班级　　　　姓名　　　　学号

3. 补齐视图中所缺少的线条。

（5）

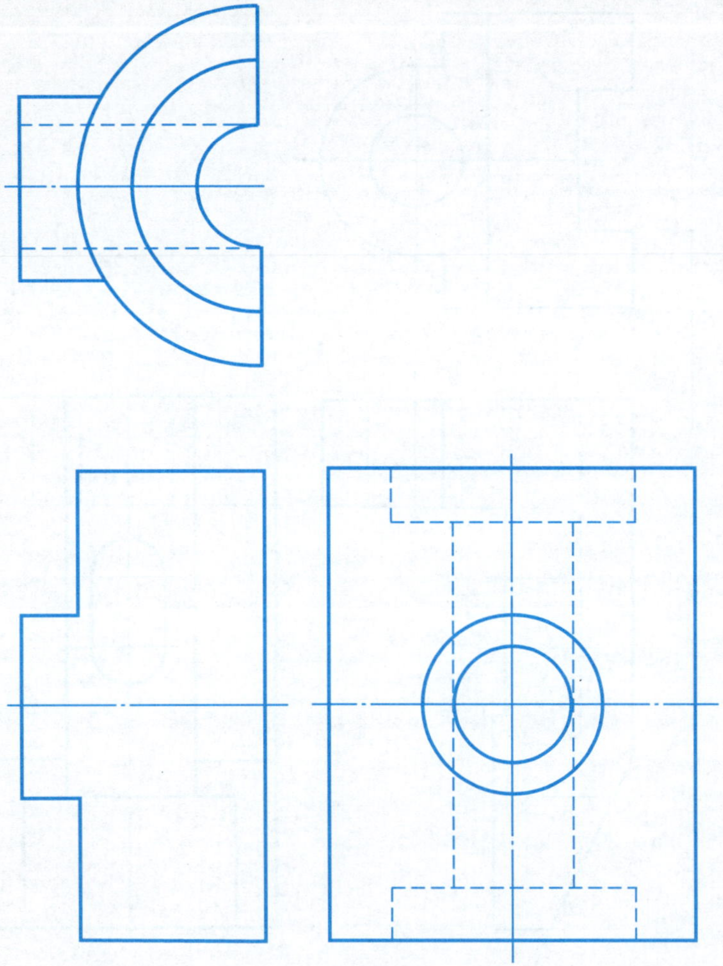

（6）

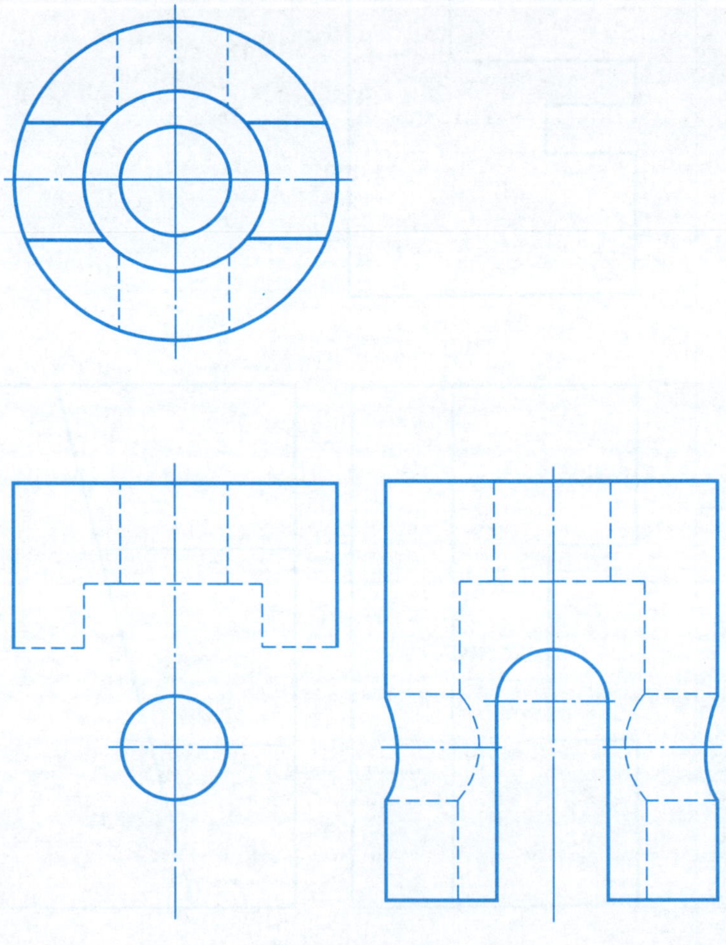

班级　　　　姓名　　　　学号

3. 补齐视图中所缺少的线条。

(7)

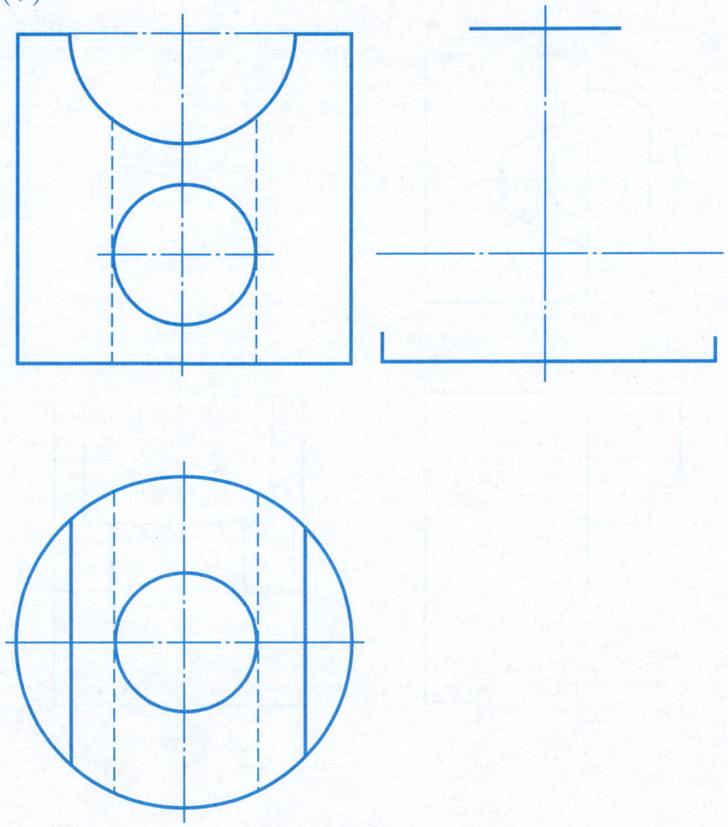

(8)

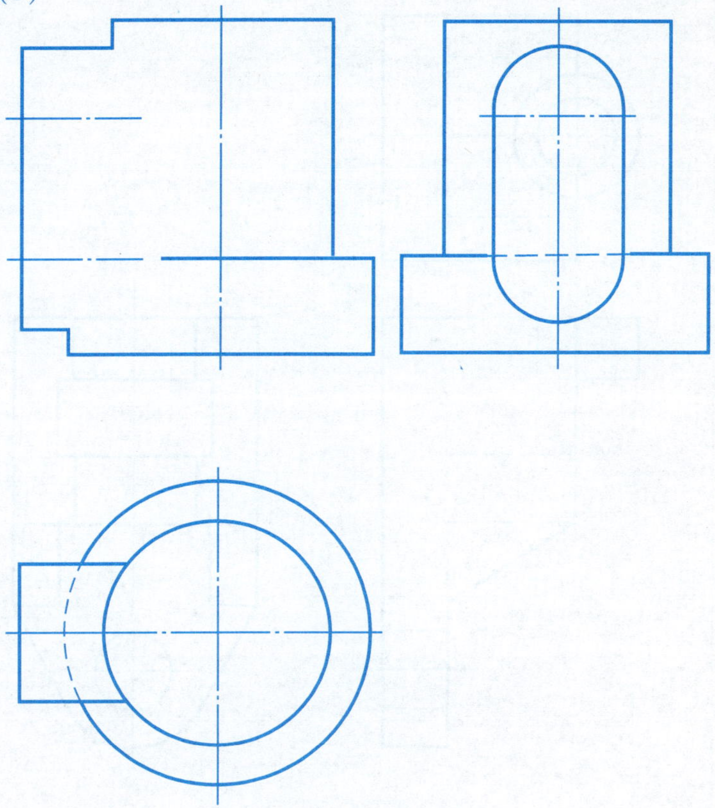

班级　　　　　姓名　　　　　学号

3. 补齐视图中所缺少的线条。

(9)

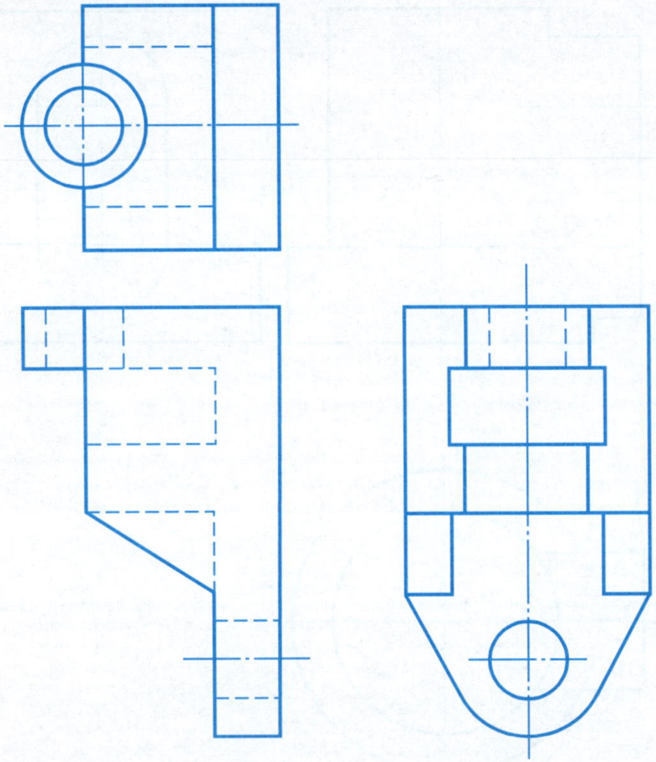

(10)

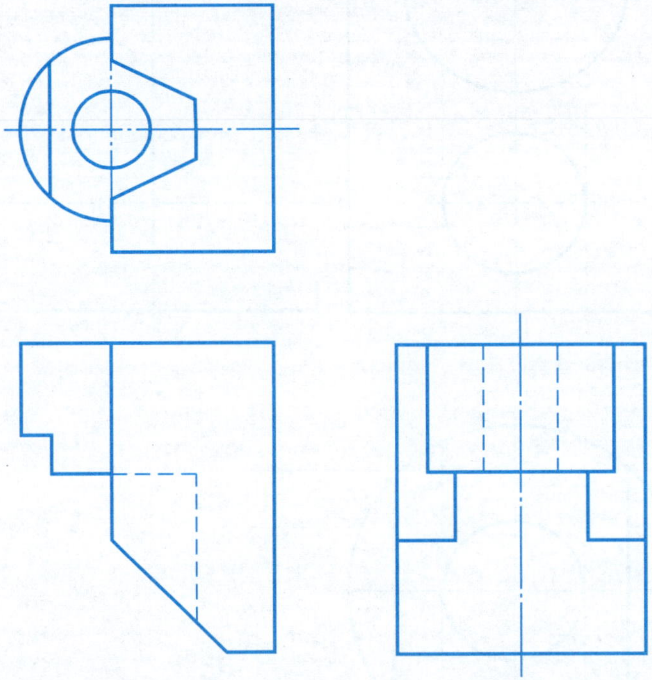

班级　　姓名　　学号

3. 补齐视图中所缺少的线条。

（11）

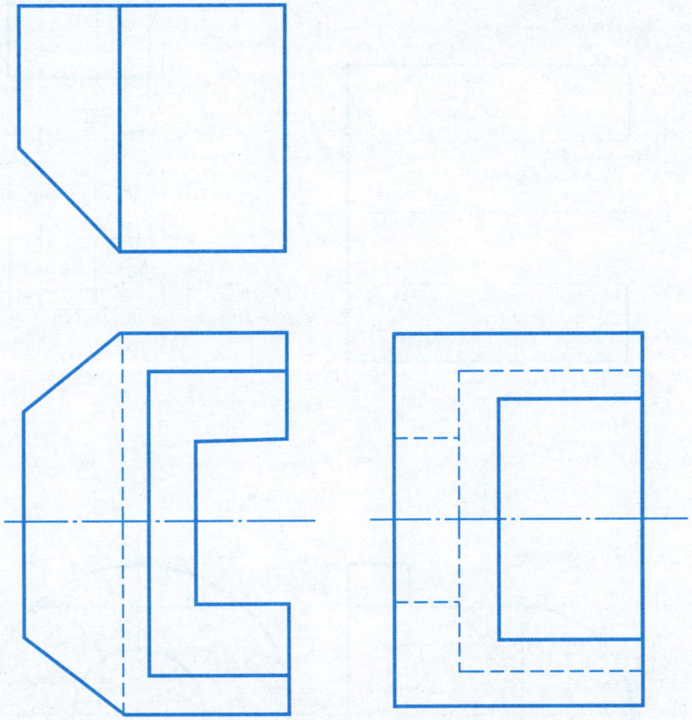

（12）

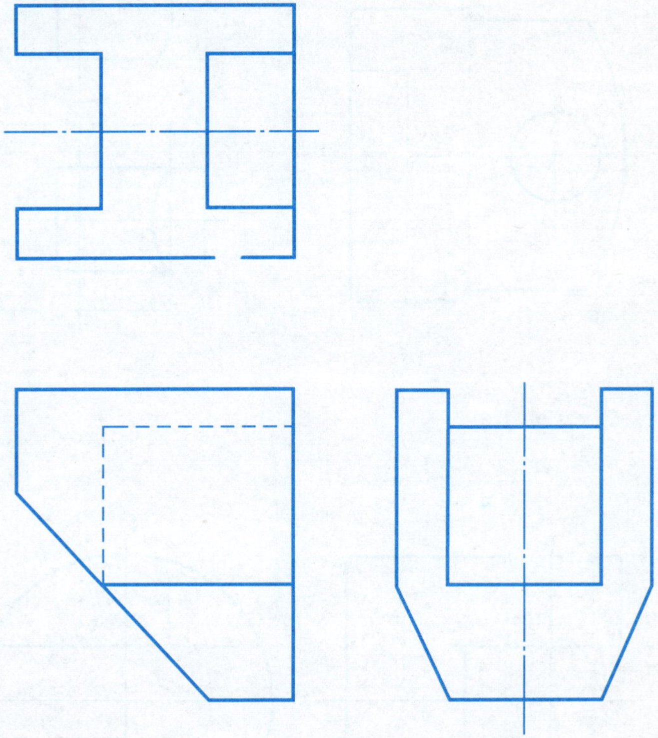

班级　　　　姓名　　　　学号

4. 用恢复形状法补全视图中交线的投影。

(1)

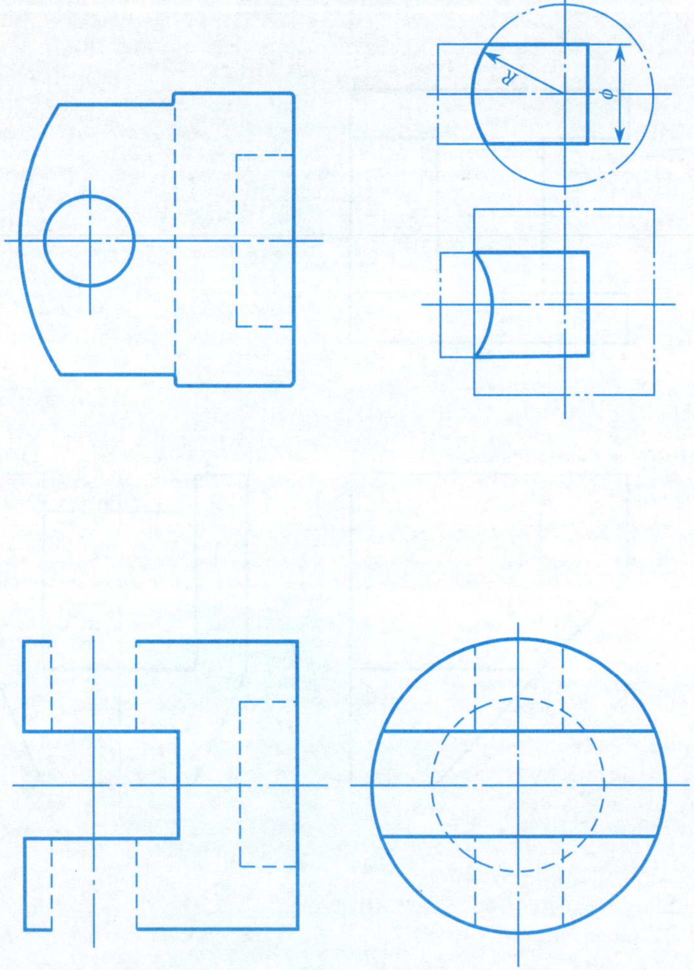

(2)

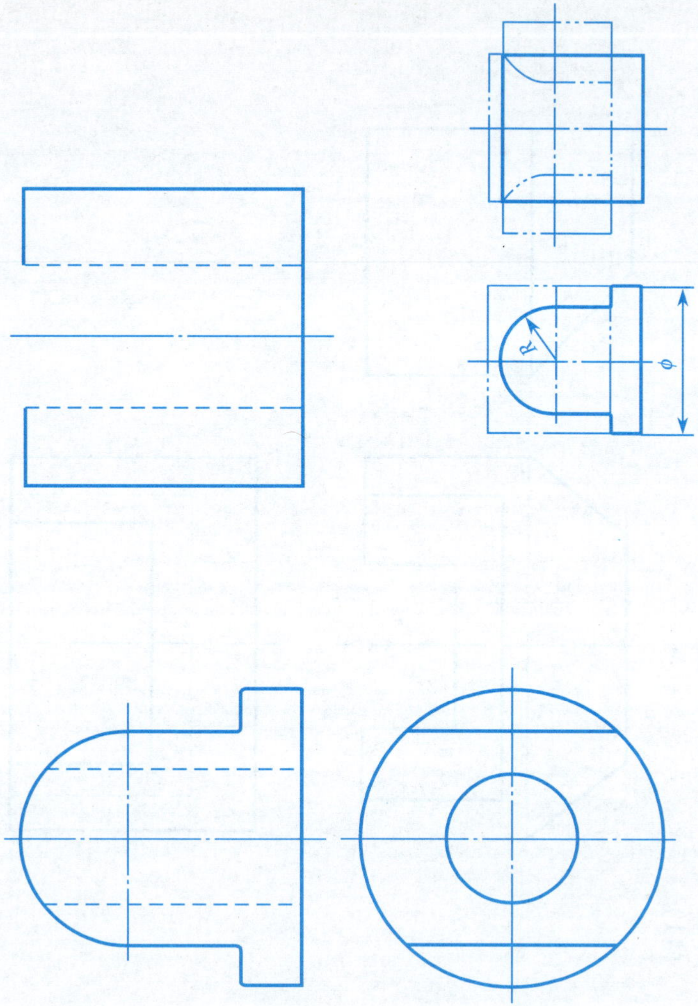

班级　　　　姓名　　　　学号

6-4　看图练习

5. 根据两视图想象出零件形状，并补画出另一视图。

（1）

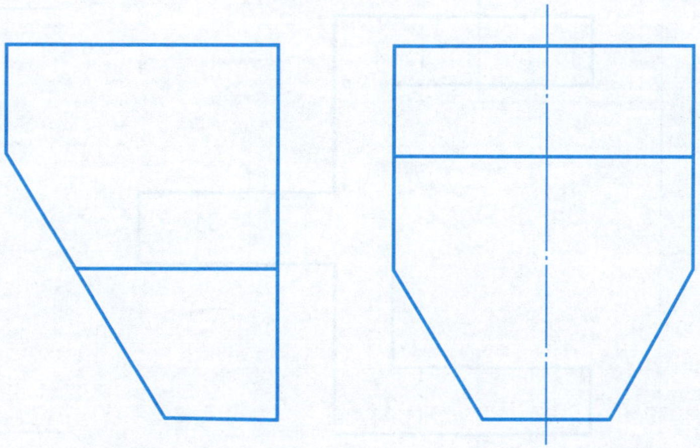

（2）

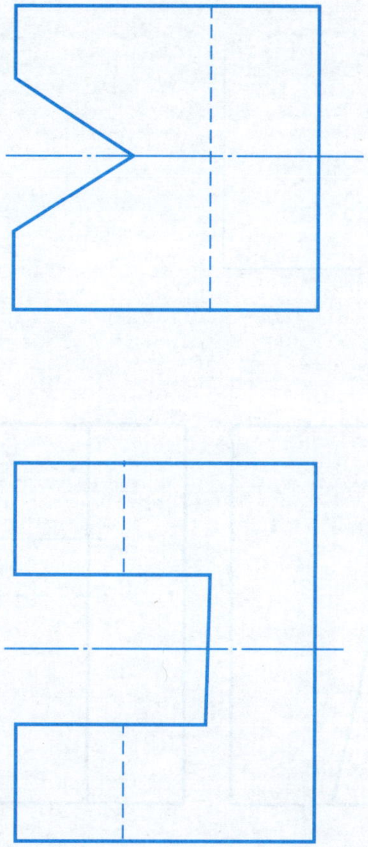

班级　　　　姓名　　　　学号

6-4 看图练习

5. 根据两视图想象出零件形状，并补画出另一视图。

（3）

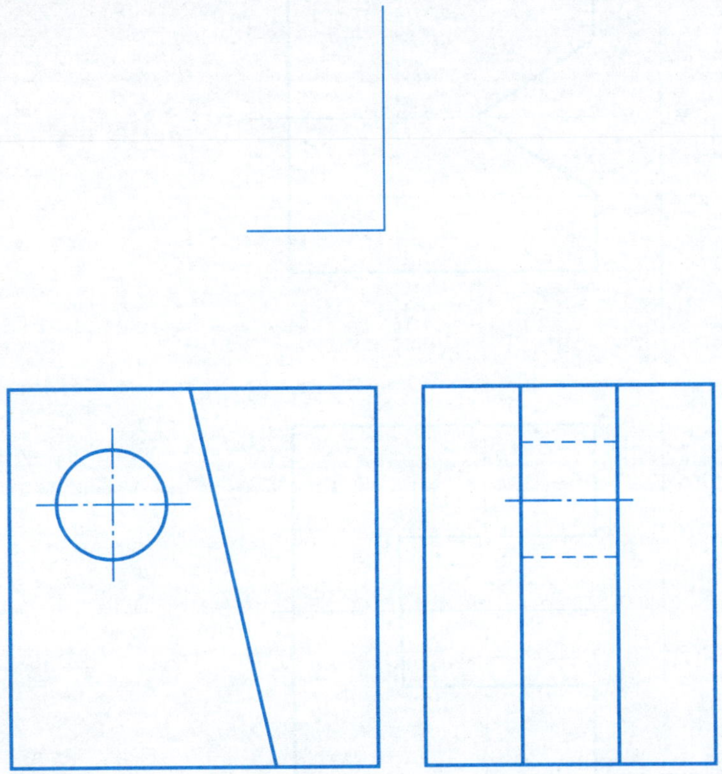

（4）

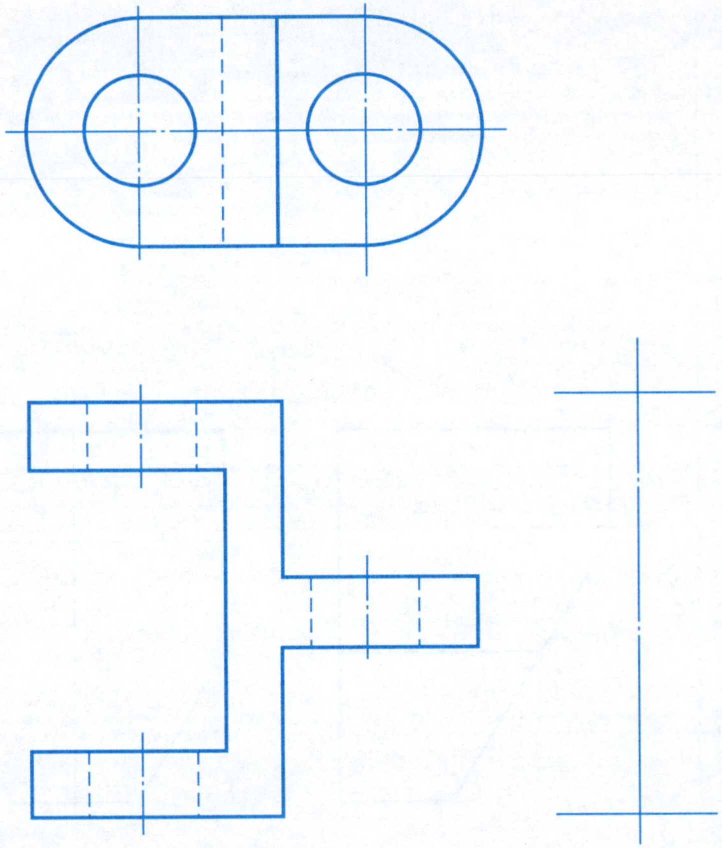

班级　　　　姓名　　　　学号

5. 根据两视图想象出零件形状，并补画出另一视图。

（5）

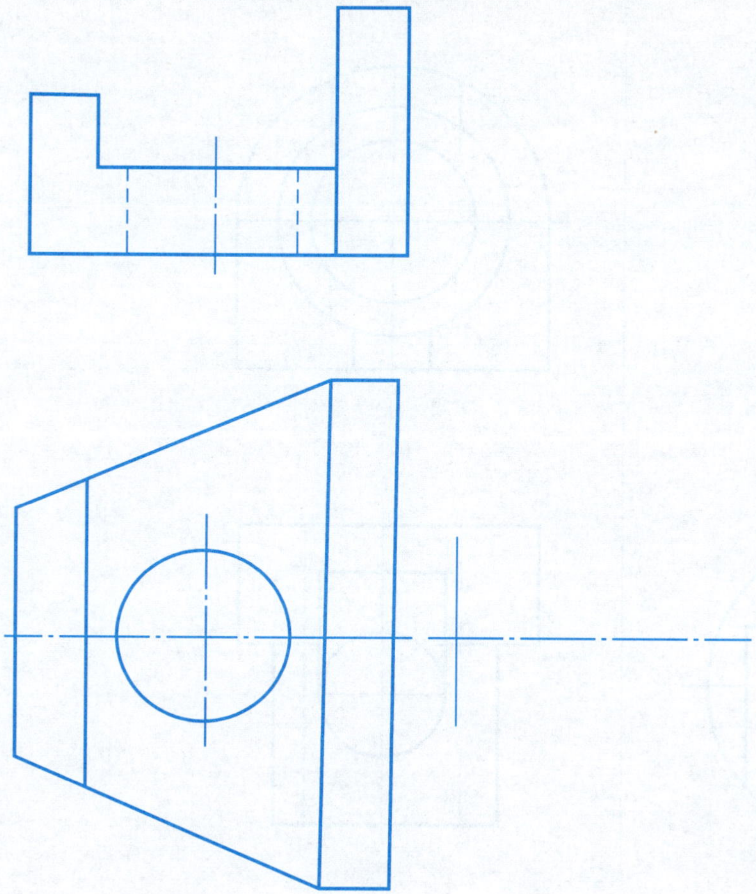

（6）

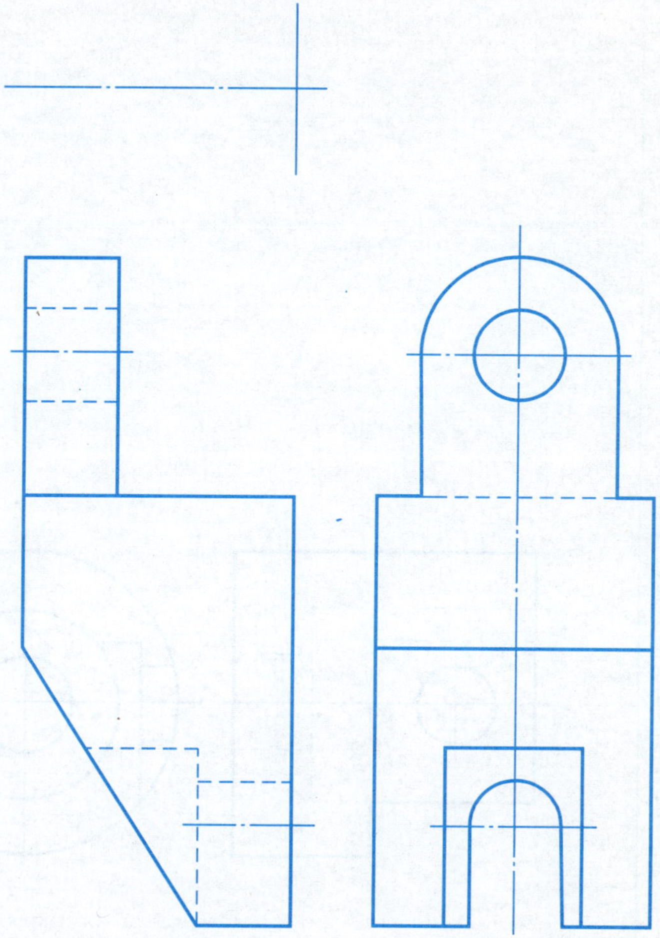

班级　　　　姓名　　　　学号

6-4 看图练习

5. 根据两视图想象出零件形状，并补画出另一视图。

（7）

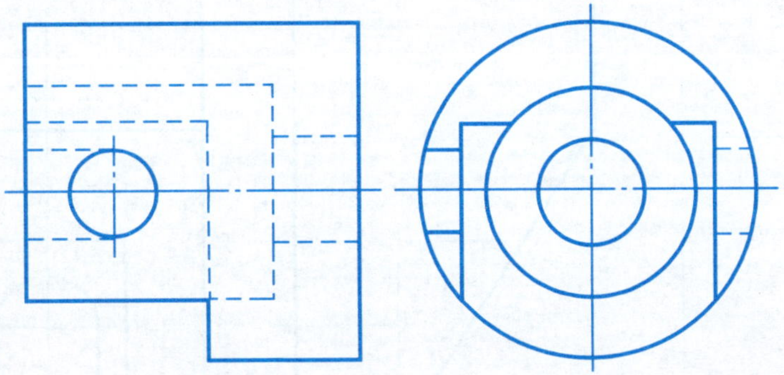

（8）

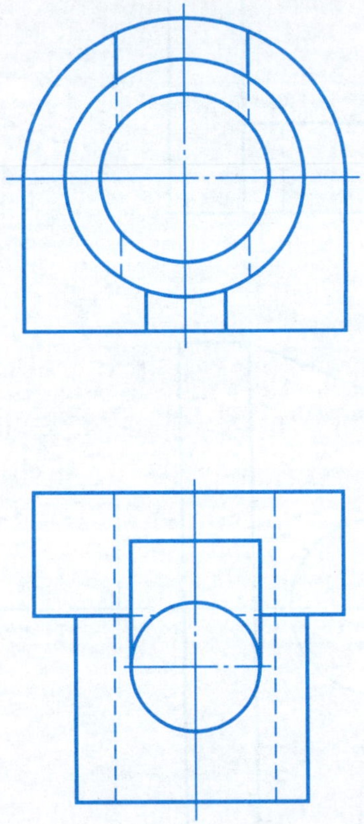

班级　　　　姓名　　　　学号

6-4 看图练习

(9)

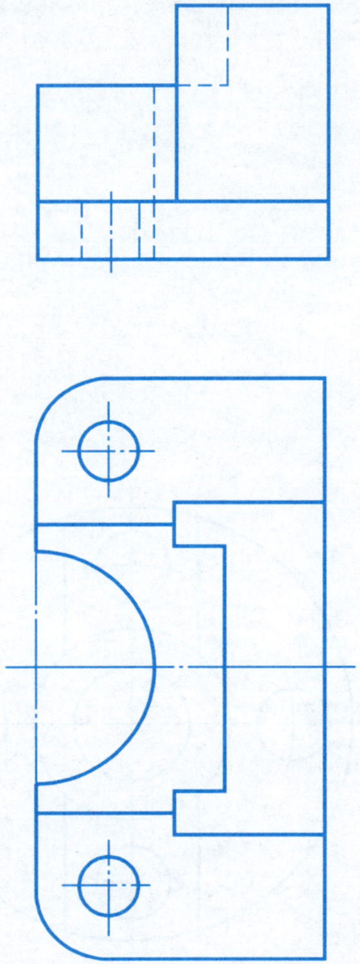

(10)

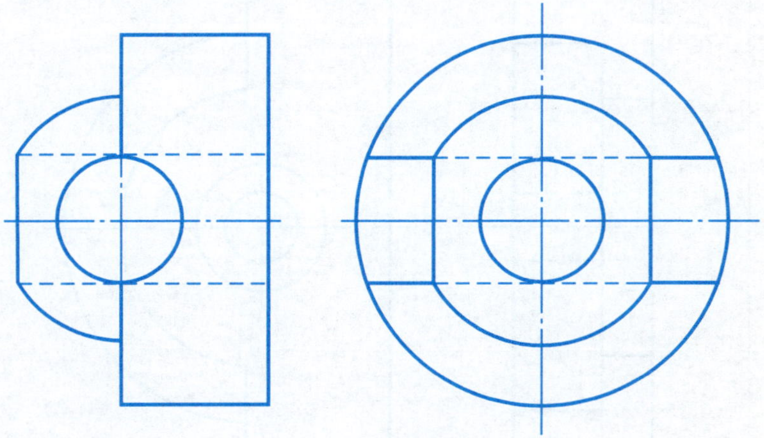

班级　　　　　　姓名　　　　　　学号

5. 根据两视图想象出零件形状，并补画出另一视图。

(11)

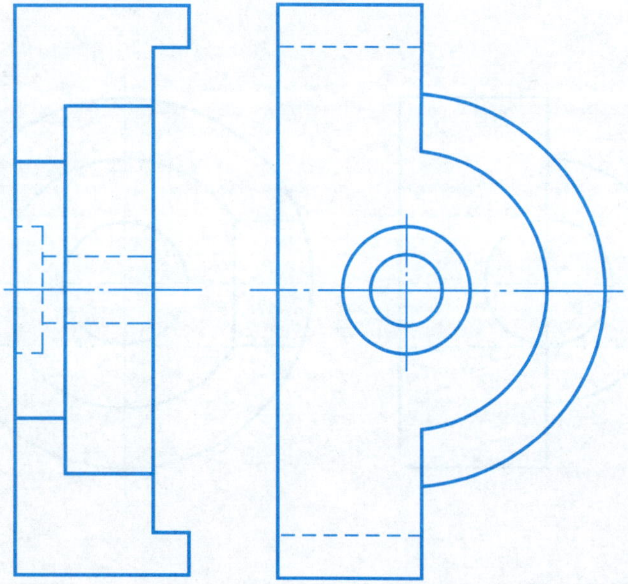

(12)

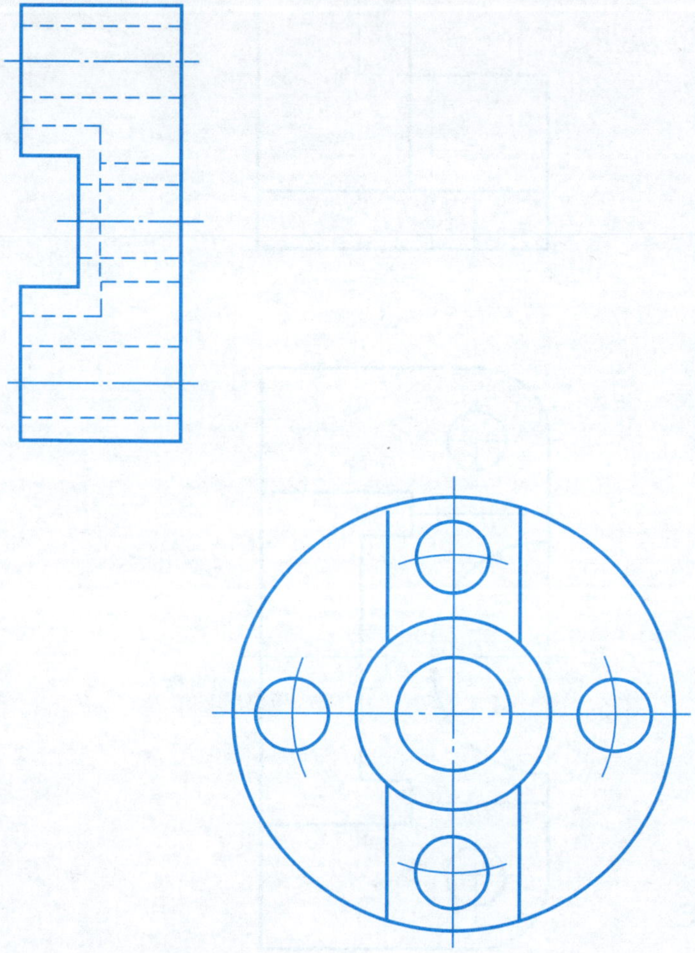

班级 姓名 学号

5. 根据两视图想象出零件形状，并补画出另一视图。

（13）

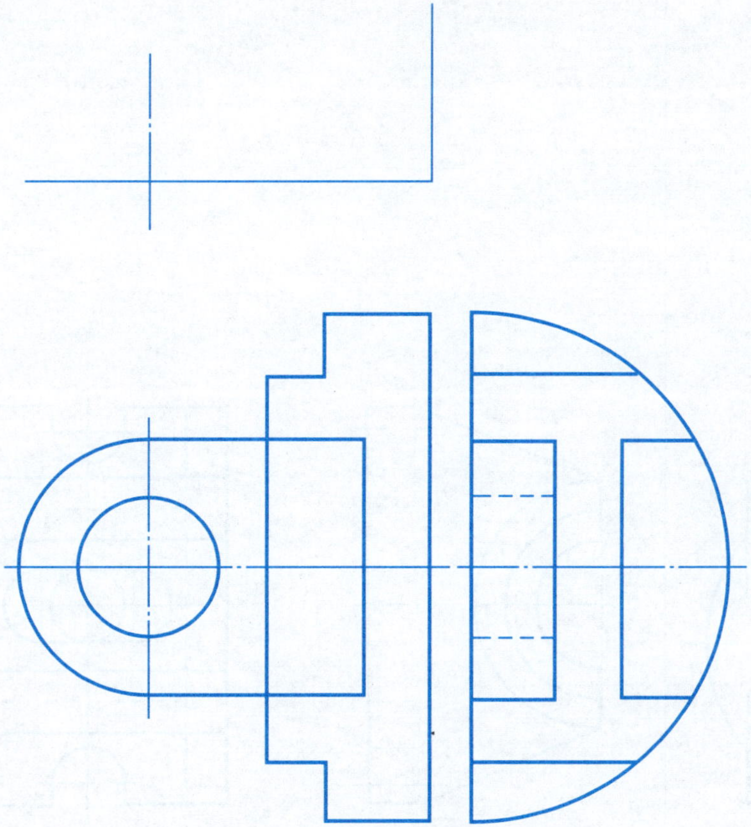

（14）

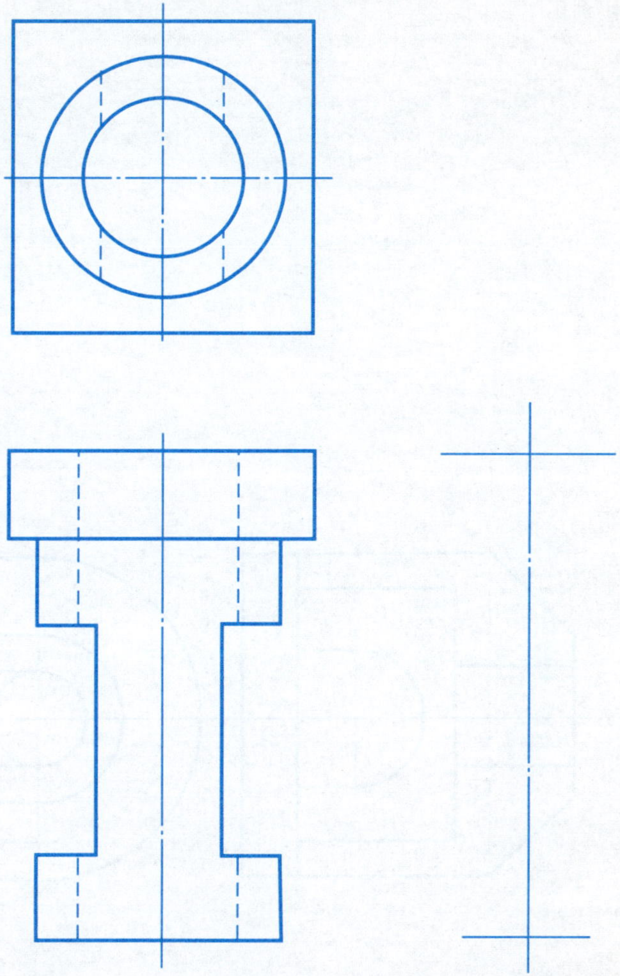

班级 姓名 学号

5. 根据两视图想象出零件形状，并补画出另一视图。

（15）

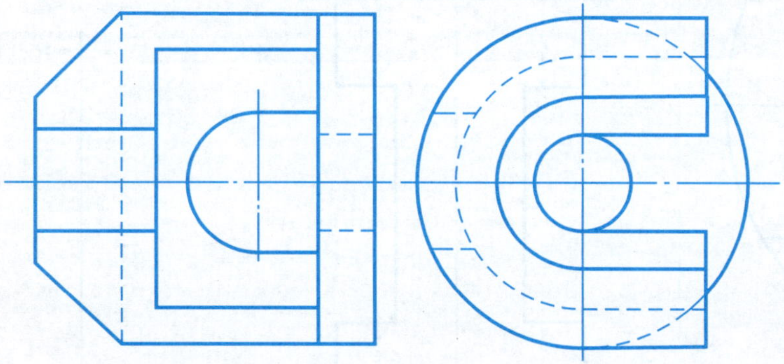

（16）

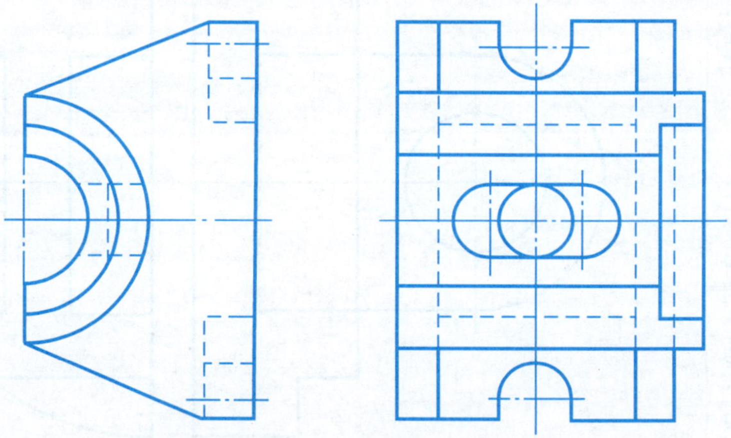

班级　　　　姓名　　　　学号

6-4 看图练习

5. 根据两视图想象出零件形状，并补画出另一视图。

(17)

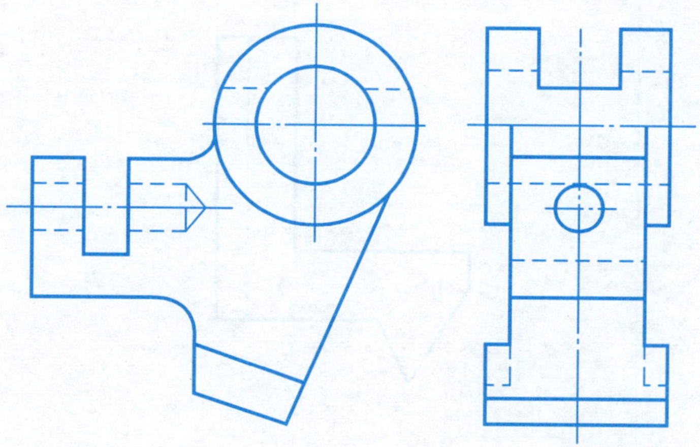

(18)

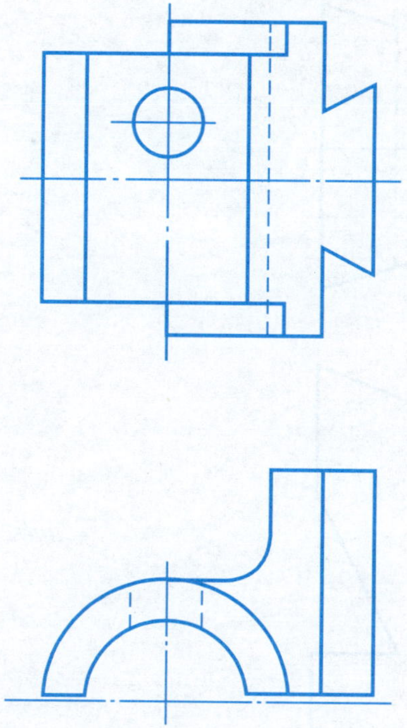

班级　　　　姓名　　　　学号

5. 根据两视图想象出零件形状，并补画出另一视图。

(19)

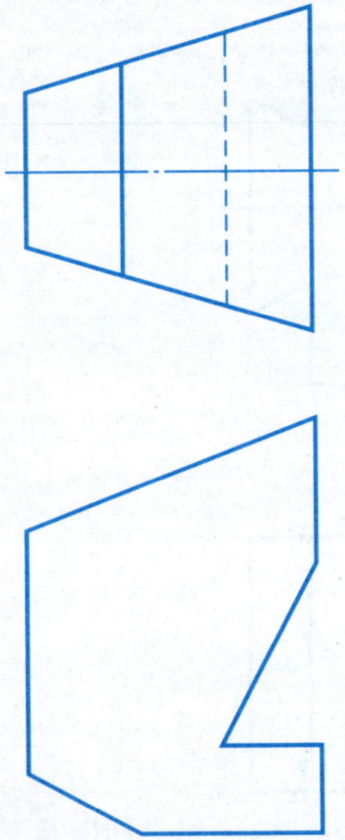

(20)

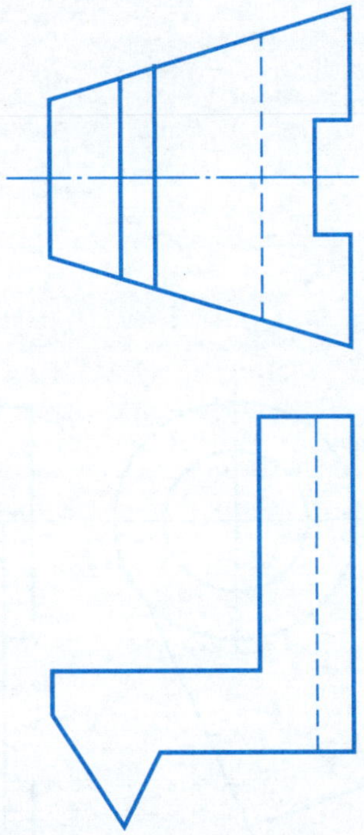

班级　　姓名　　学号

1. 根据组合体的两个视图补画出左视图，并标注尺寸（尺寸数值从图上按 1:1 量取，取整数）。

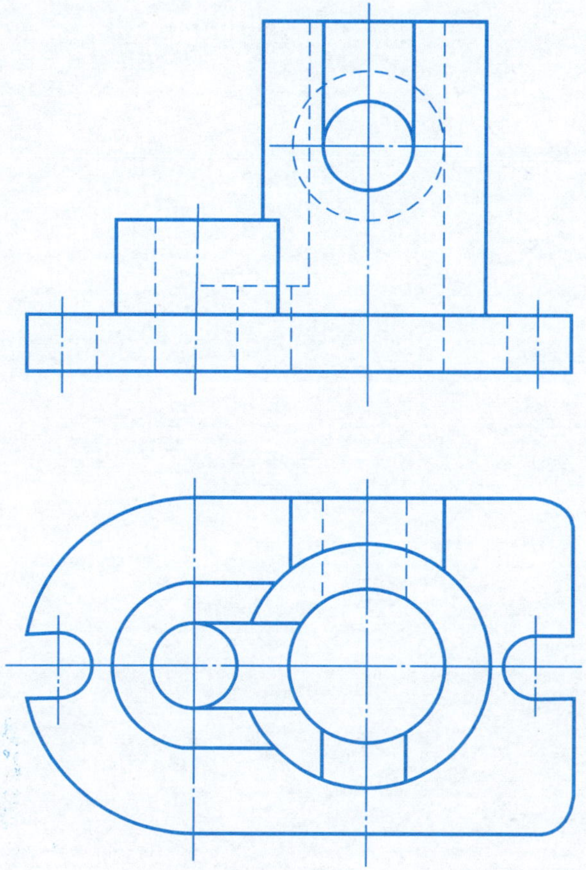

班级　　　　姓名　　　　学号

2. 根据主、俯视图，补画出左视图，并标注尺寸（尺寸数值从图上按 1∶1 量取，取整数）。

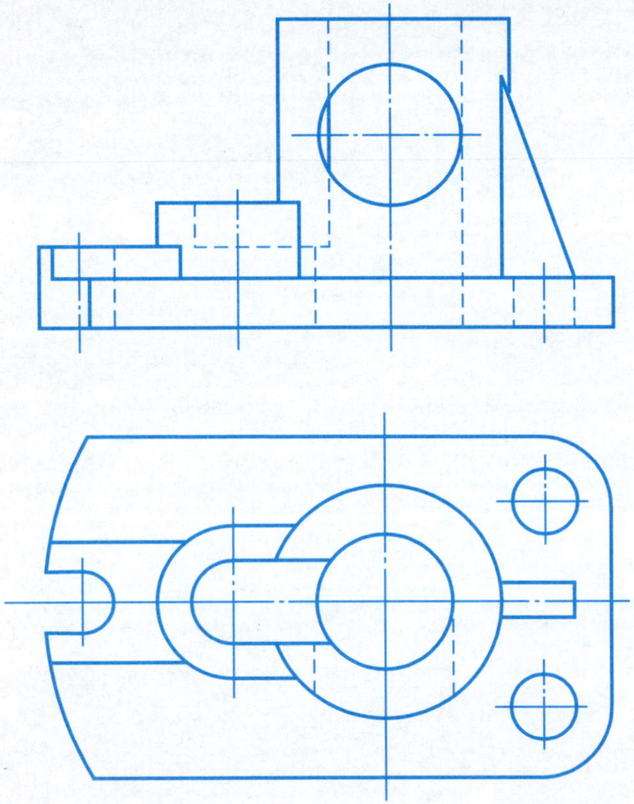

班级　　　　姓名　　　　学号

6-5　补图及标注尺寸的综合练习

3. 根据给出的两个视图，从图上量取整数尺寸，在 A3 图纸上用 2∶1 画出三视图，并标注尺寸。

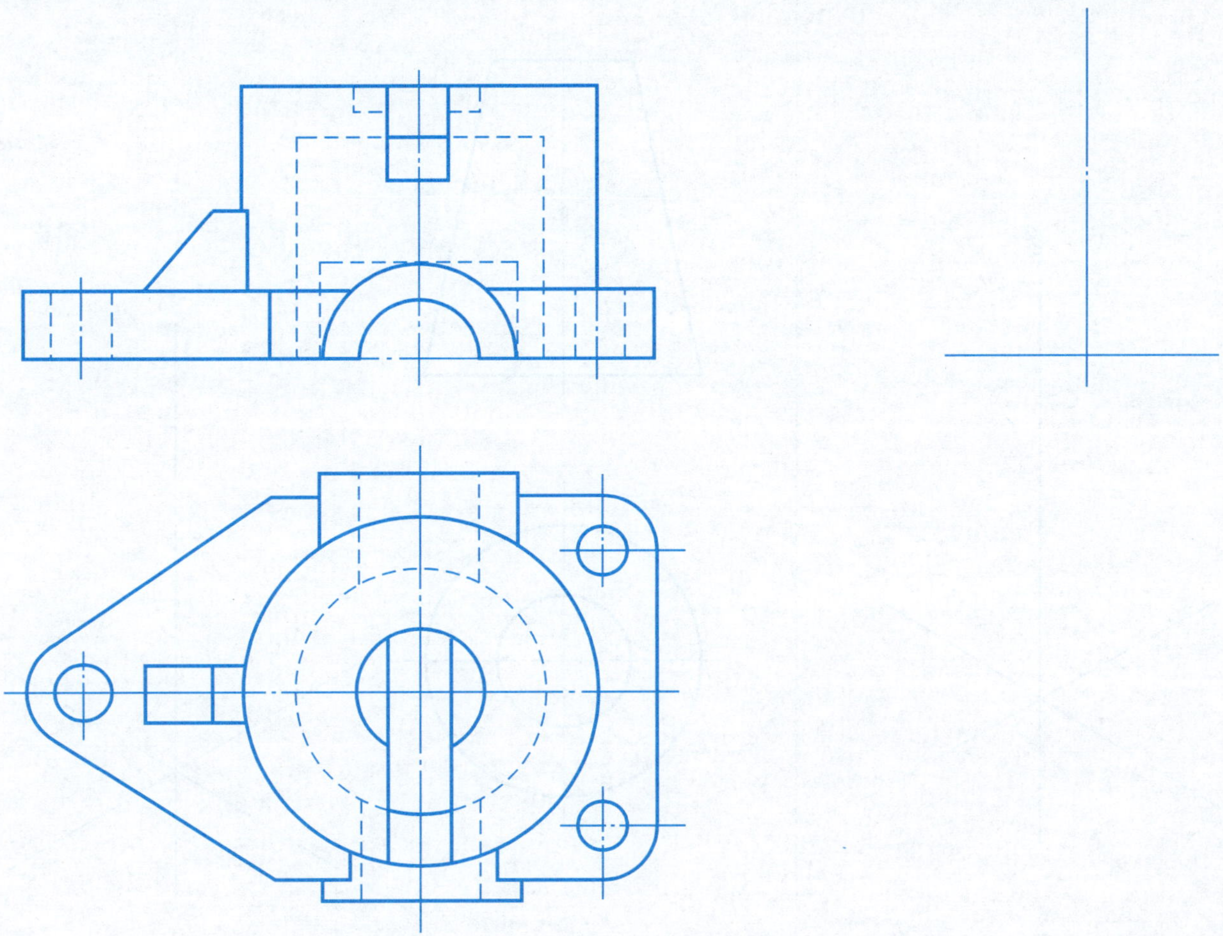

班级　　　　　　姓名　　　　　　学号

第七章　轴测图

1. 根据已给出的视图，在指定位置画出物体的正等测。

（1）

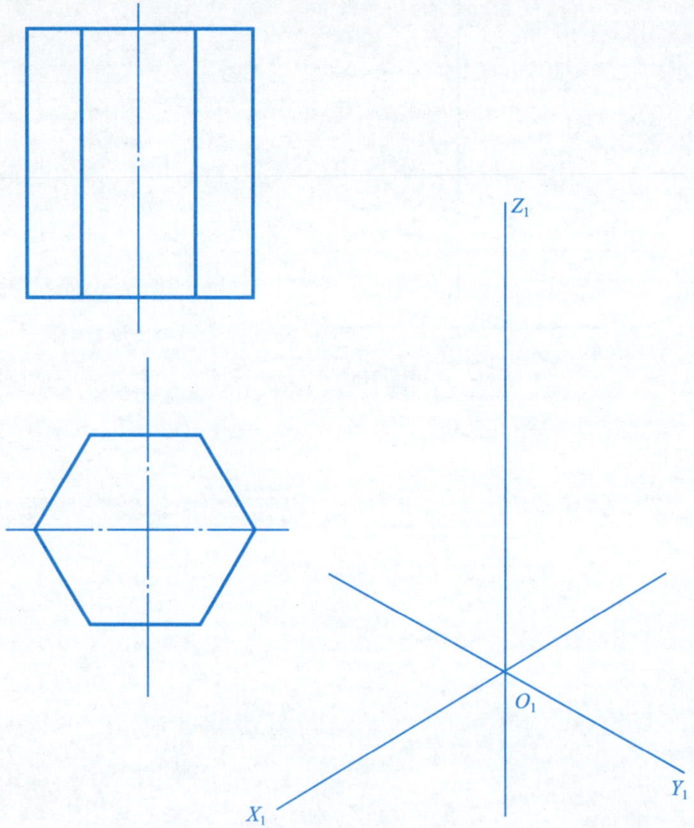

（2）

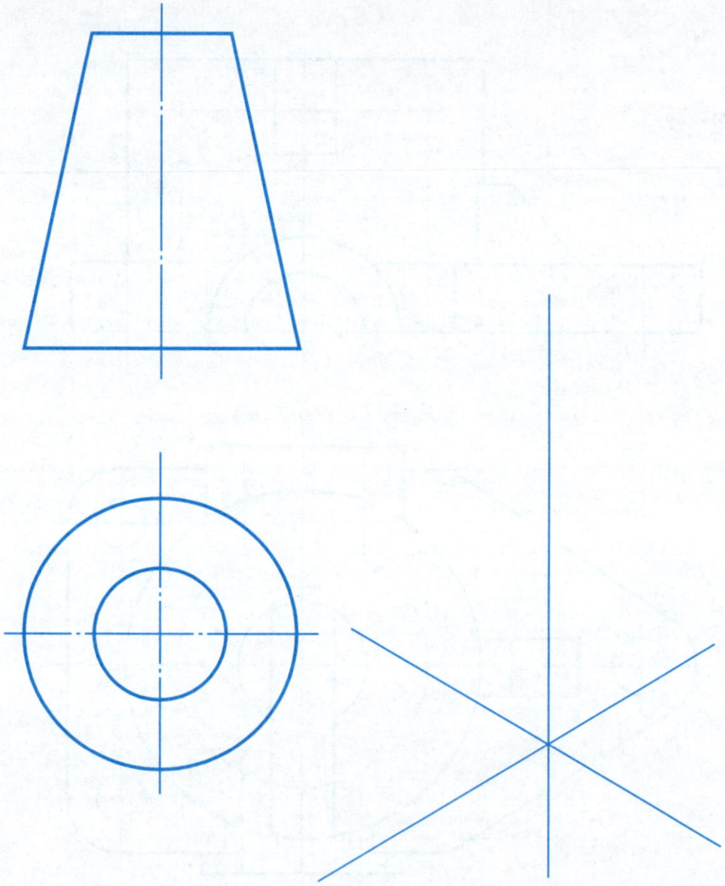

班级　　　　姓名　　　　学号

1. 根据已给出的视图，在指定位置画出物体的正等测。

(3)

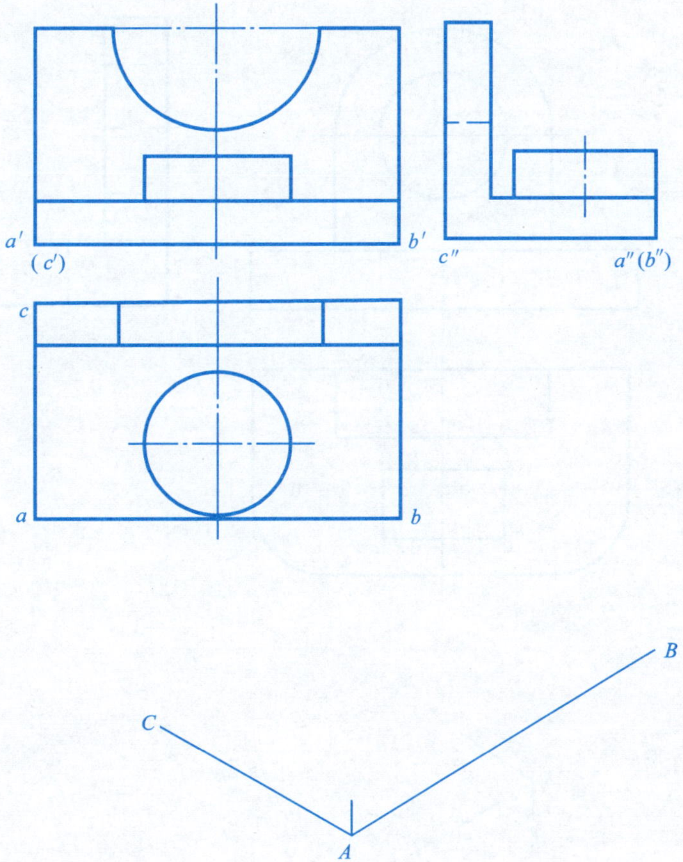

(4)

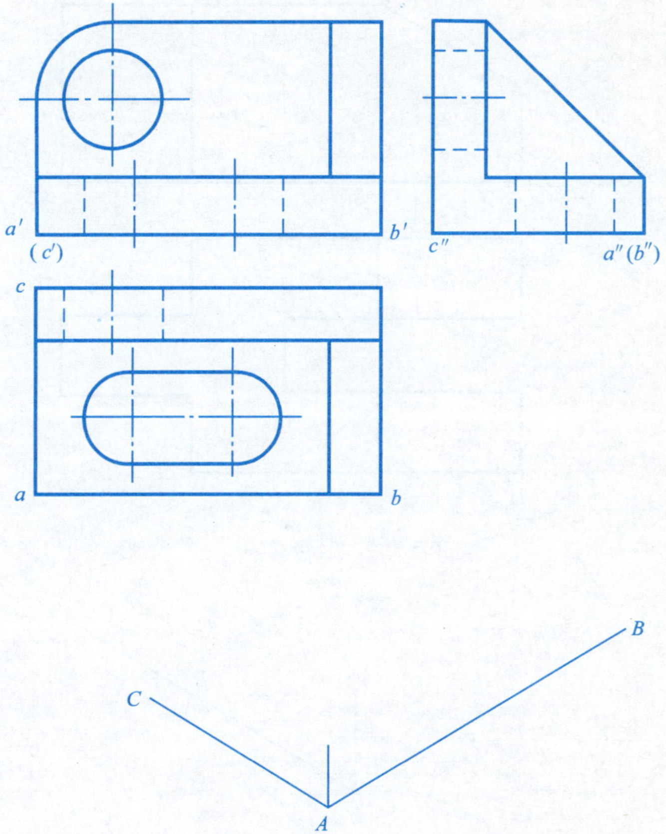

班级　　　　姓名　　　　学号

1. 根据已给出的视图，在指定位置画出物体的正等测。

(5)

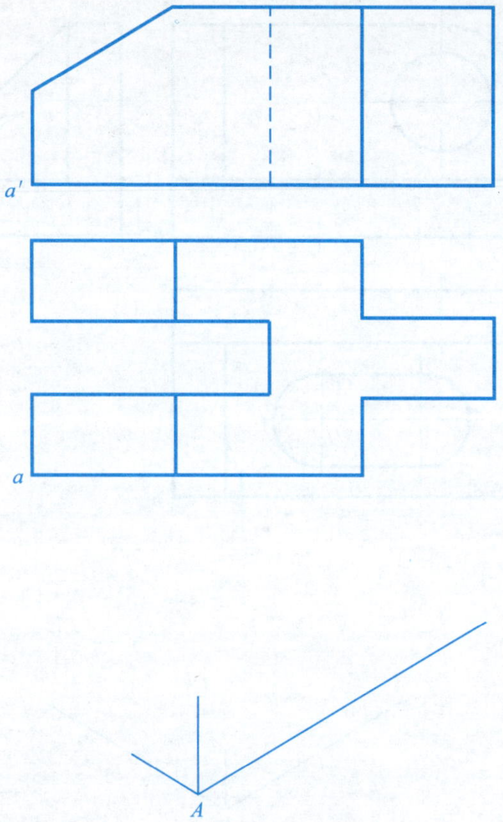

(6)

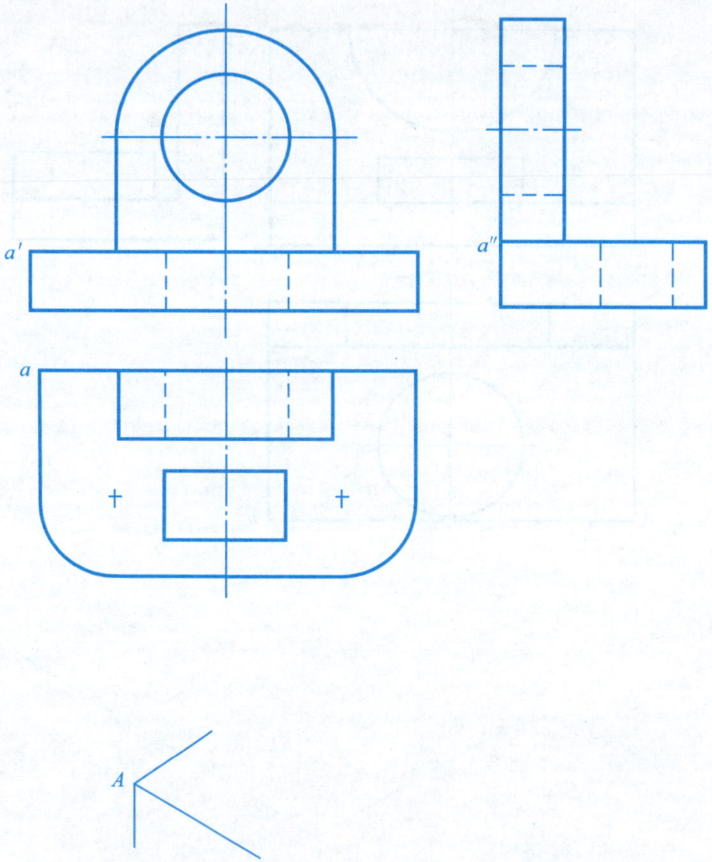

班级　　　　姓名　　　　学号

2. 根据视图上所标尺寸，在 A3 图纸上用 1∶1 画出物体的正等测。

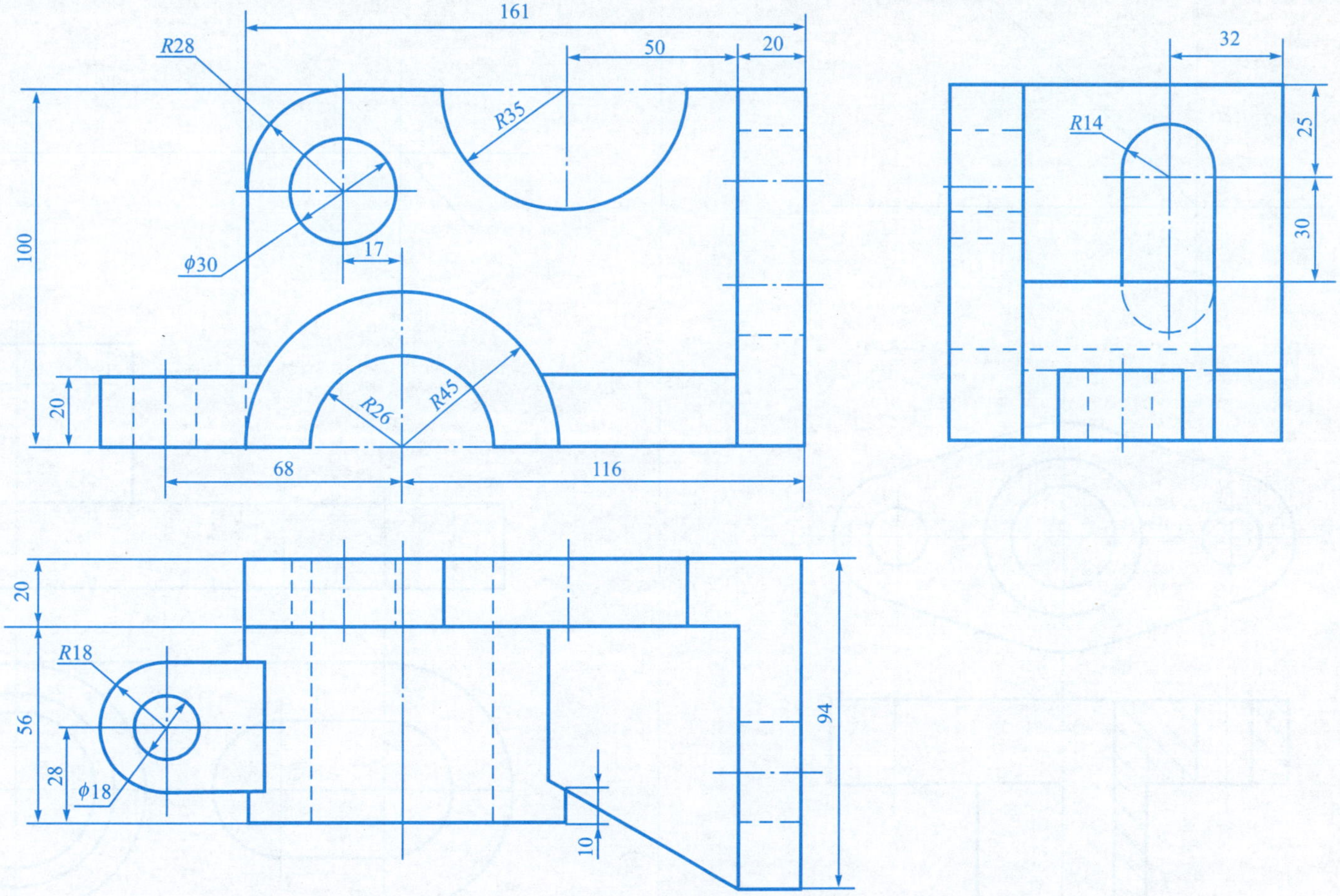

班级　　　　姓名　　　　学号

3. 根据已给出的视图，在指定位置画出物体的斜二测。

（1）

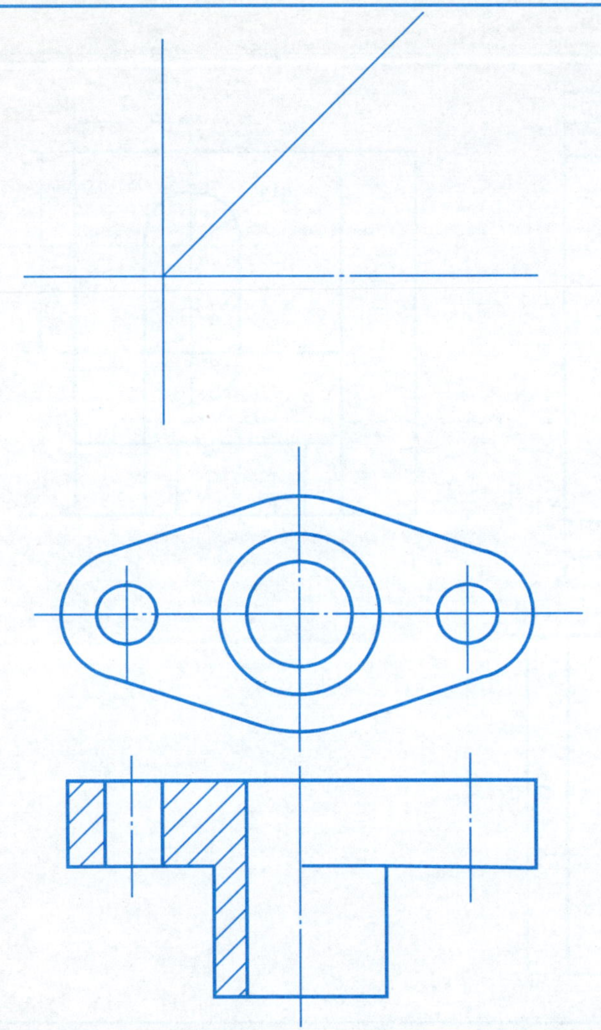

（2）

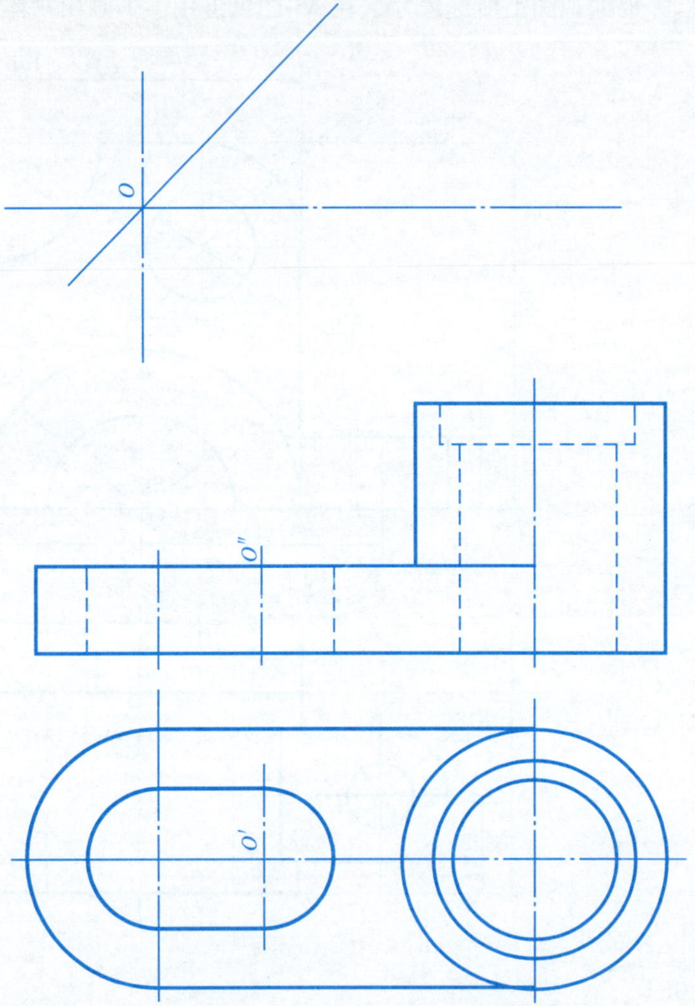

班级　　姓名　　学号

4. 根据已给出的视图，在指定位置画出正等轴测剖视图。

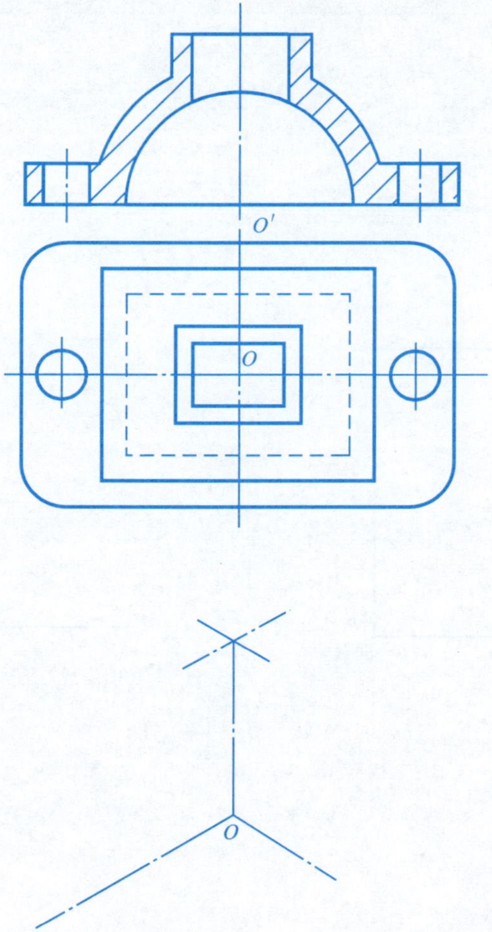

5. 根据已给出的视图，在指定位置画出斜二等轴测剖视图。

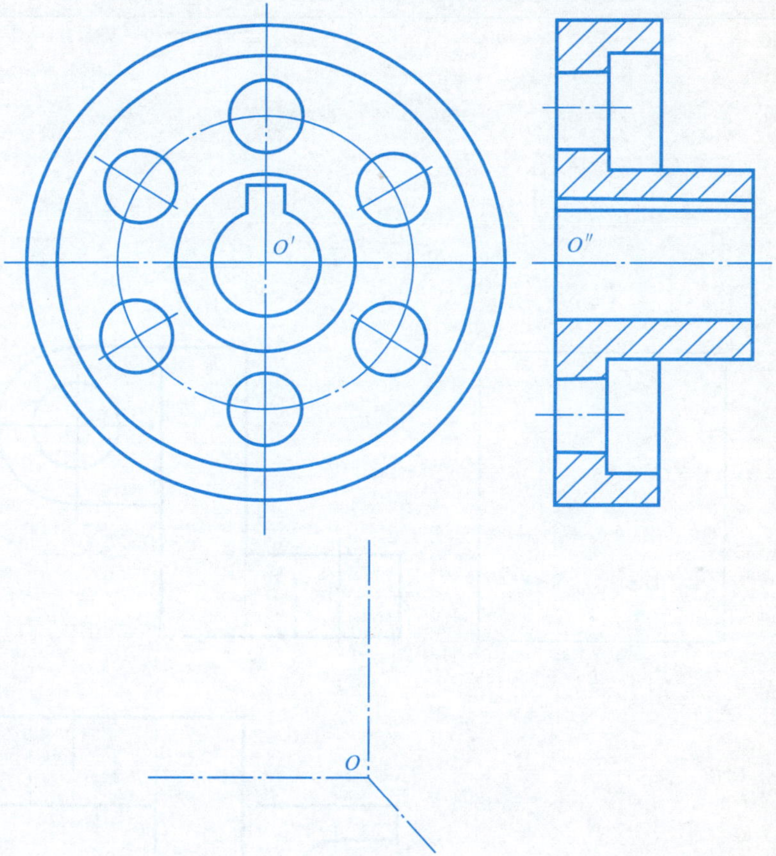

班级　　　　姓名　　　　学号

第八章　零件的常用表达方法

8-1　视图

1. 根据已给的主、俯视图，补画其余 4 个基本视图。

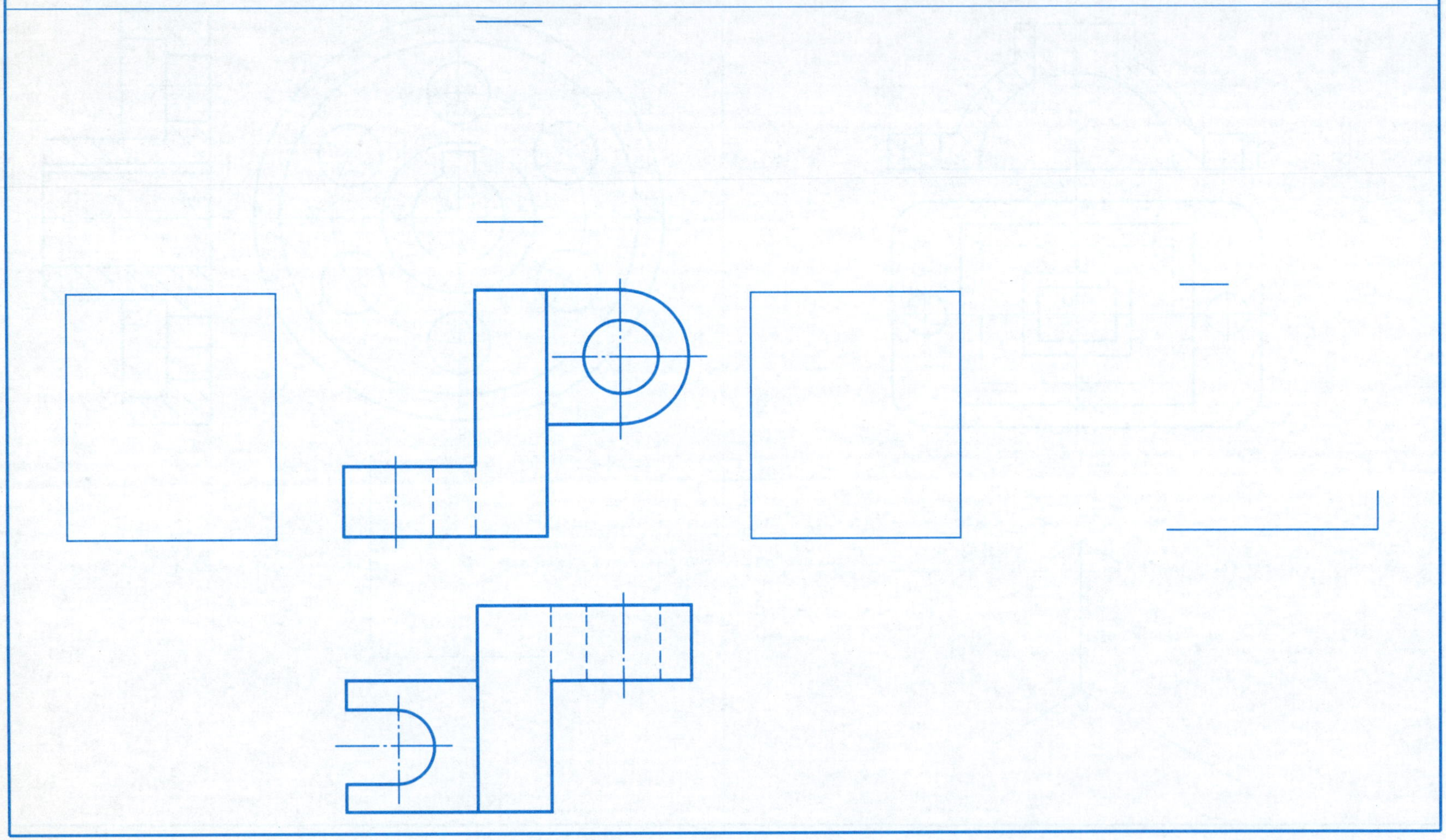

班级　　　　姓名　　　　学号

8-1　视图

2. 由主、俯视图，画出斜视图 *A* 和局部视图 *B*。

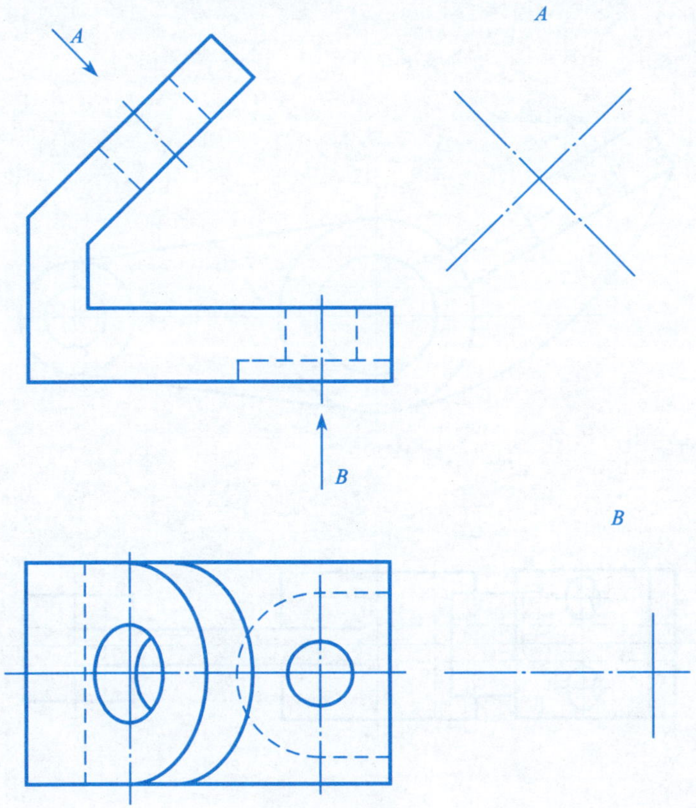

3. 由轴测图中的尺寸及主视图，画出斜视图 *A* 和局部视图 *B*。

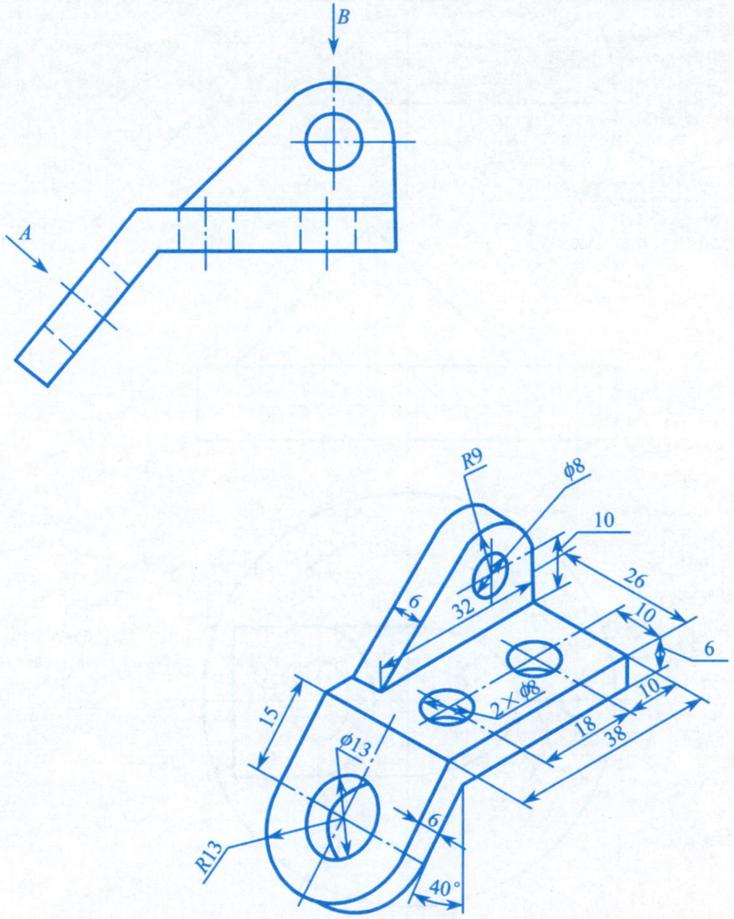

班级　　　　　　姓名　　　　　　　　　学号

4. 画出斜视图 *A*，并完成局部视图 *B*。

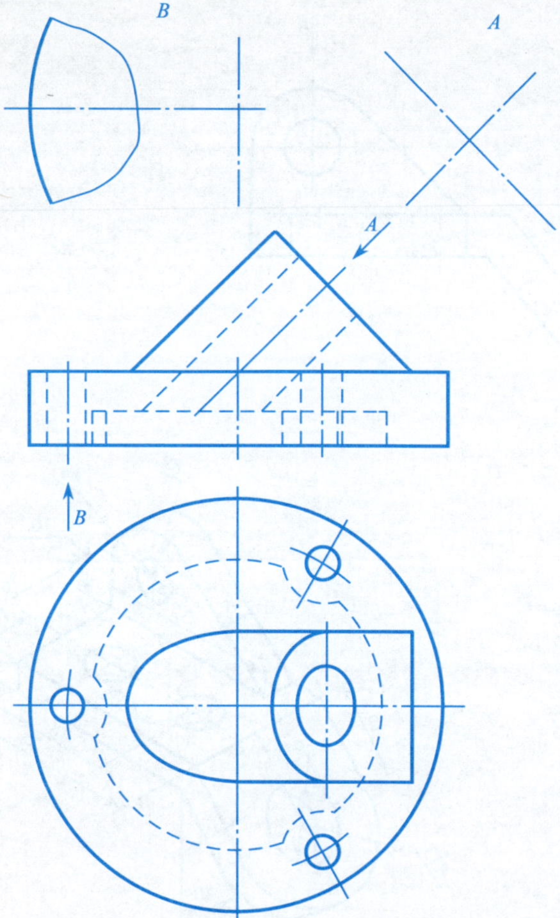

5. 画斜视图 *A*。

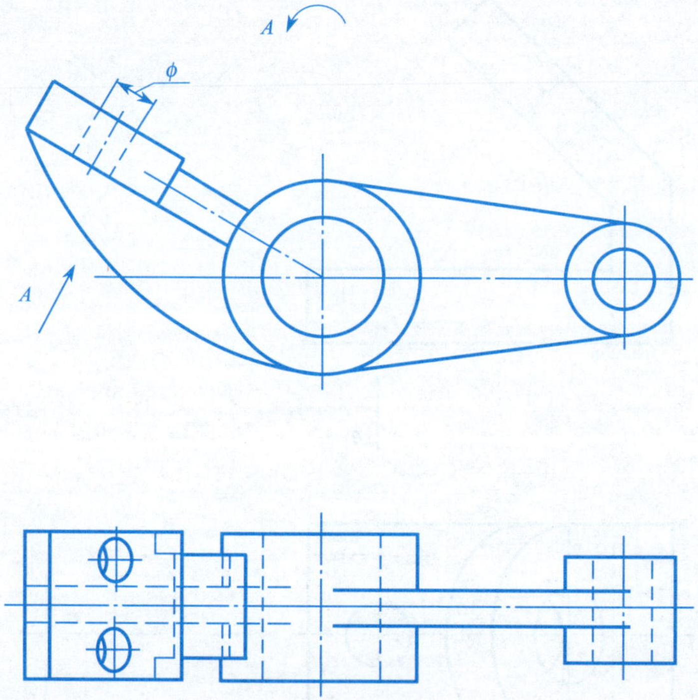

班级 姓名 学号

8-2 剖视图

1. 根据零件的轴测图及俯、左视图，将主视图画成全剖视图。

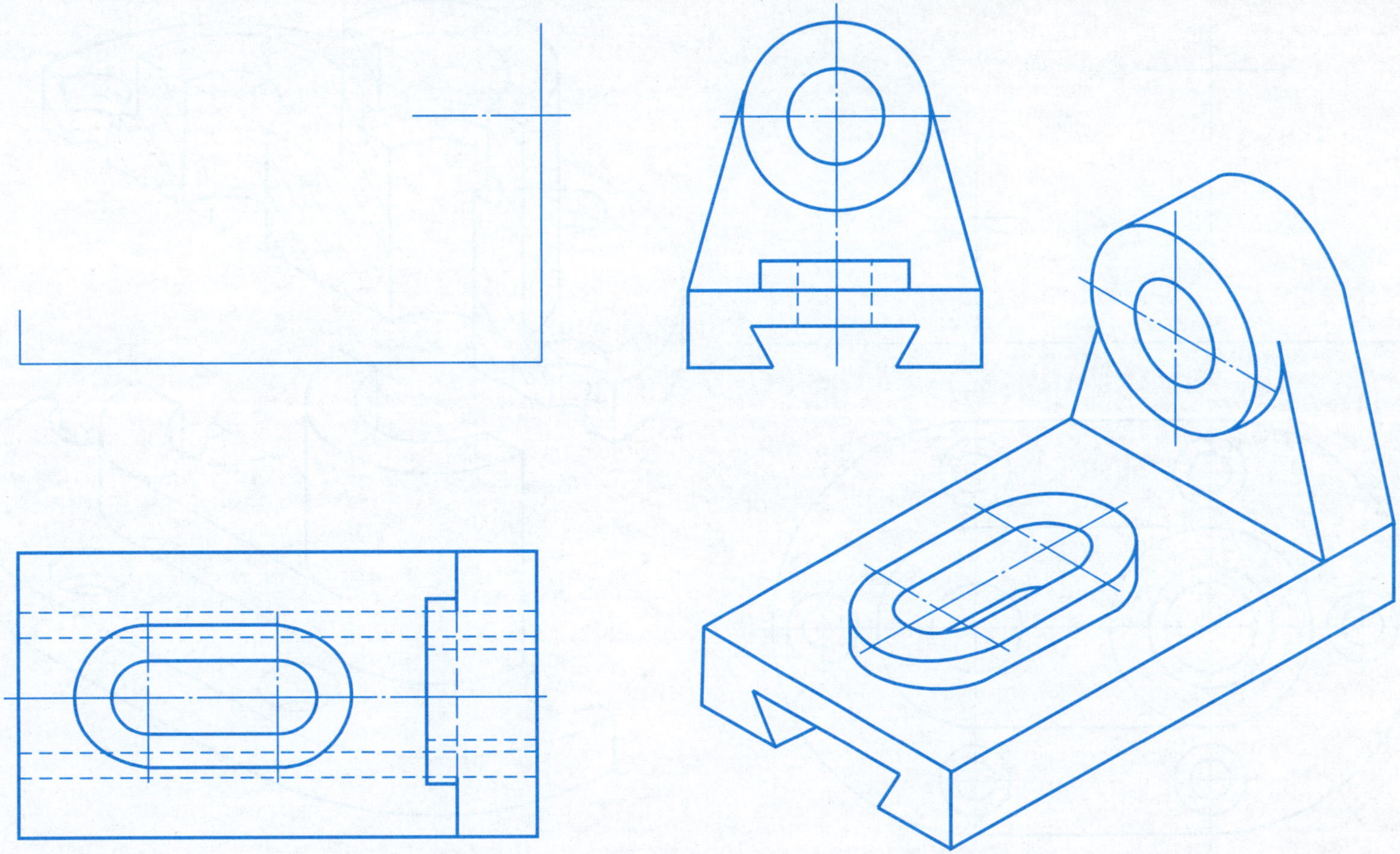

班级　　　　姓名　　　　学号

2. 根据零件的轴测图及俯视图，将主视图画成全剖视图，高度尺寸从轴测图上量取。

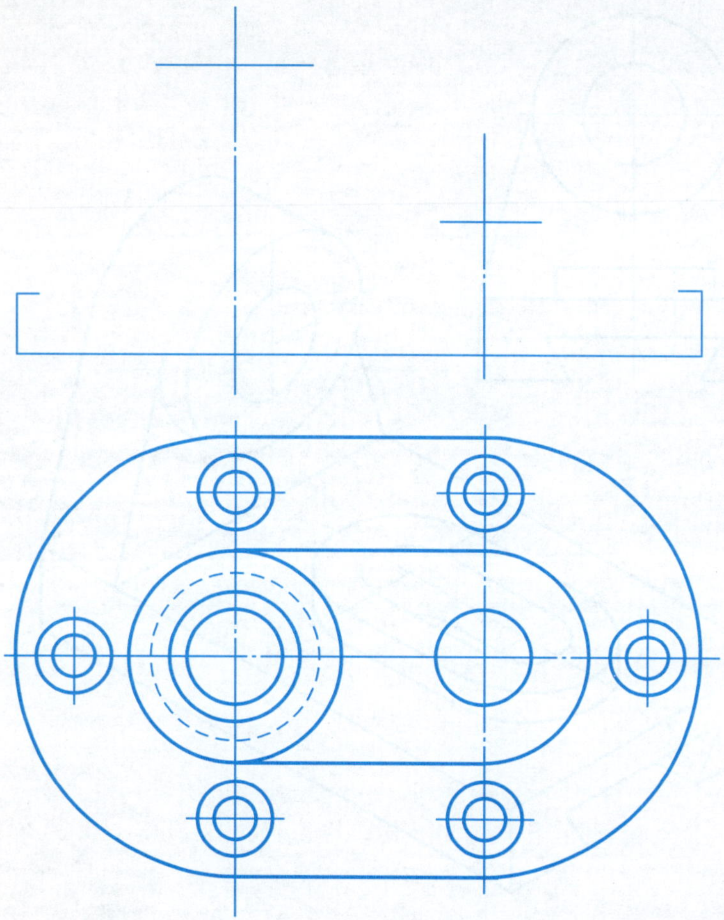

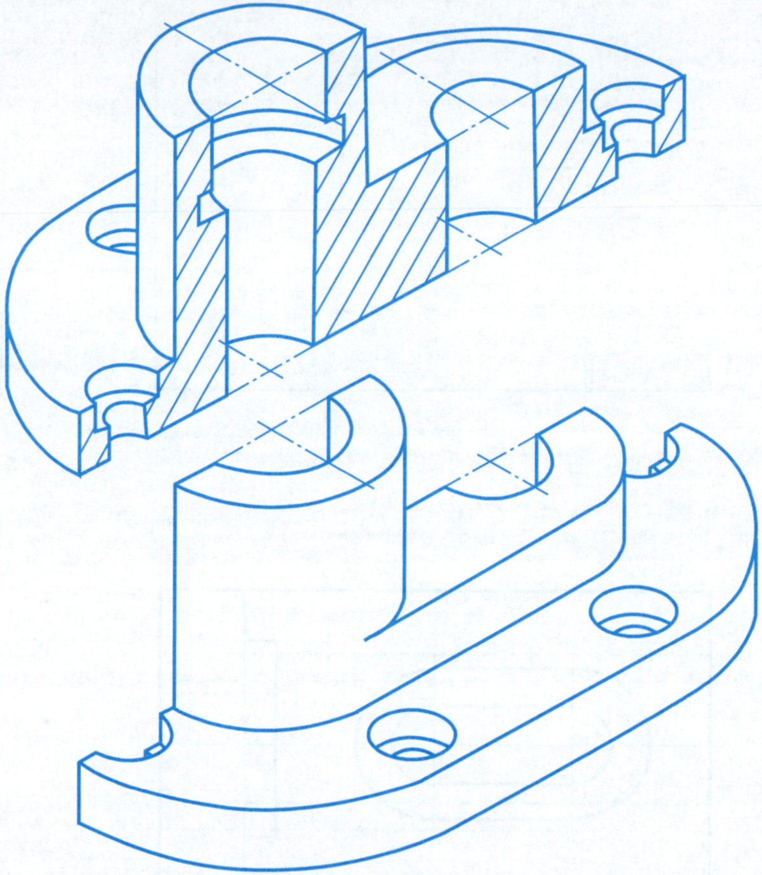

班级　　　　姓名　　　　学号

3. 按照剖切平面的位置，将主视图画成全剖视图。

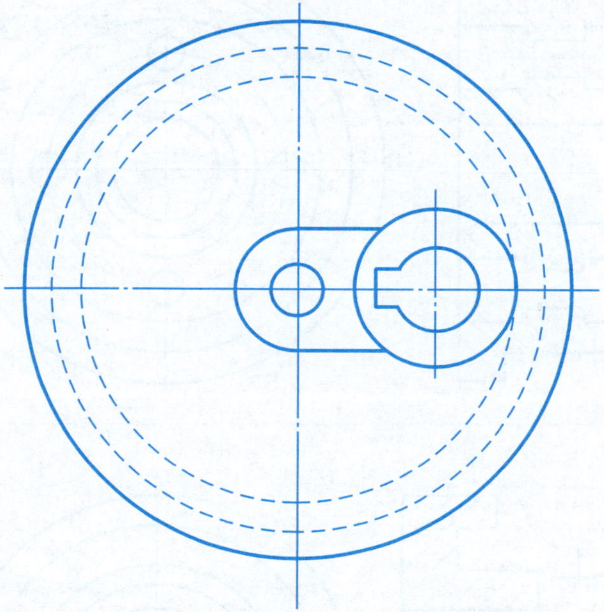

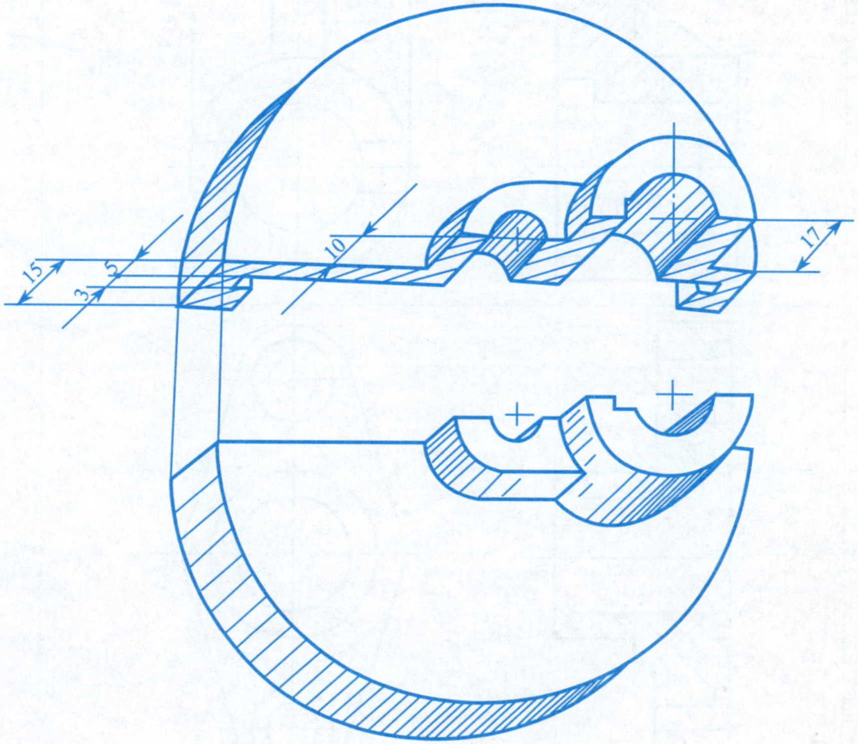

班级　　　　姓名　　　　学号

4. 补齐剖视图中所缺少的线。

(1)

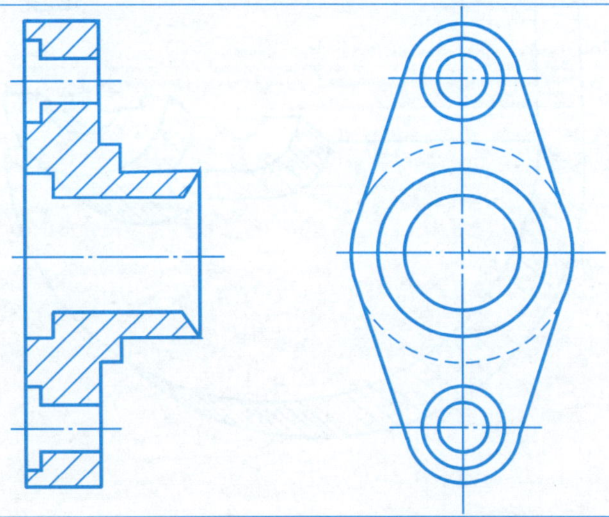

(2)

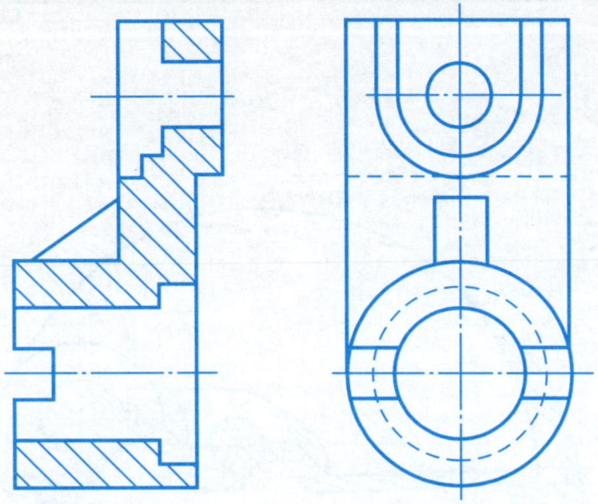

(3)

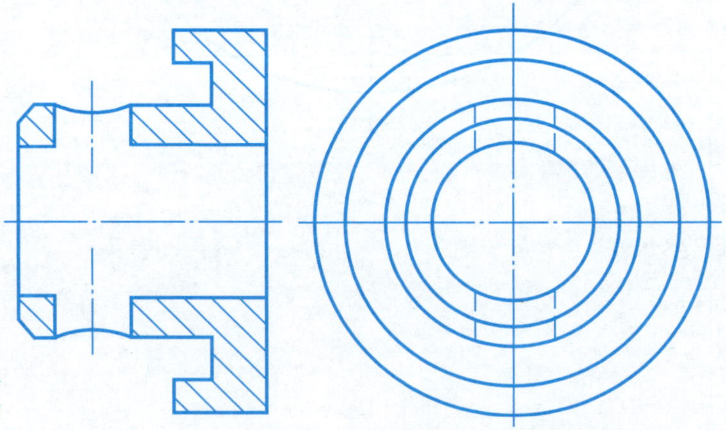

(4)

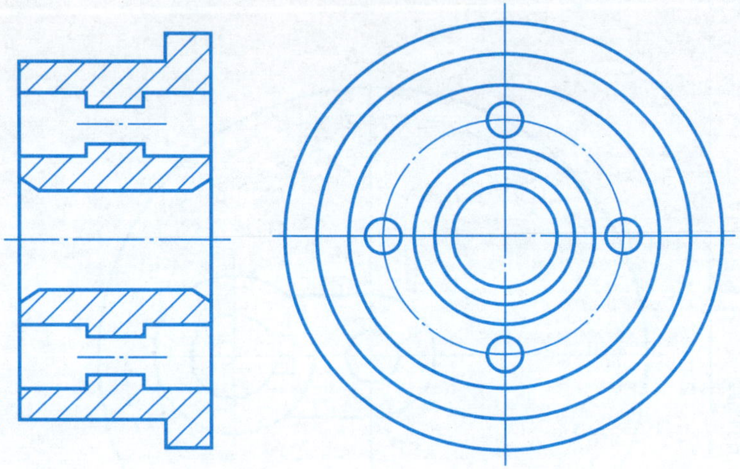

班级 姓名 学号

4. 补齐剖视图中所缺少的线。

(5)

(6)

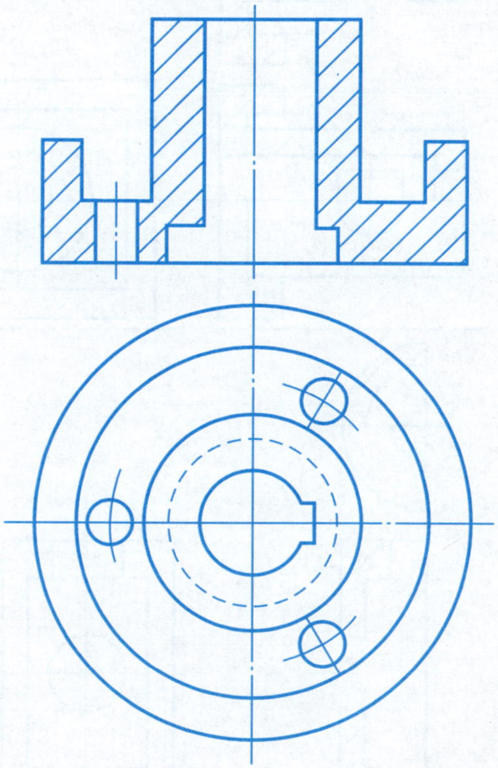

班级　　姓名　　学号

4. 补齐剖视图中所缺少的线。

(7)

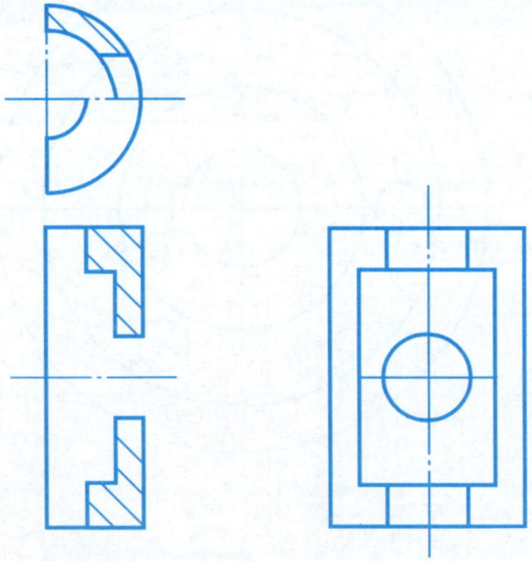

(8)

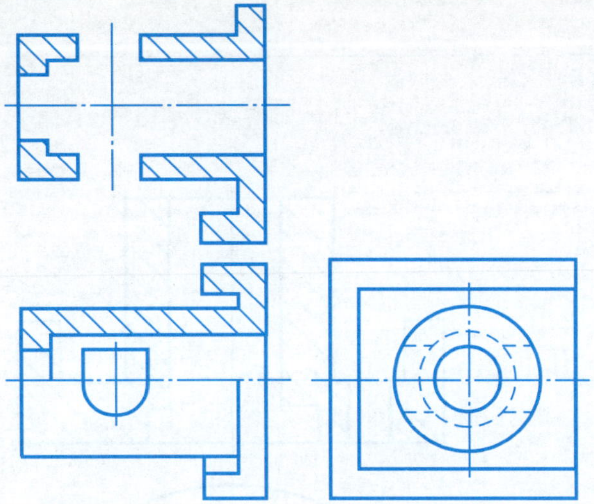

(9)

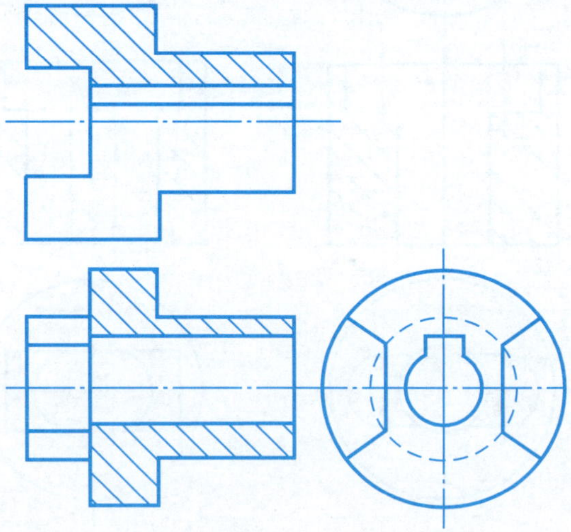

(10)

班级　　　姓名　　　学号

8-2 剖视图

5. 看懂两视图，将主视图画成全剖视图，并补出外形左视图。

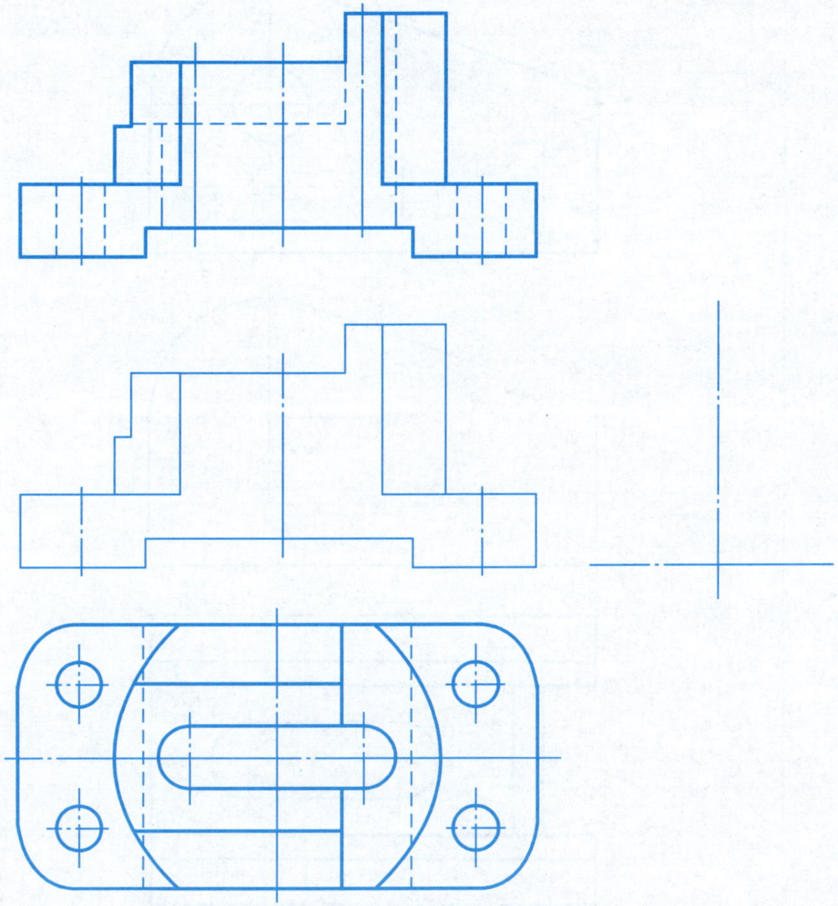

6. 将主视图画成全剖视图。

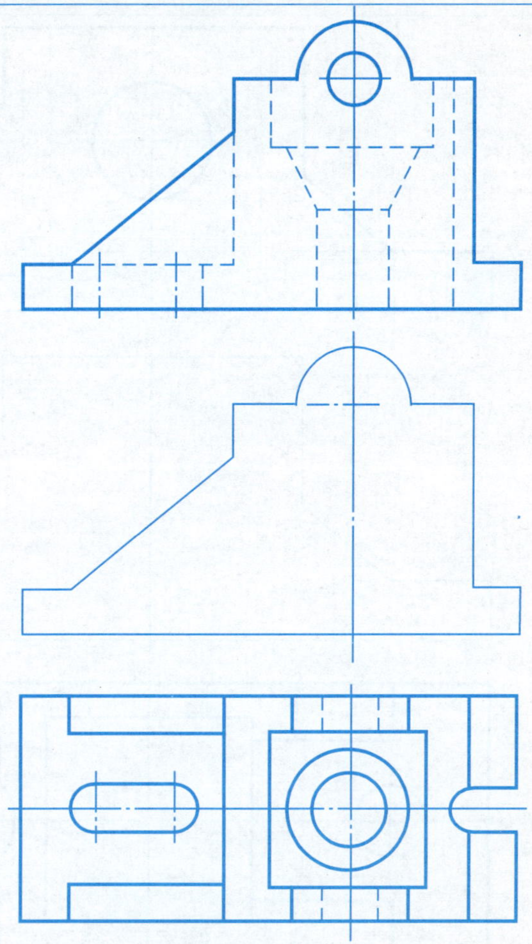

班级　　　　　姓名　　　　　学号

7. 将零件的主视图改画成全剖视图。

(1)

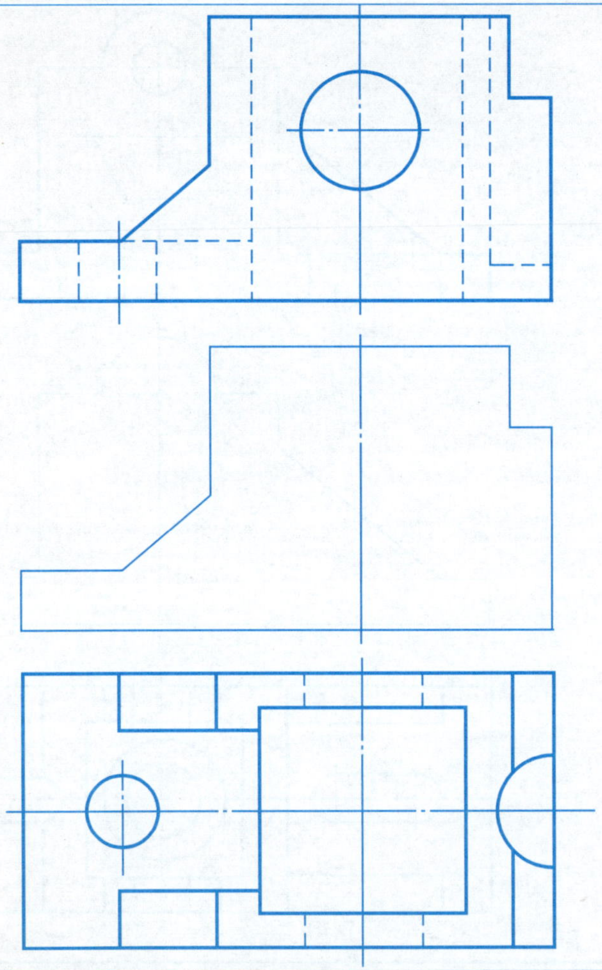

(2)

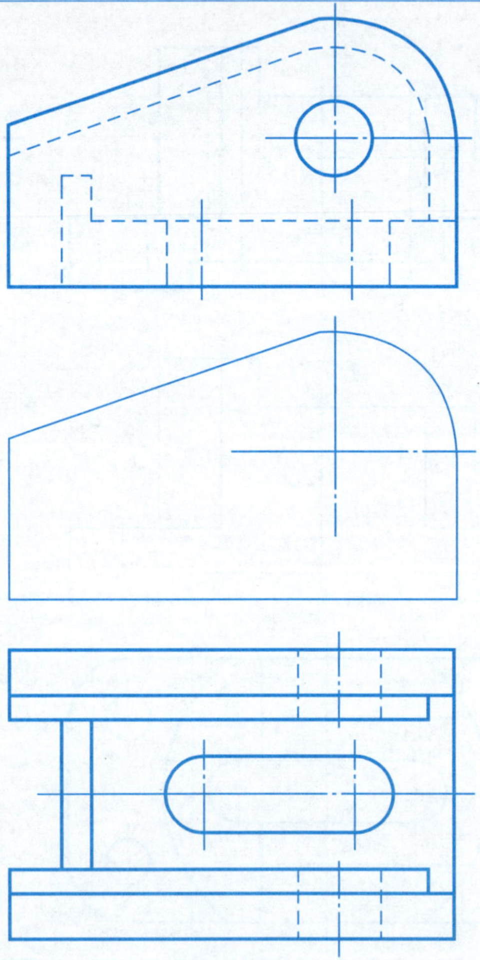

班级 姓名 学号

7. 将零件的主视图改画成剖视图。

(3)

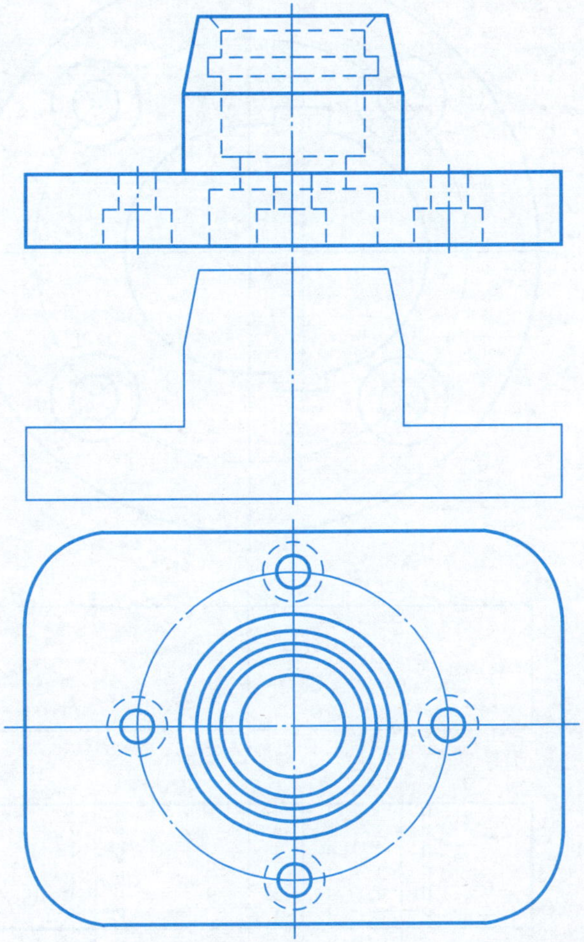

(4)

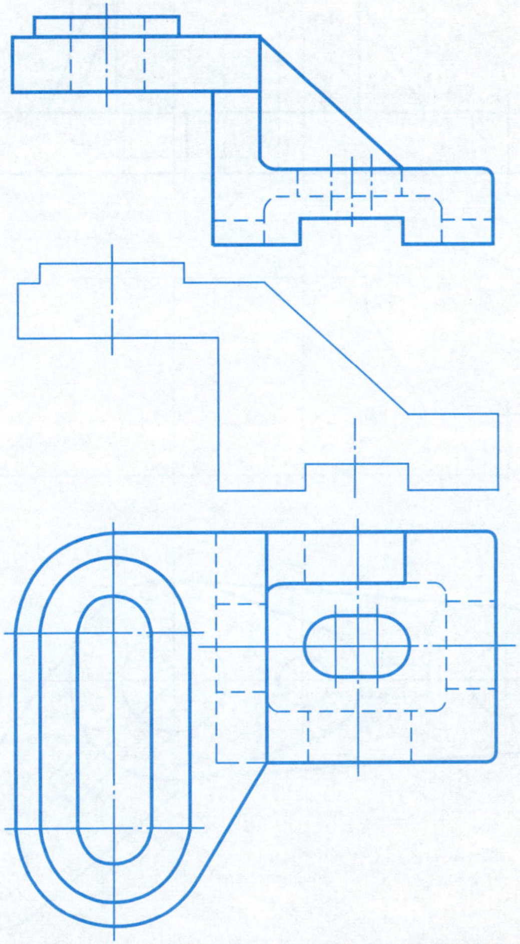

班级　　　　姓名　　　　学号

8. 将零件的左视图采用旋转剖。

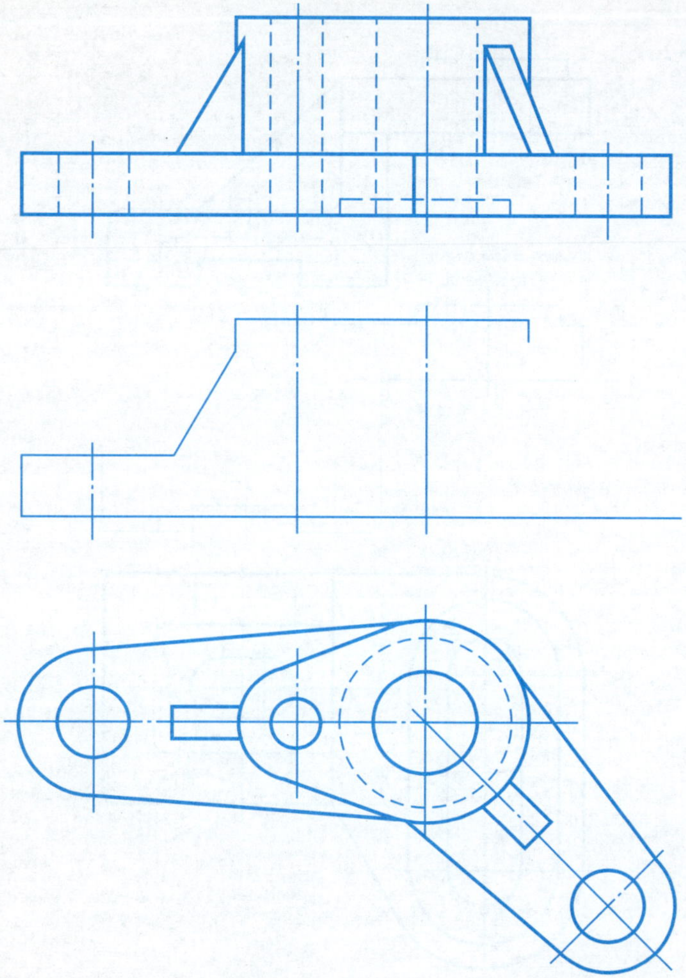

9. 将零件的主视图采用旋转剖。

(1)

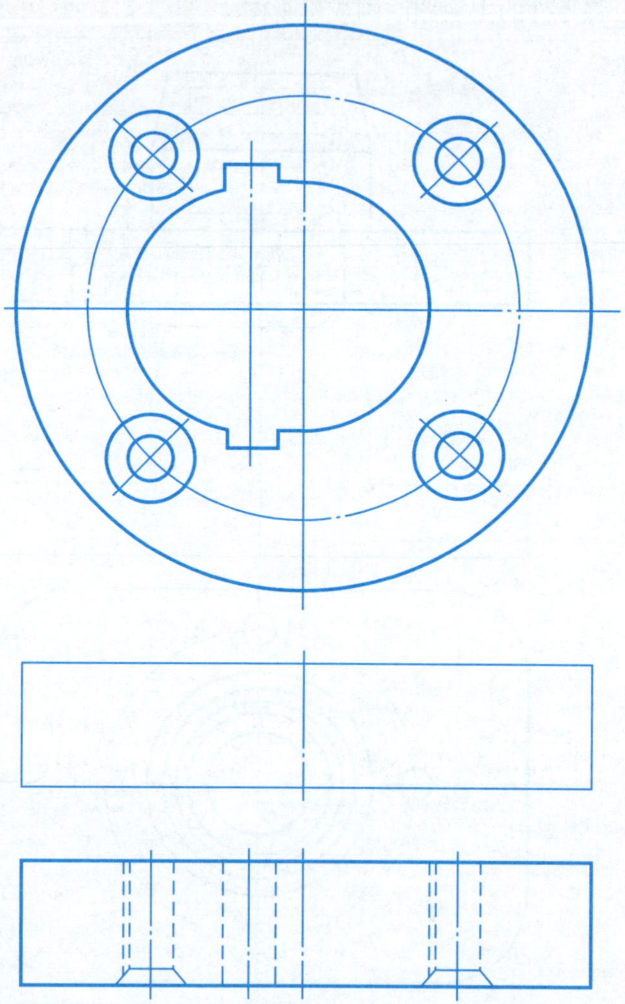

班级　　姓名　　学号

9. 将零件的主视图采用旋转剖。

（2）

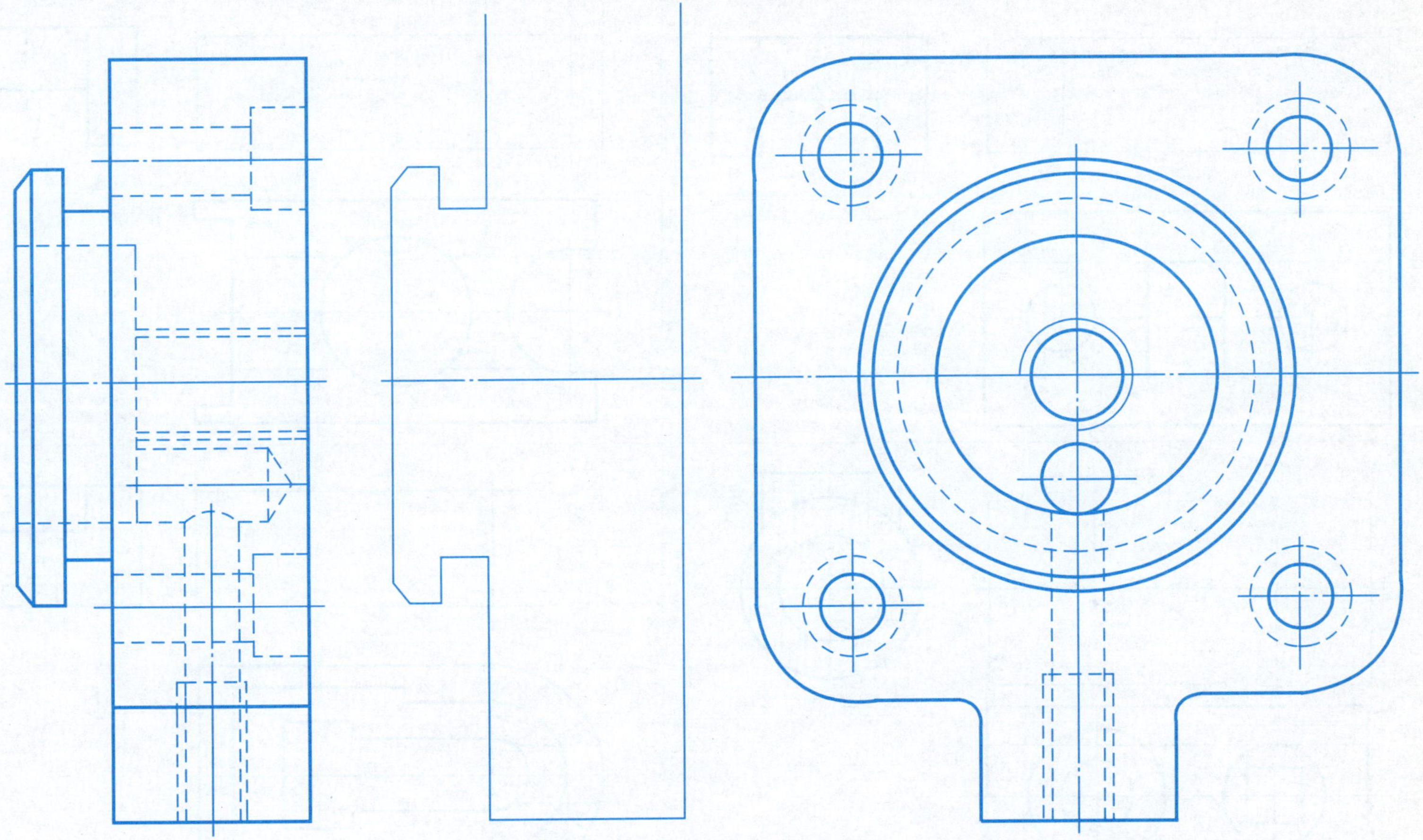

班级　　　　姓名　　　　学号

10. 将零件的主视图画成剖视图。

(1)

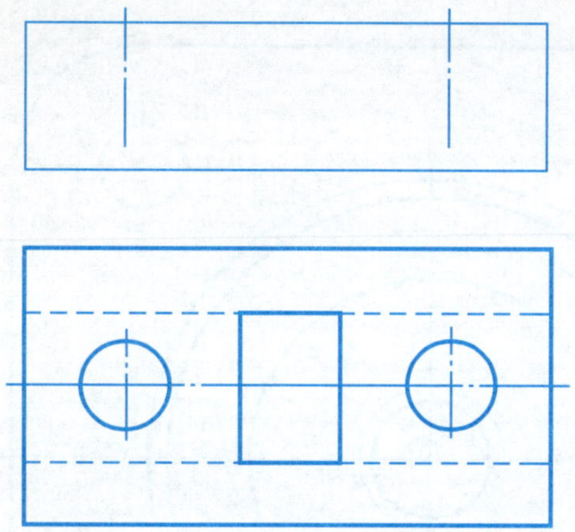

(2)

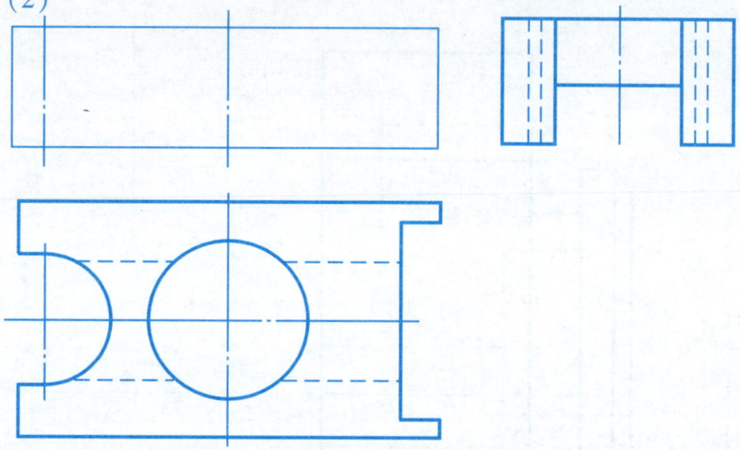

(3)

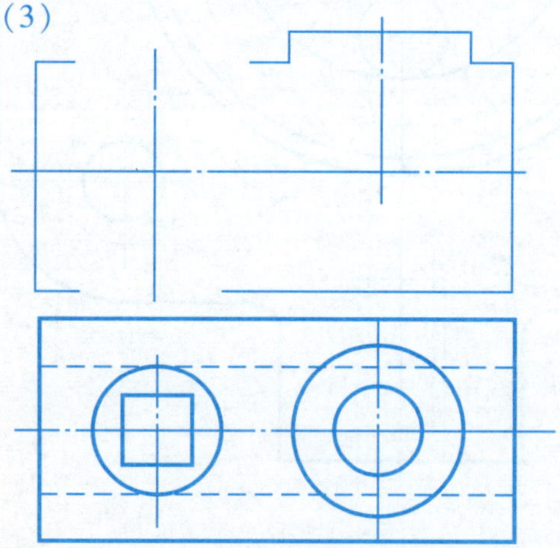

(4)

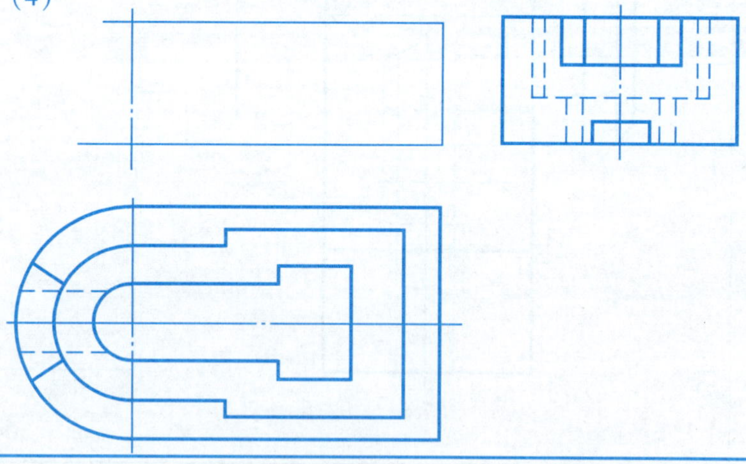

班级　　　　姓名　　　　学号

11. 将零件的左视图画成阶梯剖。

（1）

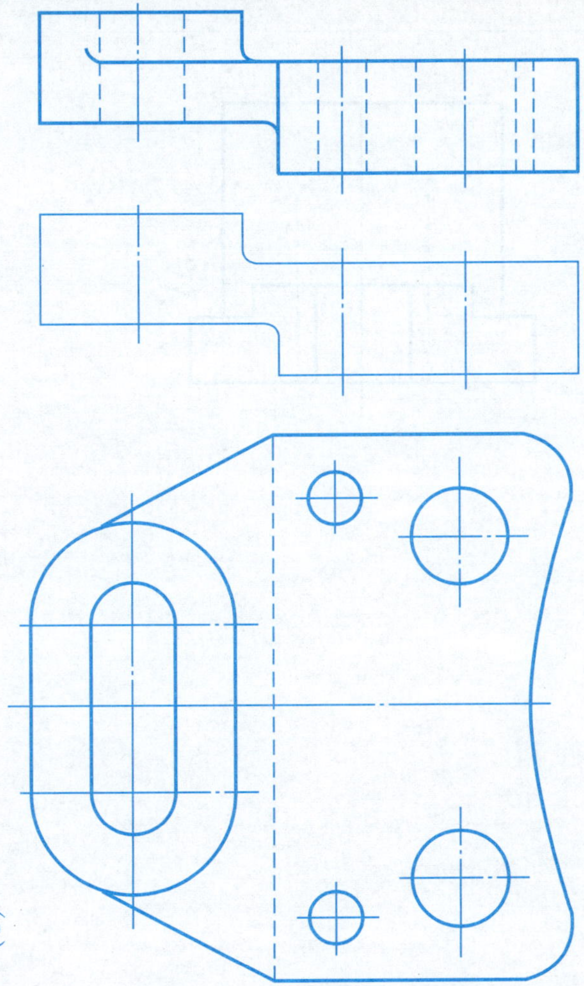

（2）

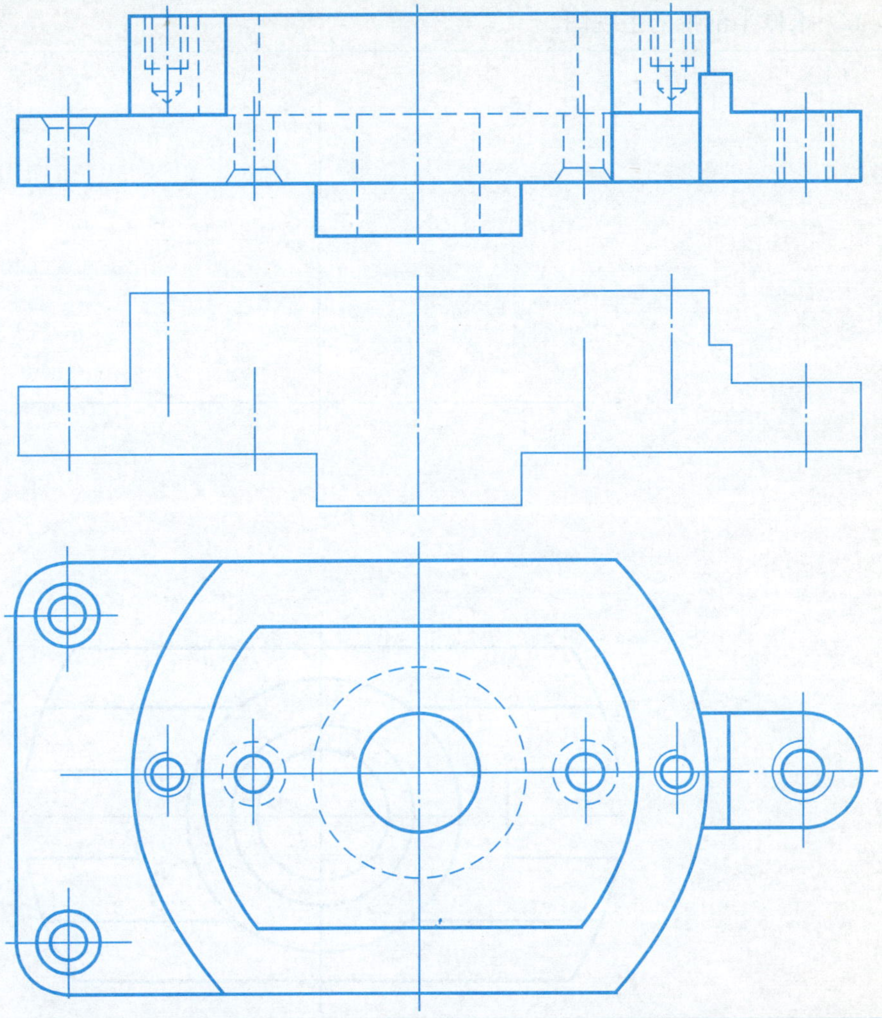

班级 姓名 学号

12. 求作半剖视的主视图。

(1)

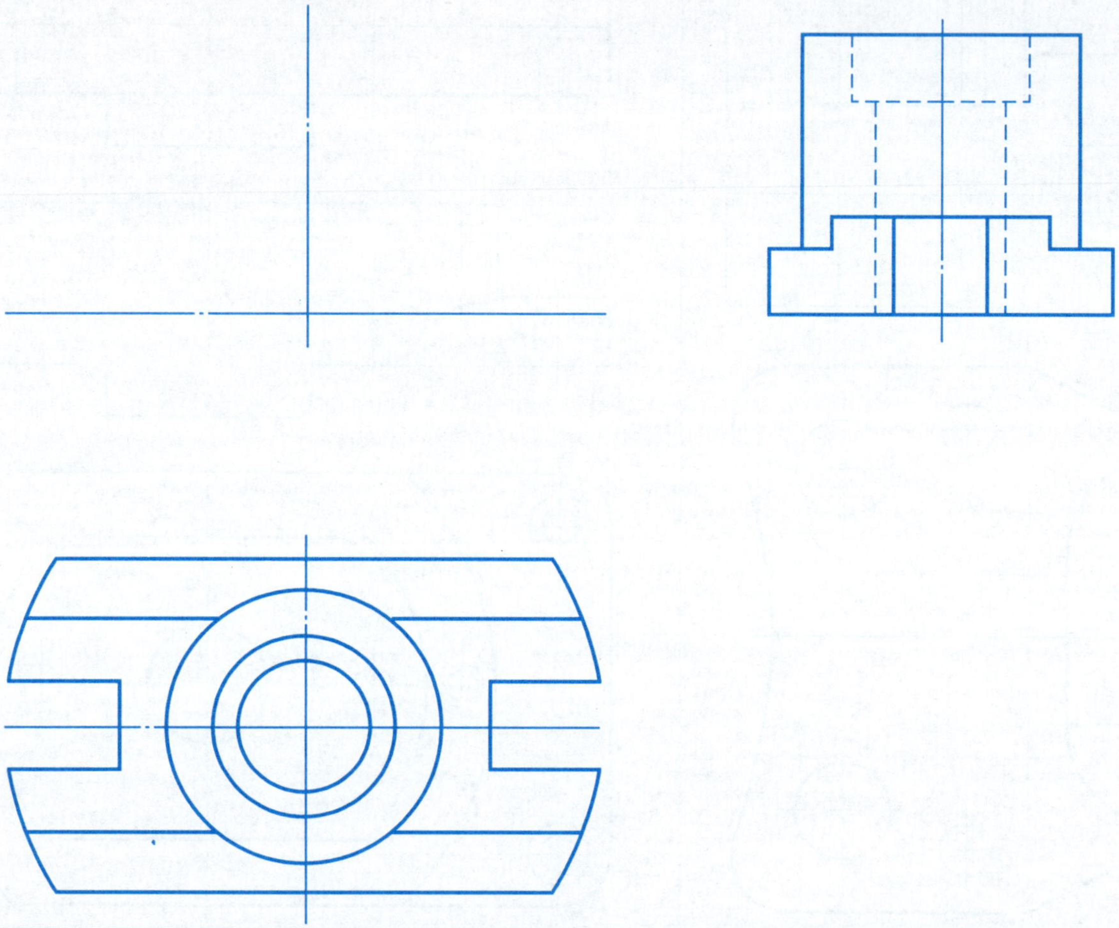

班级　　　　　姓名　　　　　学号

12. 求作半剖视的主视图。

（2）

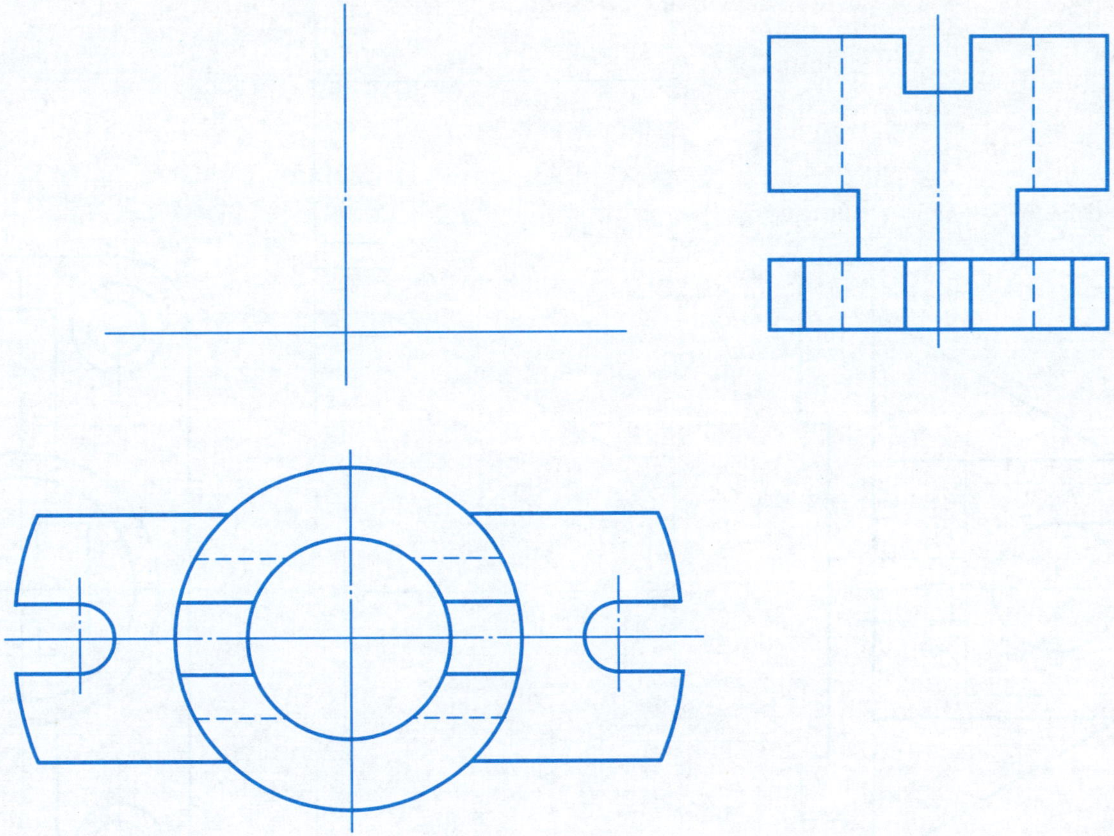

班级　　　　姓名　　　　学号

13. 将零件的主视图改画成半剖视图，将左视图画成全剖视图。

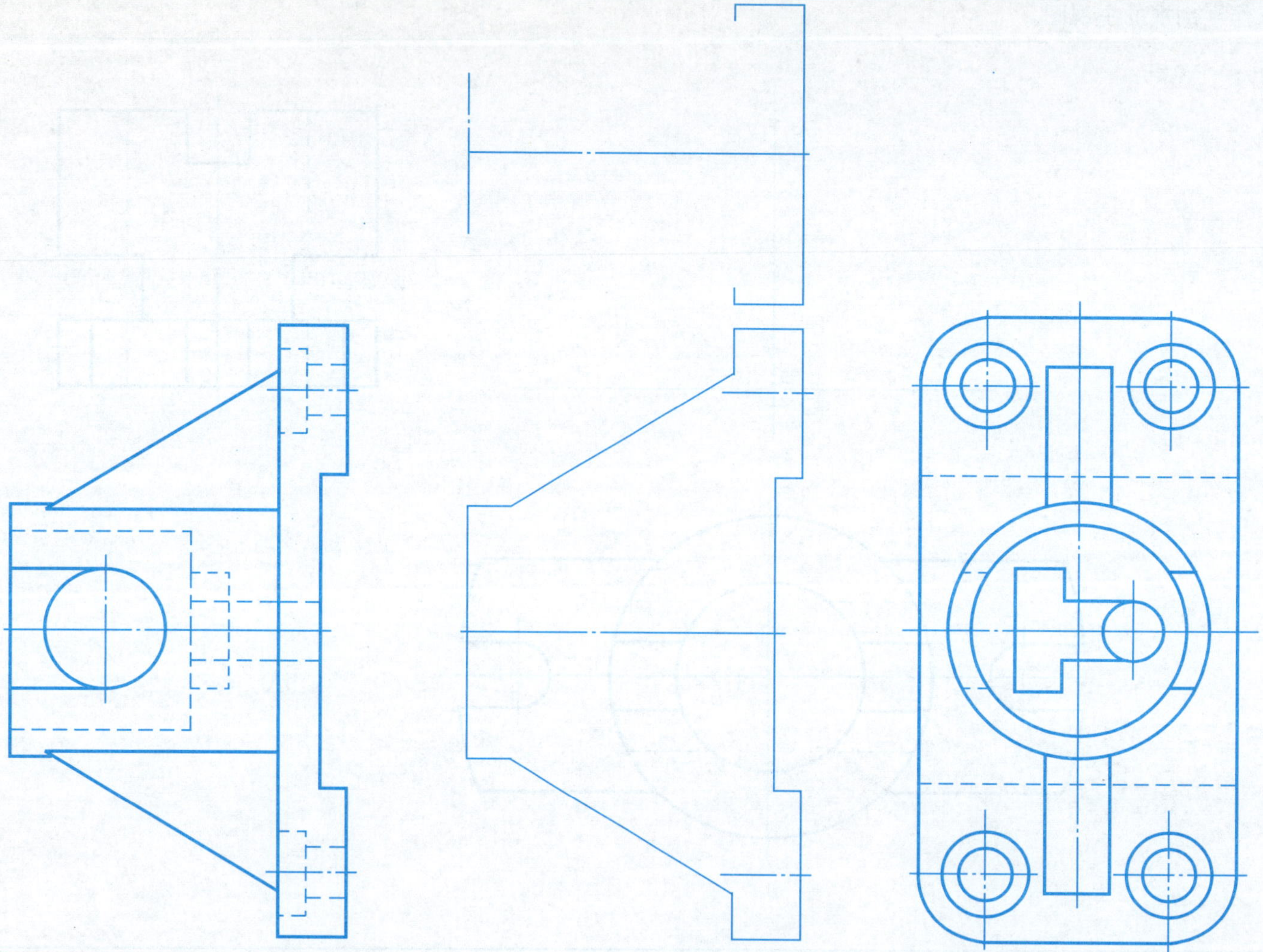

班级　　　　姓名　　　　学号

14. 求作主视图（外形）。

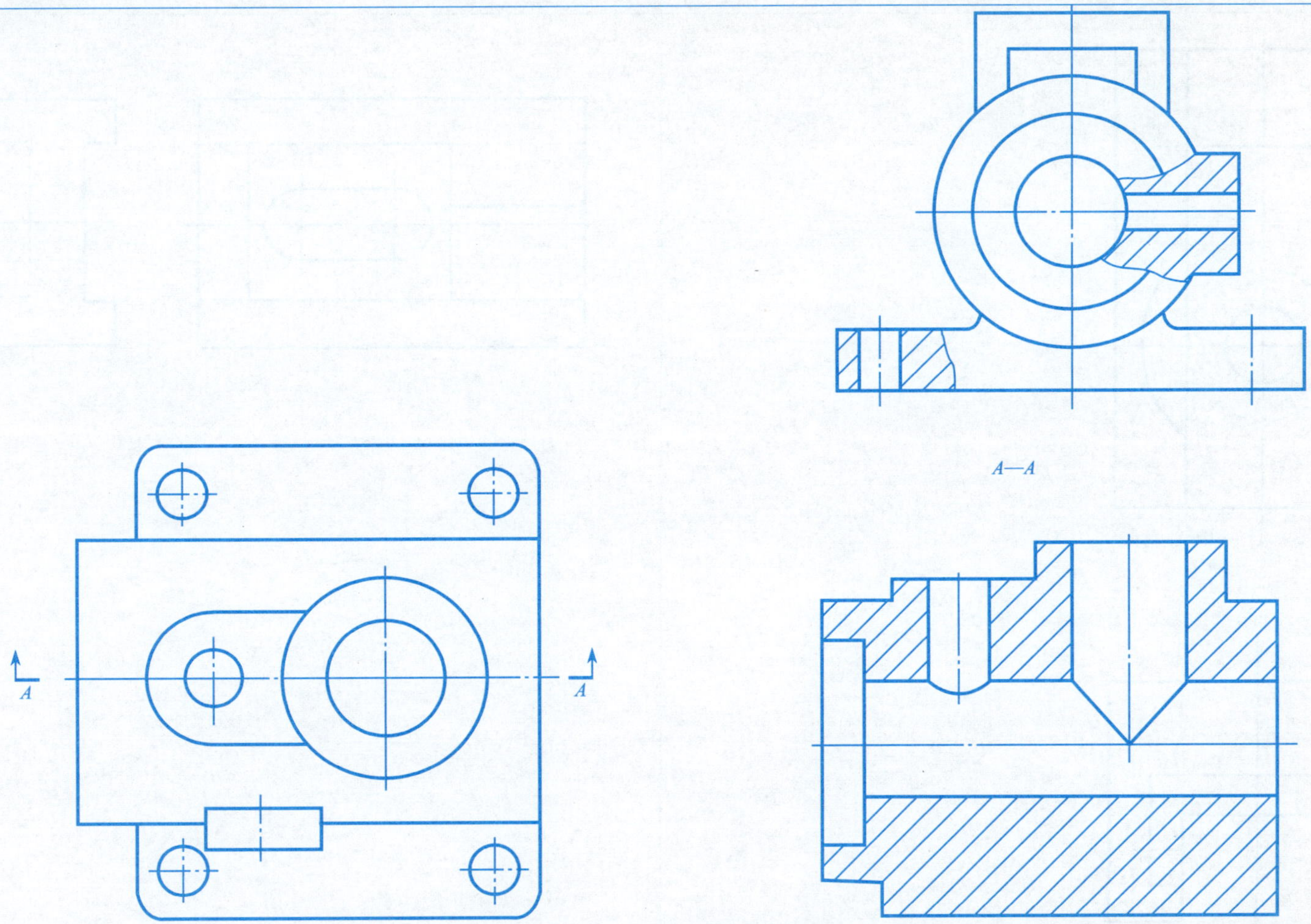

班级　　姓名　　学号

15. 补画出全剖的左视图。

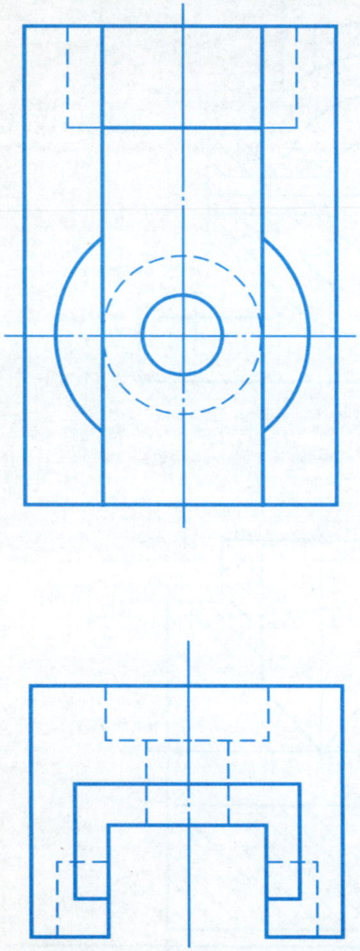

16. 补画出全剖的俯视图。

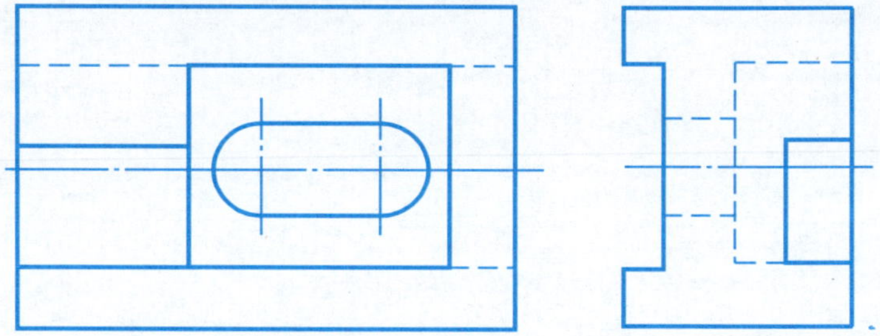

班级　　　　姓名　　　　学号

17. 分析局部剖视图中波浪线画法的错误，作出正确的局部剖视图。

(1)

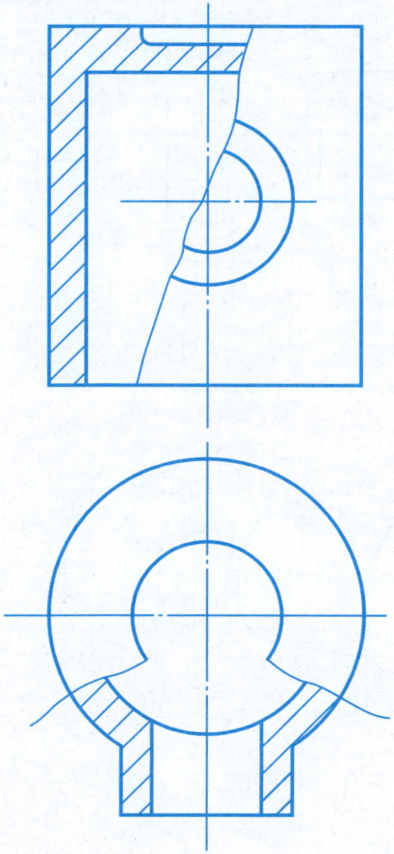

(2)

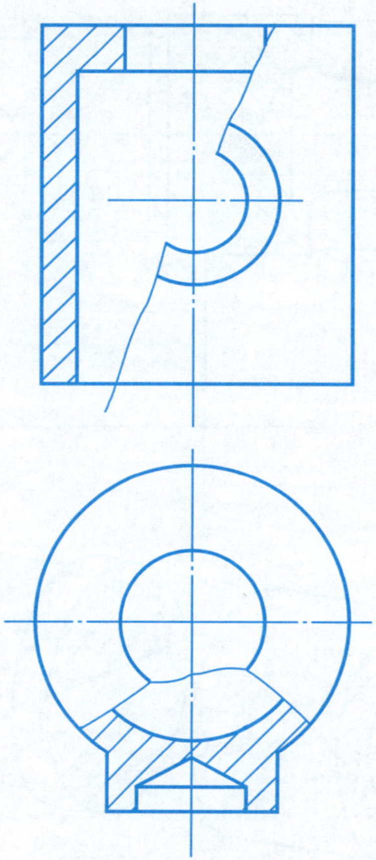

班级 姓名 学号

8-3　断面图

1. 根据轴测图和主视图，在 4 个指定部位处画出 4 个移出断面图和 2 个局部放大图，并按标准规定正确标注。

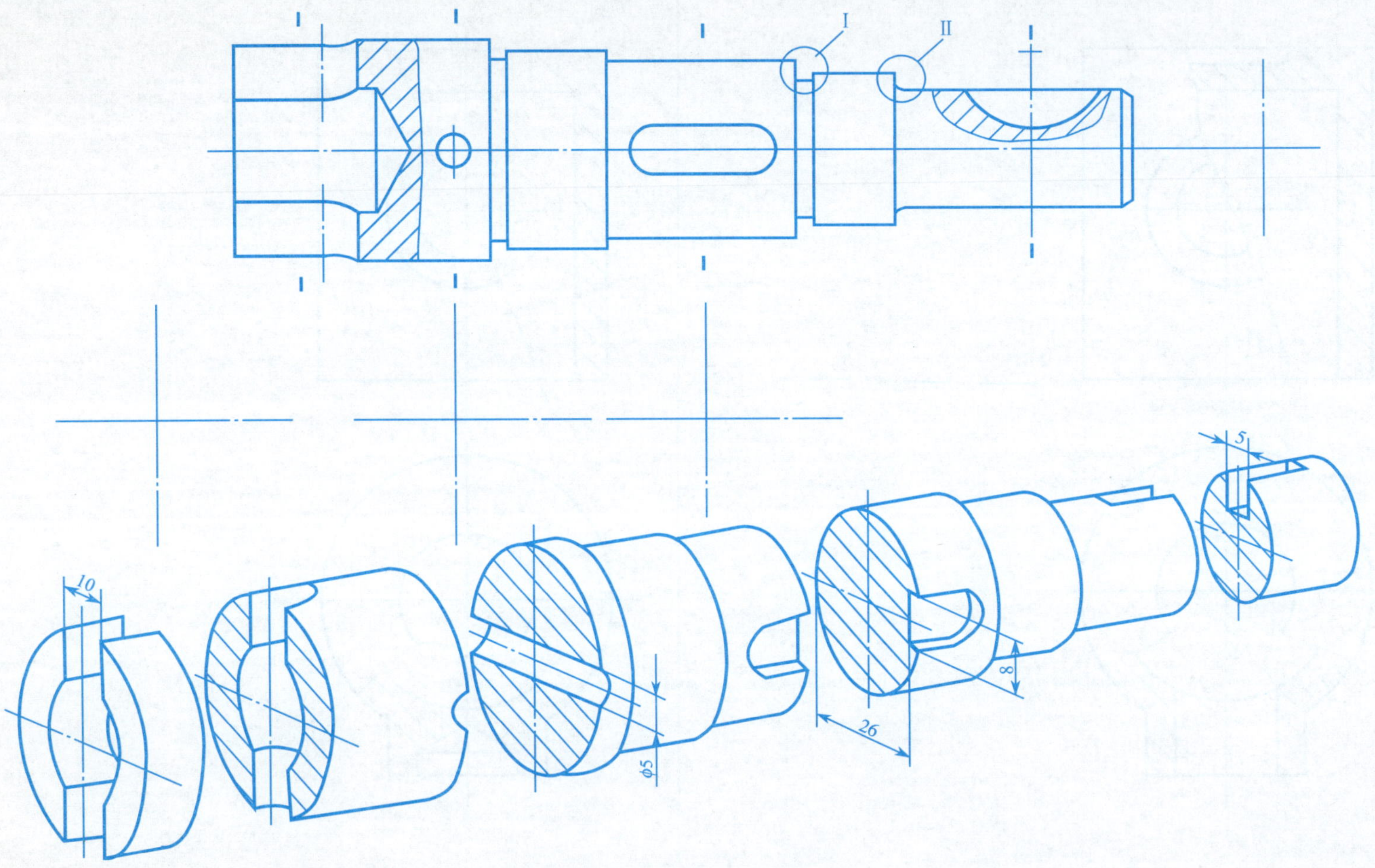

班级　　　　姓名　　　　学号

2. 根据已给视图并参考轴测图，作出 *A*—*A* 移出断面。	3. 根据已知视图，在主视图上画出 3 个重合断面图。
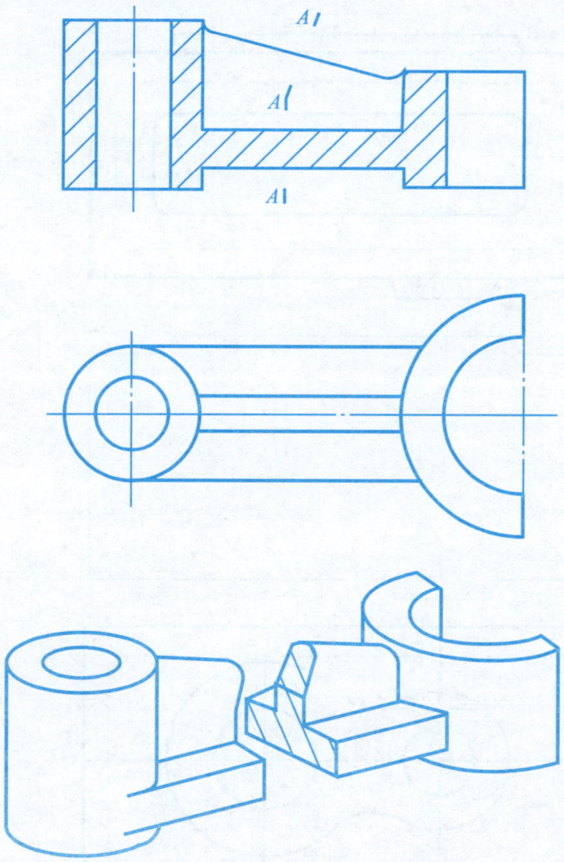	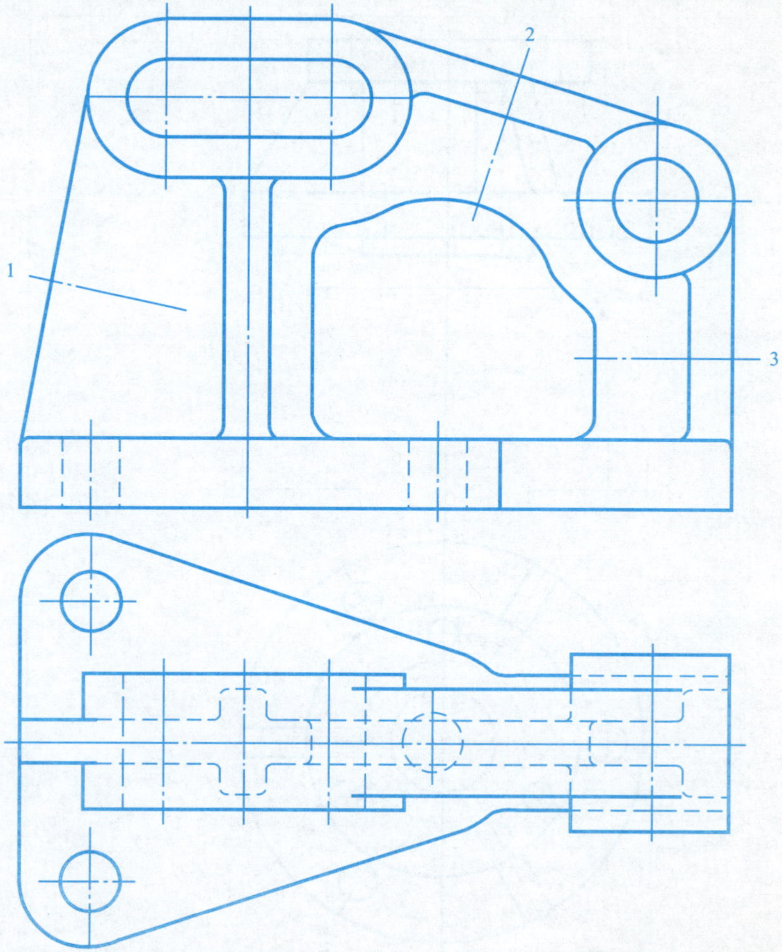

班级　　姓名　　学号

8-4　简化画法及规定画法

1. 用简化画法，画出孔及肋均匀分布的零件的全剖视图。

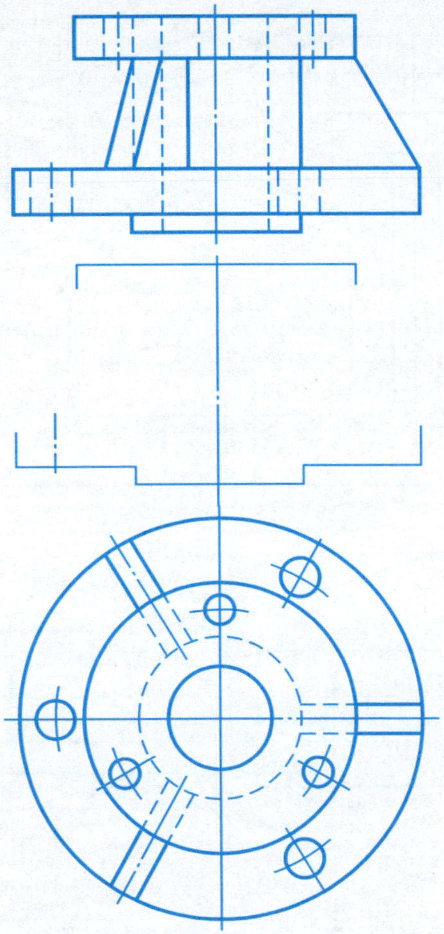

2. 将主视图改画成全剖视图，并采用其他规定画法，将零件所有结构表达清楚。

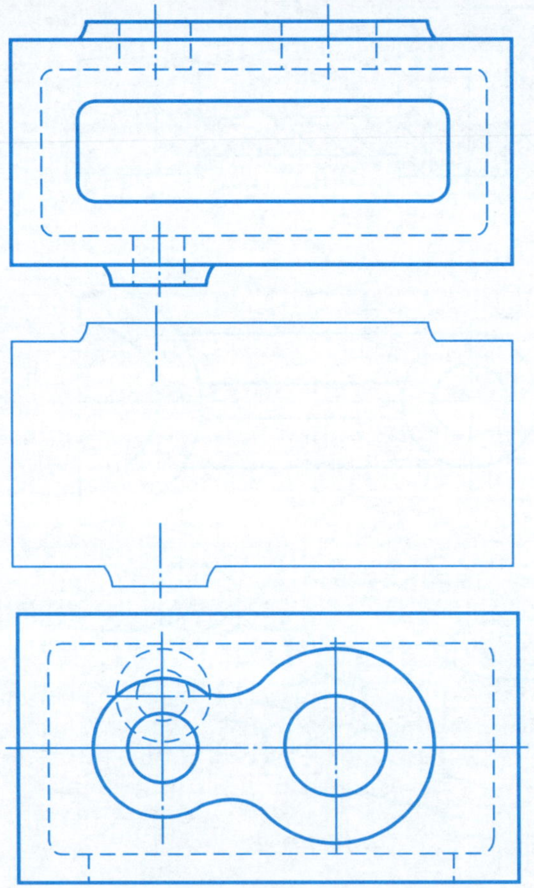

班级　　　　　姓名　　　　　学号

8-5 视图、剖视、断面的改错练习

1. 改正图中的错误（包括投影、各种规定及标注等），并将正确的主视图重新画出。

(1)

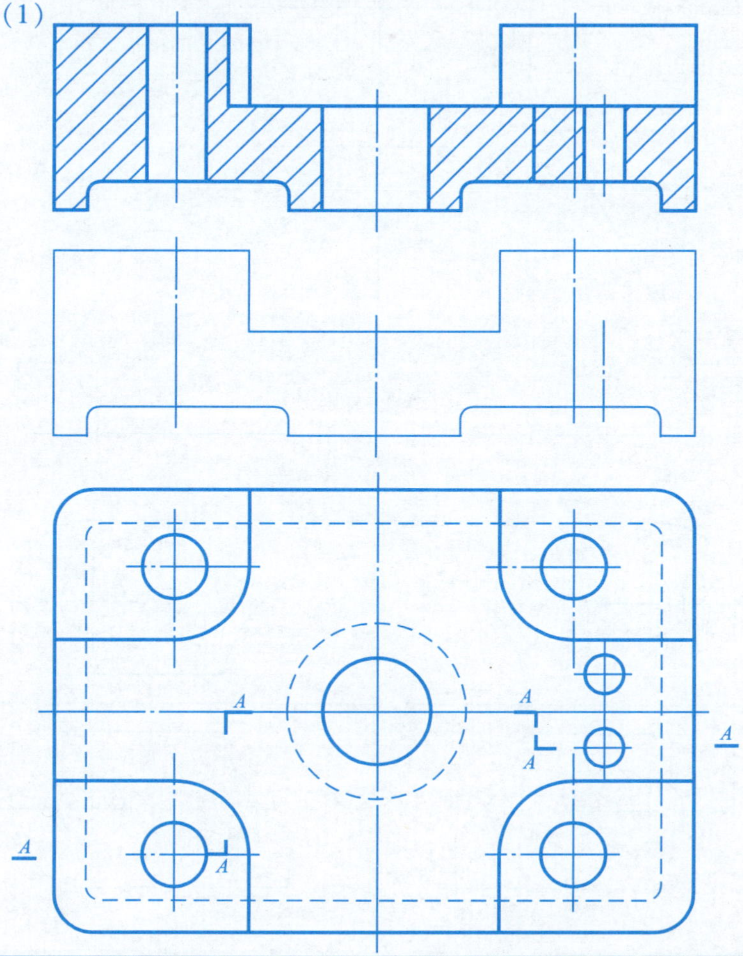

(2)

班级　　　　姓名　　　　学号

2. 改正图中的各种错误（包括投影、各种规定及标注等），并将正确的主、俯视图重新画出。

班级　　　　姓名　　　　学号

8-6 表达方法综合练习

1. 看懂所给的两视图，选择恰当的表达方法，完整、确切地表达该零件，并画出该零件的正等轴测图（剖切）。

（1）

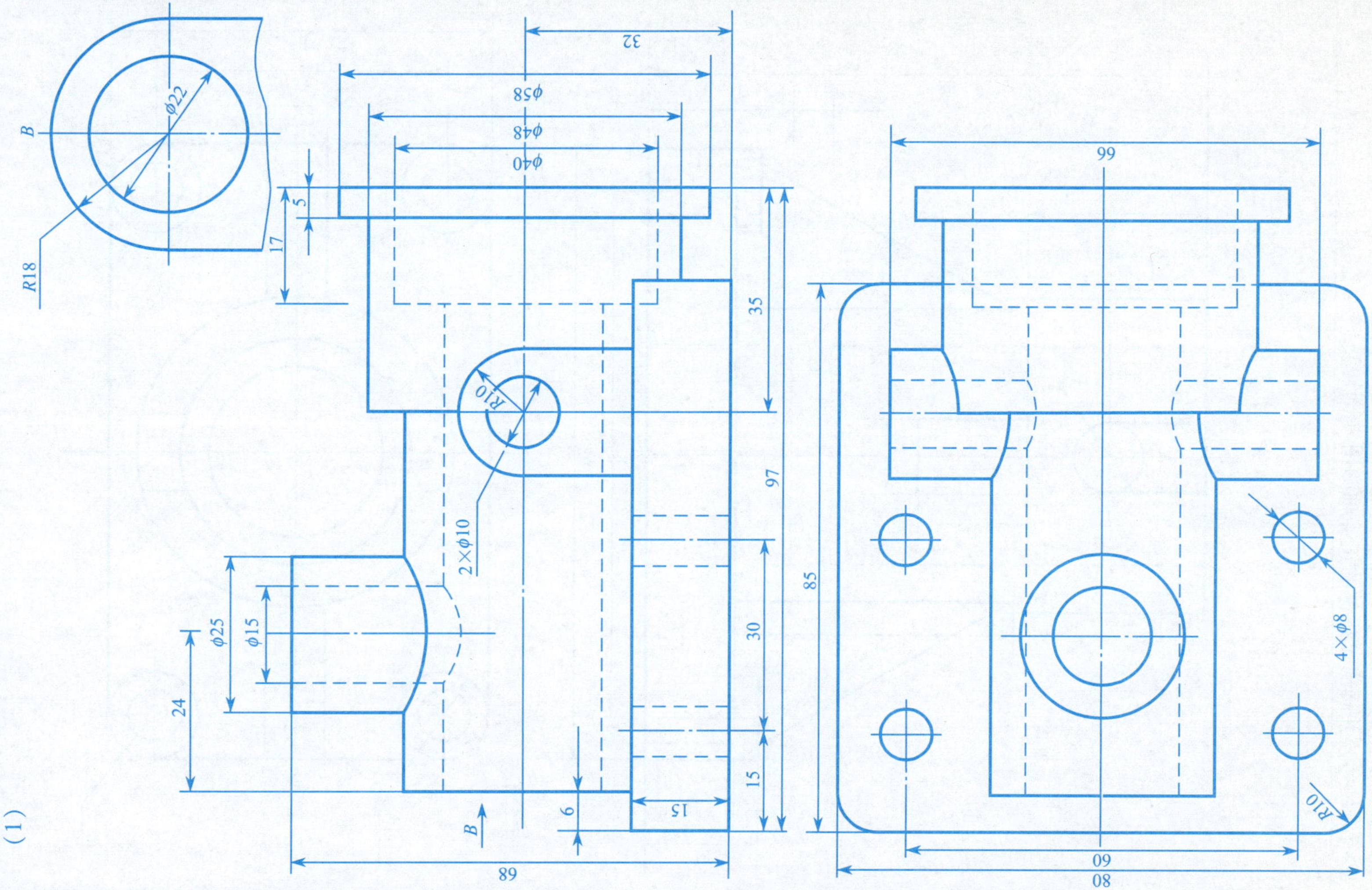

班级　　　　姓名　　　　学号

8-6 表达方法综合练习

1. 看懂所给的两视图，选择恰当的表达方法，完整、确切地表达该机件，标注出全部尺寸，并画出该机件的正等轴测图（剖切）。

（2）

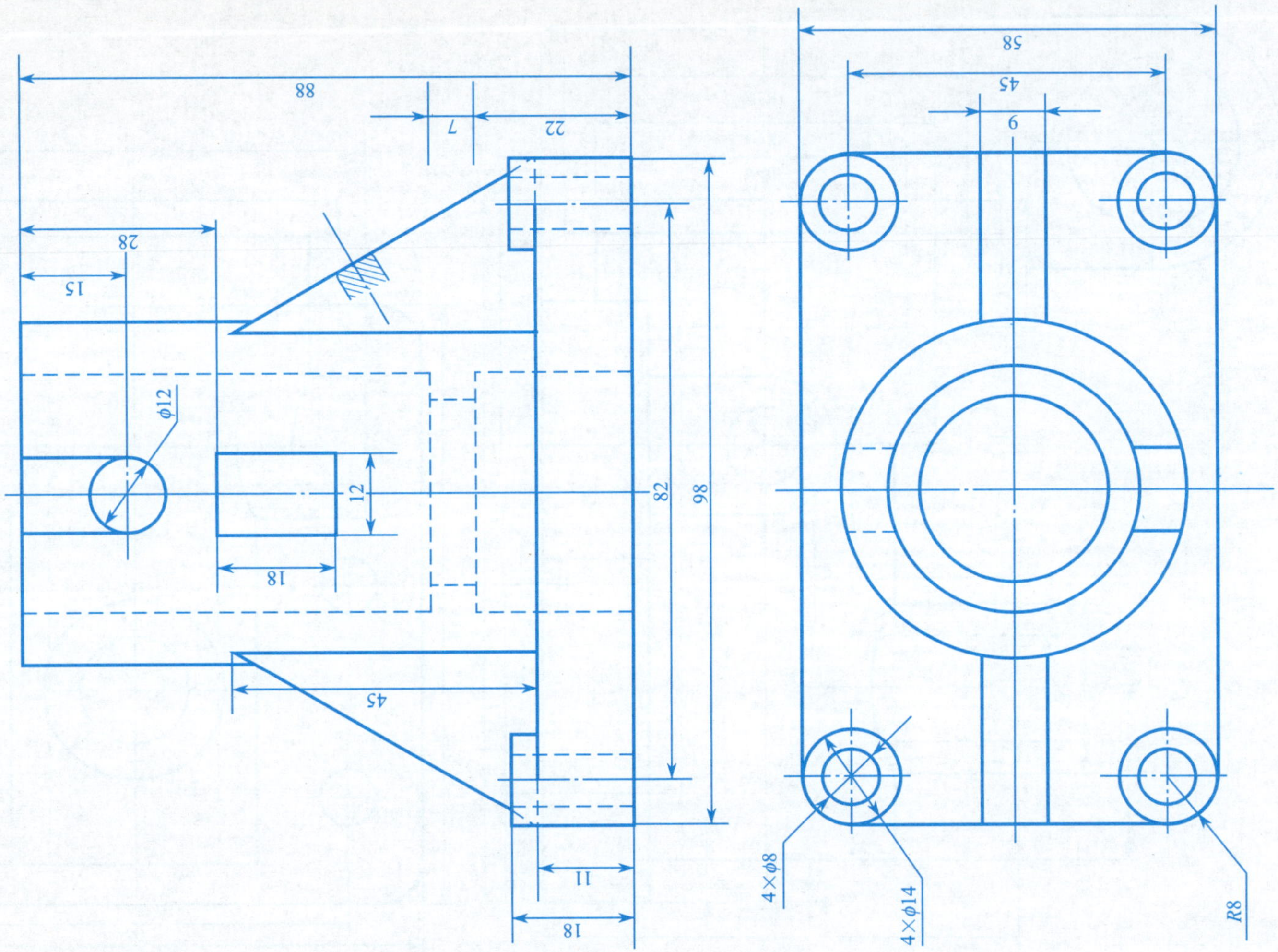

班级　　　　姓名　　　　学号

8-6 表达方法综合练习

2. 看懂所给的两视图，选择恰当的表示方法，完整、确切地表达该机件，并标注出全部尺寸（所缺少尺寸其数值按 1:1 在图上直接量取，并取整数）。

（1）

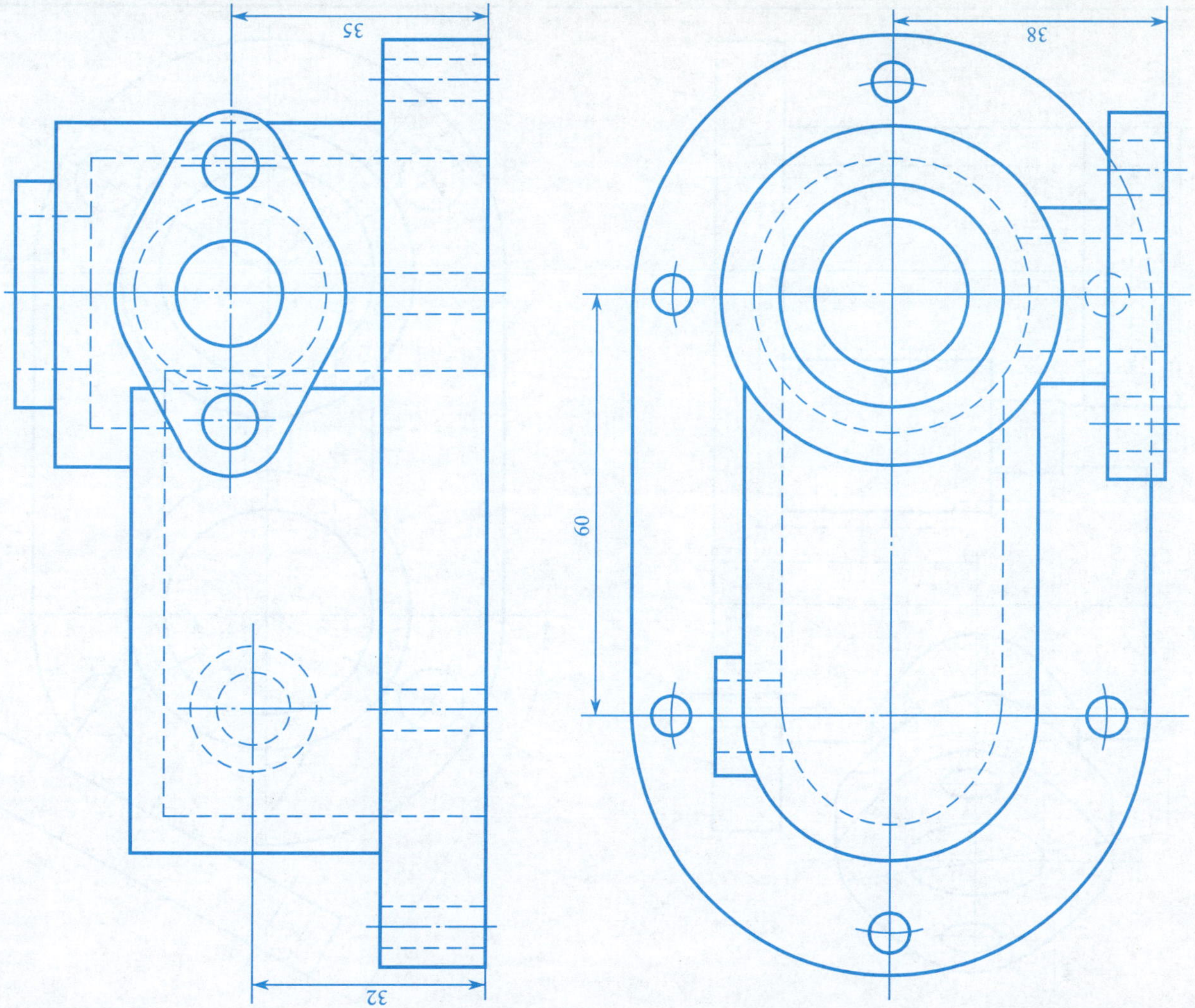

班级　　姓名　　学号

2. 看懂所给的两视图，选择恰当的表示方法，完整、确切地表达该机件，并标注出全部尺寸（所缺少的尺寸数值按 1:1 在图上直接量取，且取整数）。

（2）

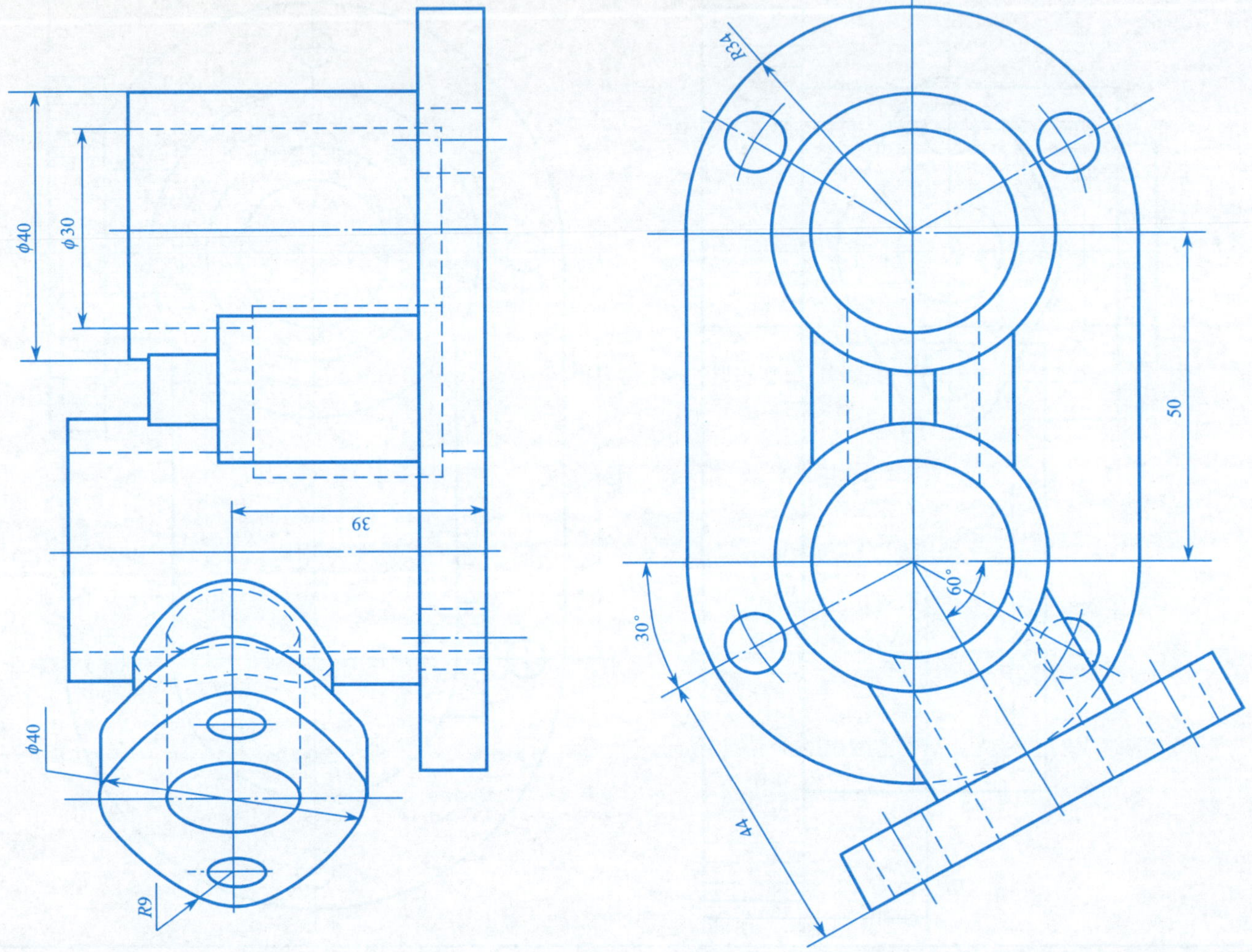

班级　　　　姓名　　　　学号

第九章 标准件和常用件

9-1 螺纹及其连接件

1. 根据已给出的条件，在下列视图中对各螺纹进行正确标注。

（1）普通螺纹：公称直径 $d=16$ mm，螺距 $P=2$ mm，右旋，长旋合长度，公差带代号为 6h。

2:1

（2）普通螺纹：公称直径 $D=24$ mm，螺距 $P=2$ mm，左旋，中等旋合长度，公差带代号为 6H。

1:1

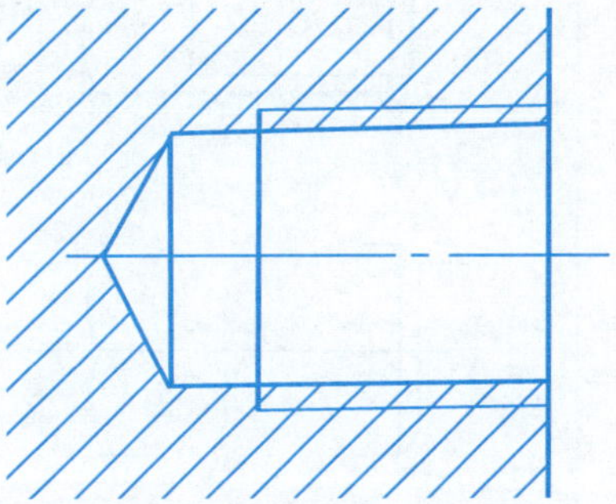

（3）非螺纹密封的管螺纹：尺寸代号为 1。

1:1

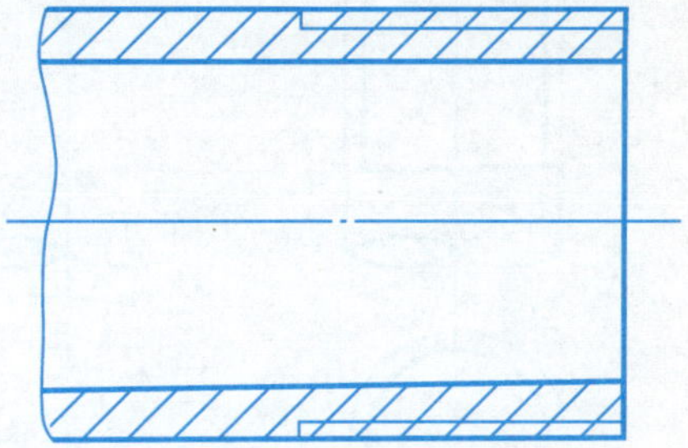

（4）用螺纹密封的管螺纹：尺寸代号为 1/4。

1:1.5

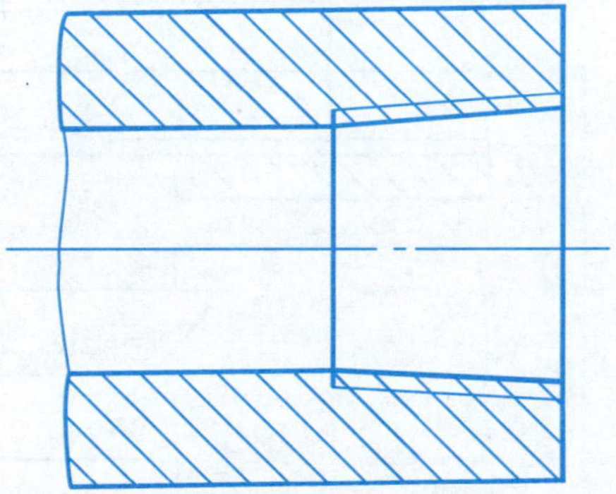

（5）用螺纹密封的管螺纹：尺寸代号为 3/8。

2:1

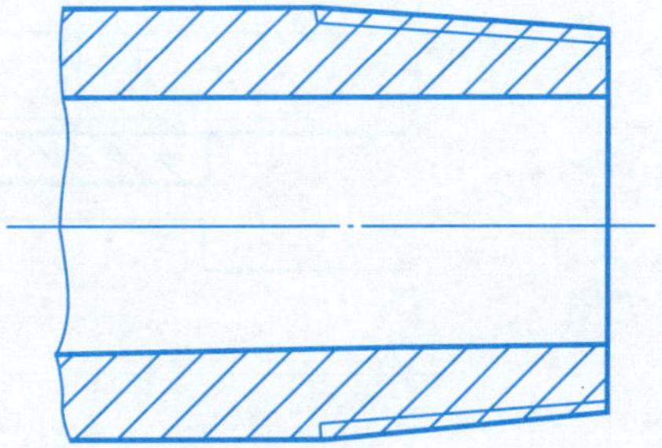

（6）梯形螺纹：公称直径 $d=32$ mm，螺距 $P=6$ mm，双线螺纹，左旋，公差带代号为 7e。

1:1

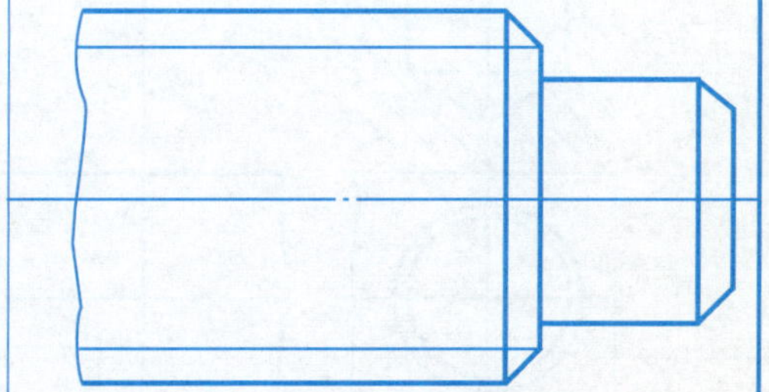

班级　　　　姓名　　　　学号

9-1 螺纹及其连接件

2. 指出下列螺纹及螺纹连接画法中的错误，并在其旁边画出正确的视图。

(1)

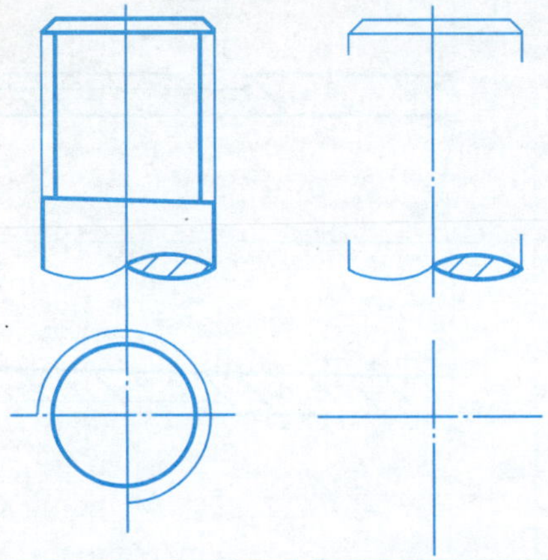

(2)

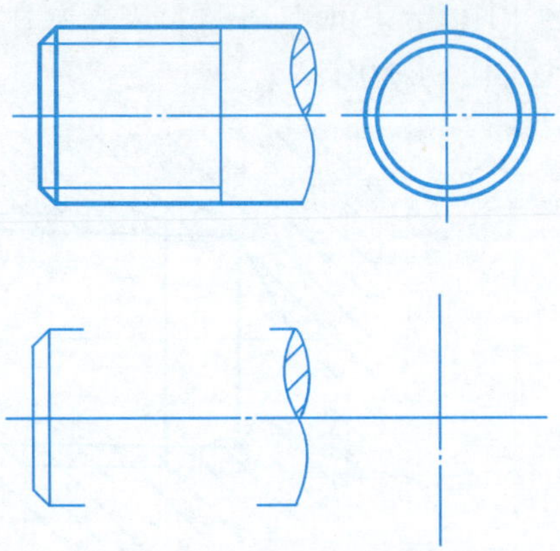

(3)

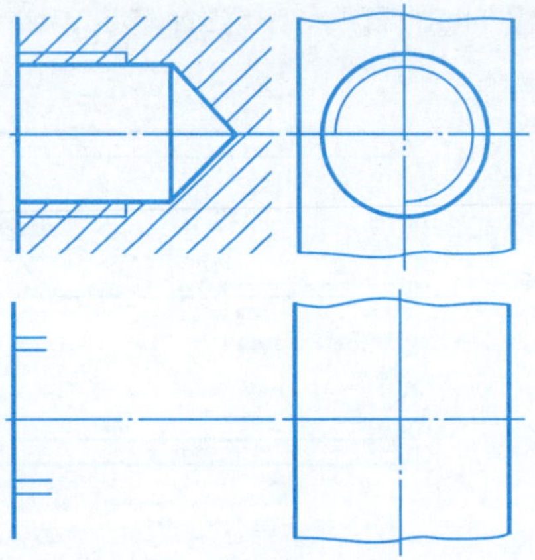

(4)

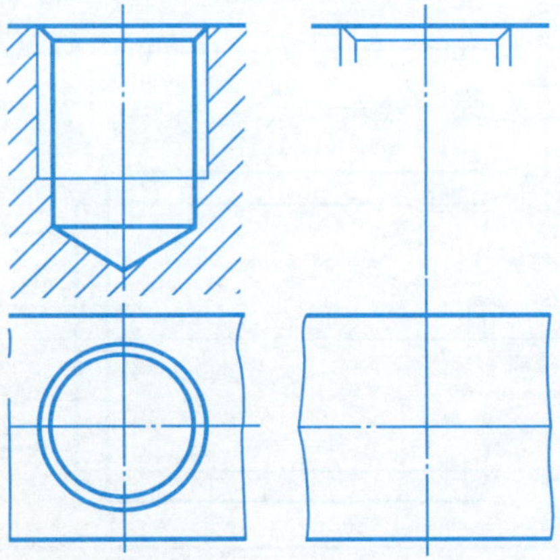

(5)

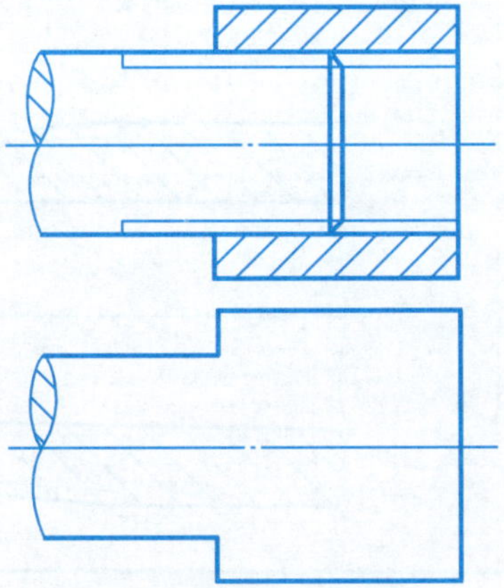

(6)

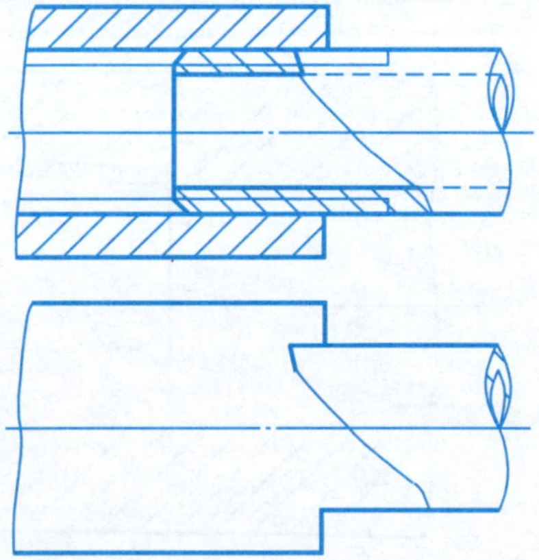

班级　　　　　　姓名　　　　　　学号

3. 查表后在下列各螺纹连接件图上的尺寸线处标注上尺寸数值，并在图的下方写出其规定标记。

（1）A 级六角头螺栓：螺纹规格 d = M12，公称长度 l = 30。

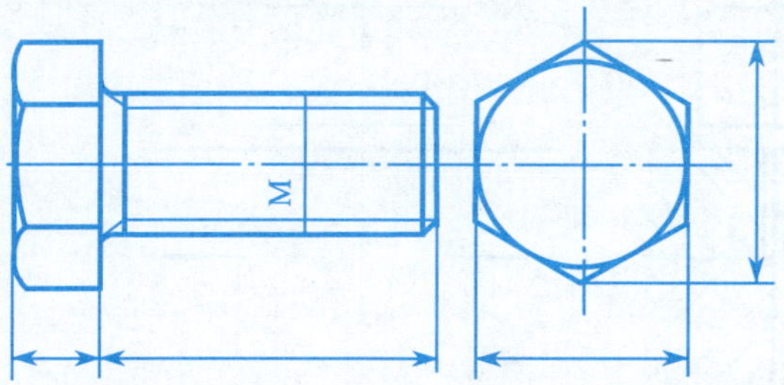

规定标记________________

（2）A 级 Ⅰ 型六角螺母：螺纹规格 D = M16。

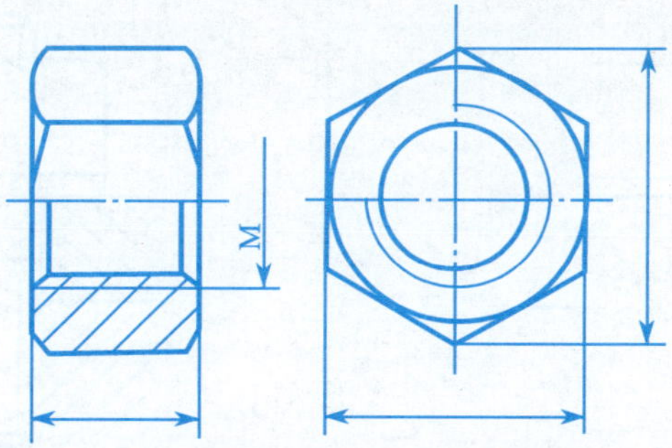

规定标记________________

（3）A 型双头螺柱：螺纹规格 d = M12，b_m = 1.25d，公称长度 l = 30。

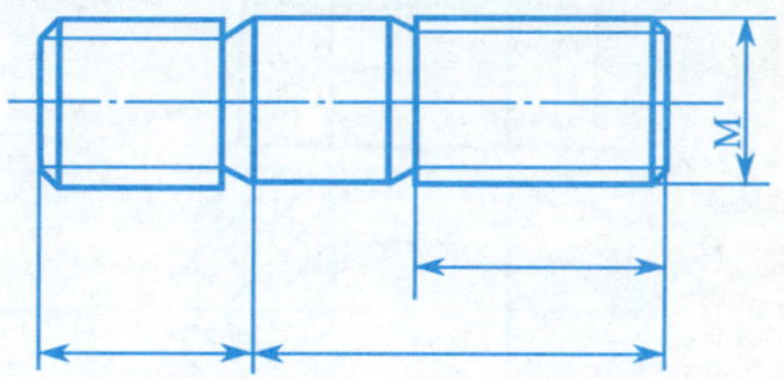

规定标记________________

（4）A 级倒角型平垫圈：公称尺寸 d = 16。

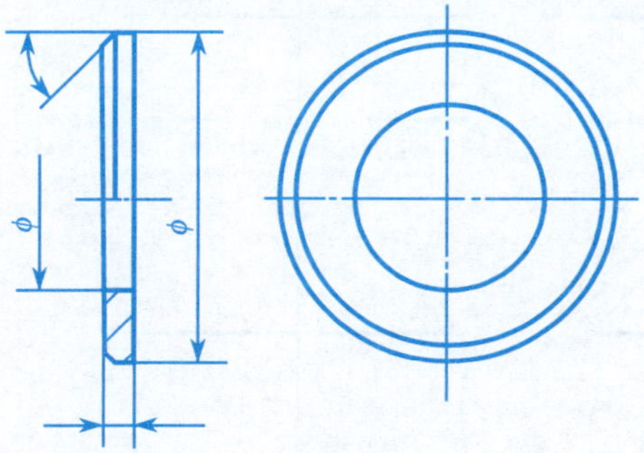

规定标记________________

（5）开槽圆柱头螺钉：螺纹规格 d = M10，公称长度 l = 45。

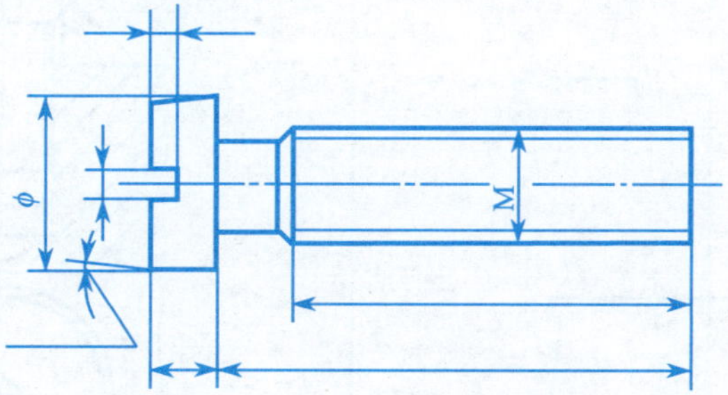

规定标记________________

（6）A 型圆柱销：公称直径 d = 16，长度 l = 35。

注：直径尺寸须注上其直径公差代号。

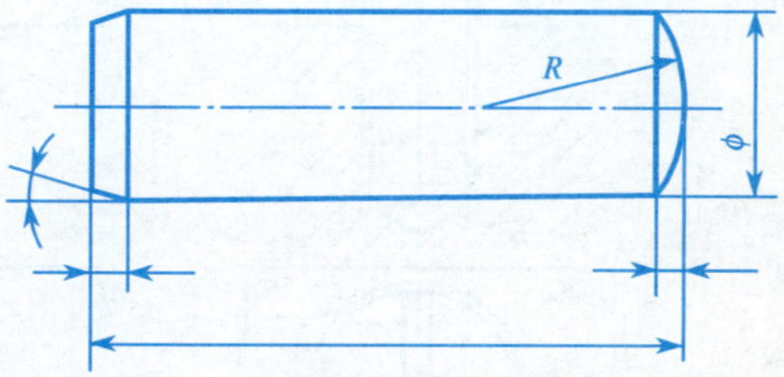

规定标记________________

班级　　　姓名　　　学号

4. 指出下列各螺纹紧固件的连接图中的各种错误，并在其旁边画出正确的连接图。

(1)

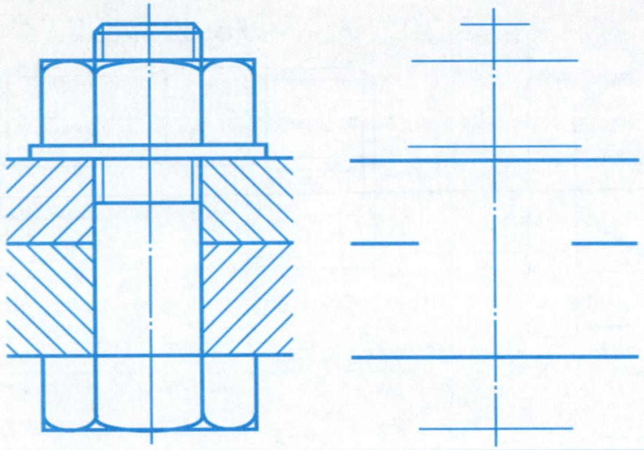

(2)

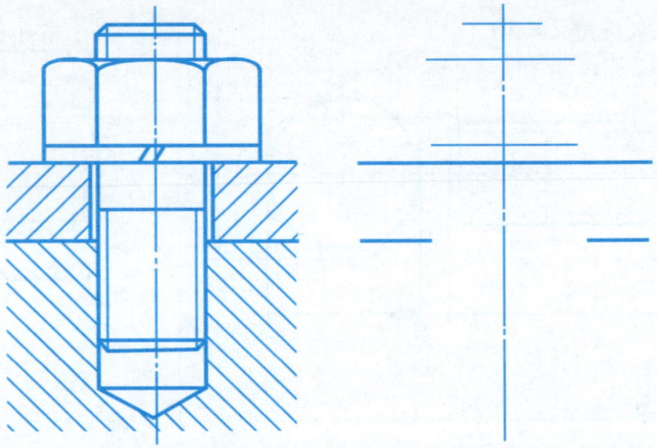

(3)

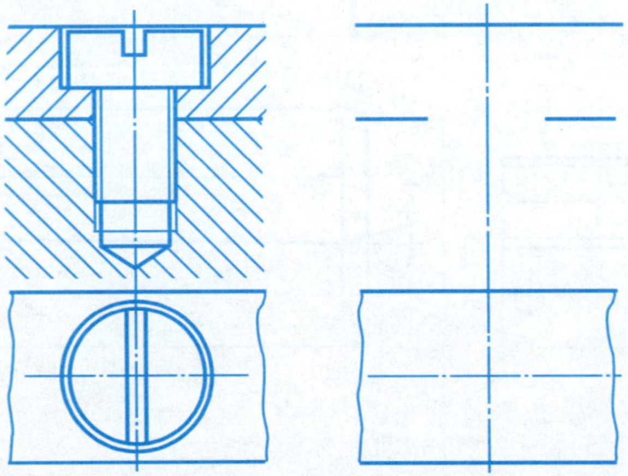

(4)

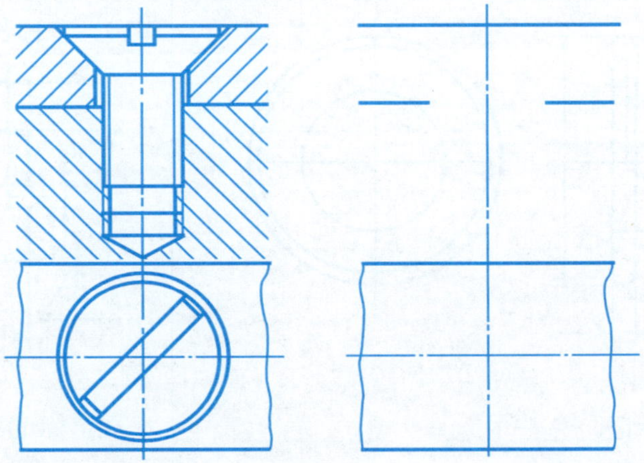

班级　　　　　姓名　　　　　学号

5. 更正下列各图画法中的错误（注意箭头所指的位置），另用 A3 图纸按 1∶1 画出正确的图，并确定螺栓、螺柱、螺钉的长度及其螺纹长度。

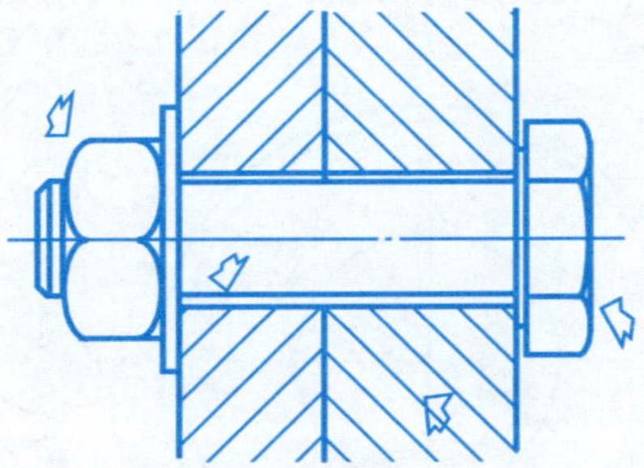

螺栓GB/T 5782—2000—M20×____
螺钉GB/T 898—1986—M20×____
螺柱GB/T 67—2000—M20×____

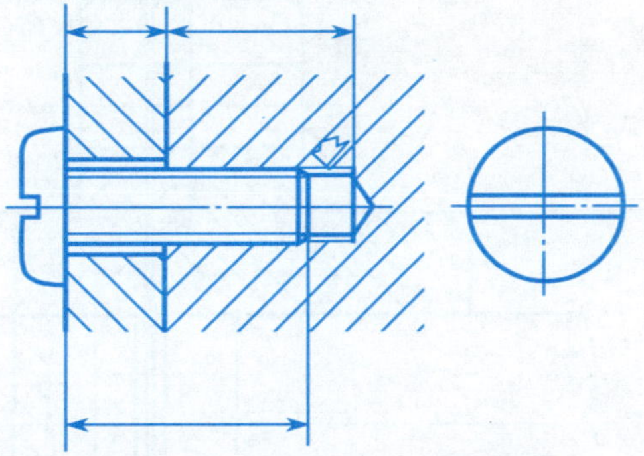

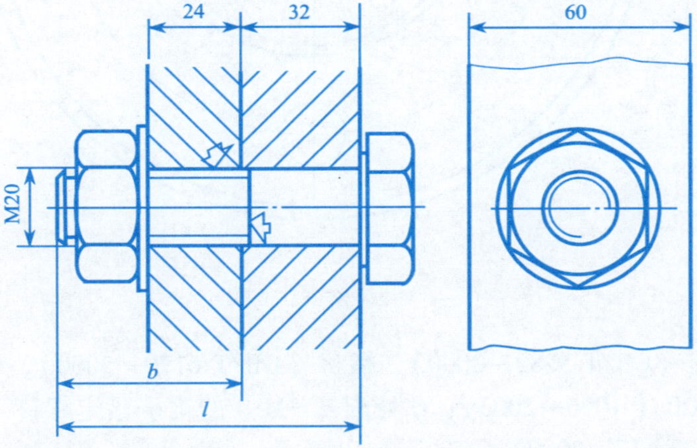

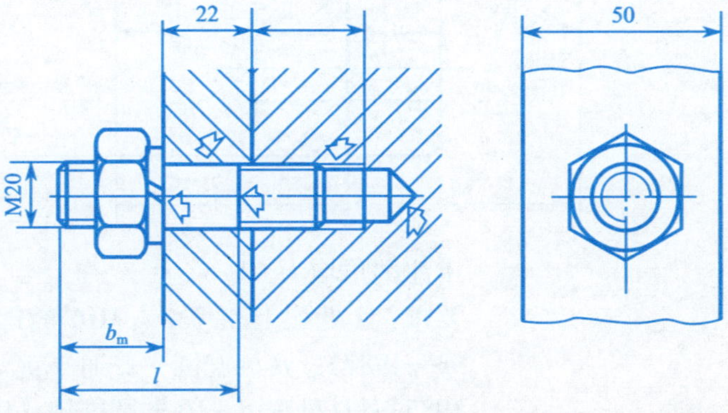

班级　　　　姓名　　　　学号

6. 在 A3 图纸上，按 1∶1 画出图示连接装置，按要求配上连接件，并注写其规定标记。

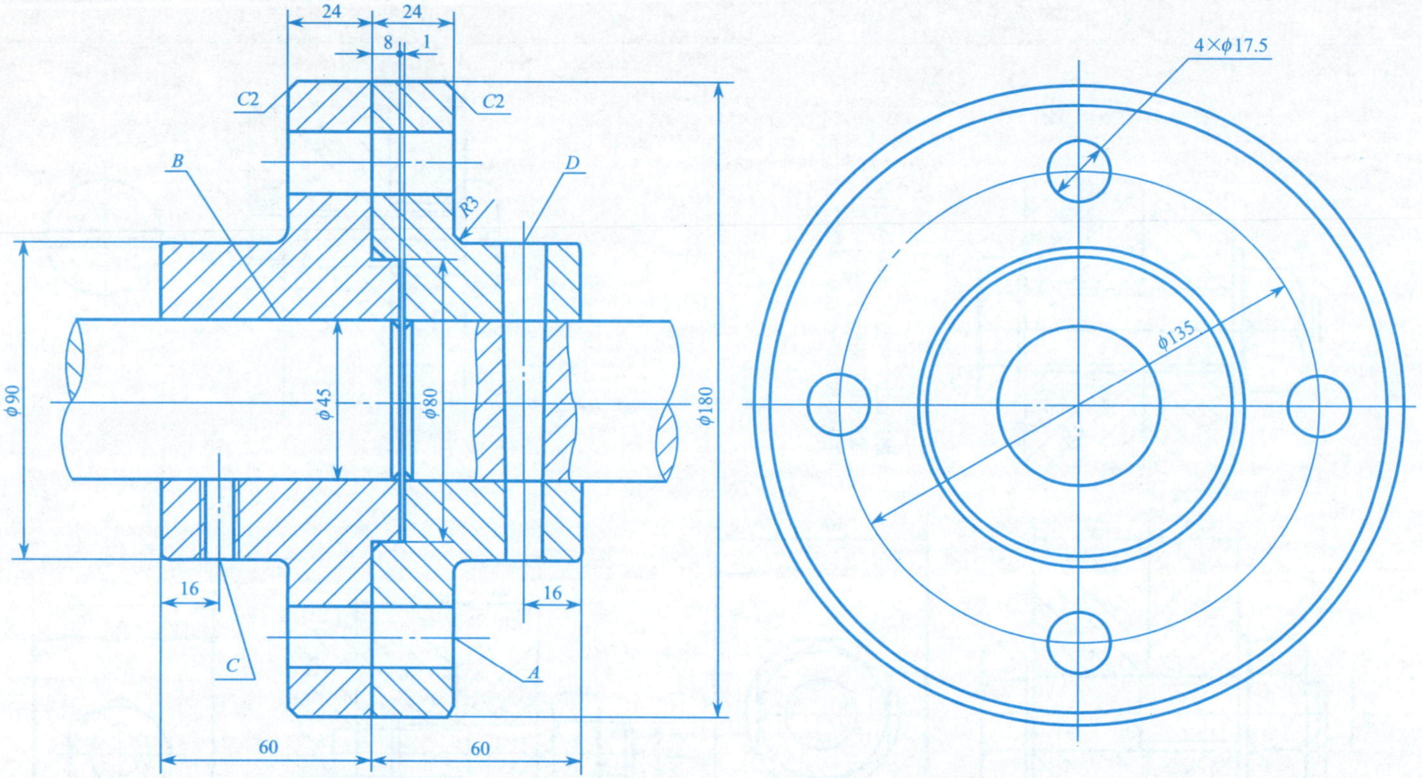

未注倒角均为 *C*1

要求：*A* 处配上 4 个 d = M16 的螺栓（GB/T 5782—2000）、螺母（GB/T 6170—2000）、垫圈（GB/T 93—1987）；*B* 处配圆头普通平键（GB/T 1096—2003）；*C* 处配 d = M10 的锥端紧定螺钉（GB/T 71—1985）；*D* 处配 d = 10 的圆锥销（GB/T 117—2000）。

班级　　　　姓名　　　　学号

9-2 齿轮

1. 一对相互啮合的直齿圆柱齿轮，其中心距 $a=60$ mm，小齿轮齿数 $Z_1=18$，大齿轮齿数 $Z_2=22$，画出小齿轮的零件图。

注：小齿轮各表面的表面粗糙度参数 Ra 为：轮齿表面、$\phi18$ 孔为 3.2，齿顶圆表面、键槽两侧面为 6.3，其余表面为 12.5。

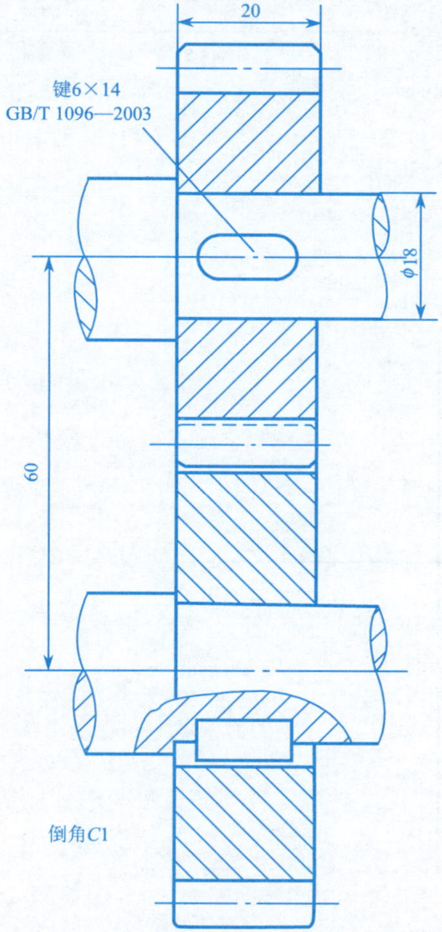

模数 m	
齿数 Z	
齿形角 α	

齿　轮			比例	1:1	（图号）	
			件数			
制图			重量		材料	45
描图			（校名　班级）			
审核						

班级　　　　姓名　　　　学号

2. 下图给出了一对相互啮合的锥齿轮的主视图，其中 $m=3$ mm，$Z_1=16$，$Z_2=24$，在指定位置处按 1∶1 画出其啮合的主视图和左视图。

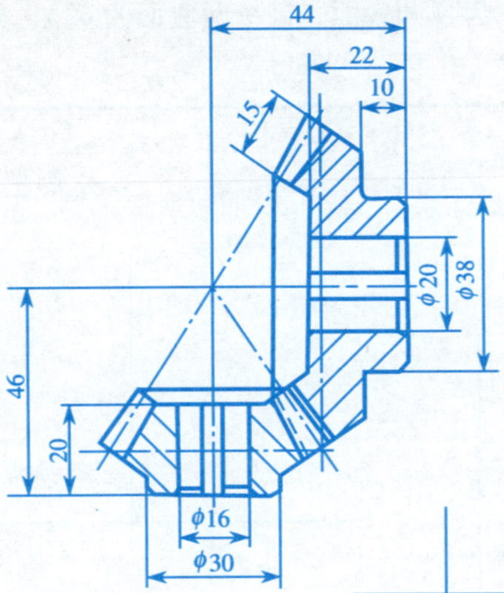

倒角C1

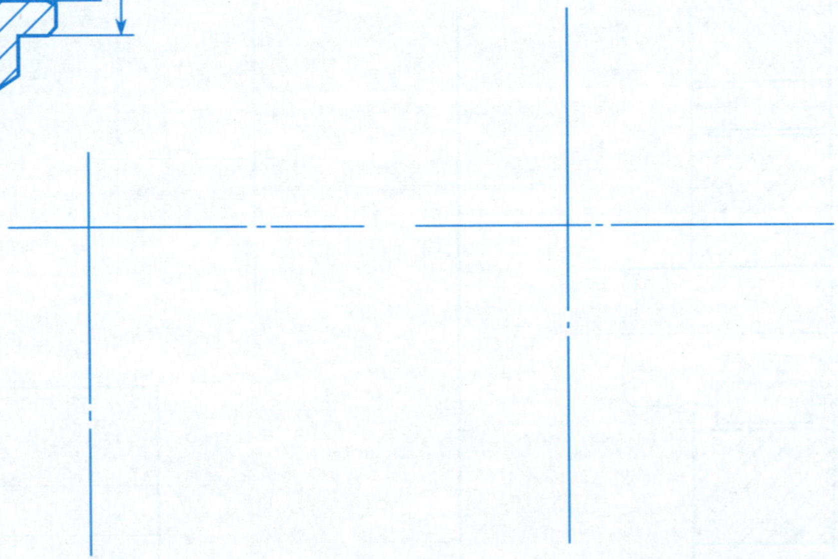

班级　　姓名　　学号

第十章　零件图

10-1　表面粗糙度

1. 在指定的表面上标注粗糙度代号。

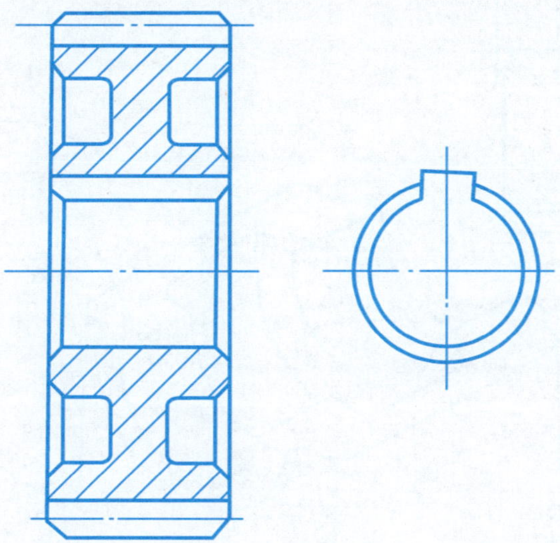

（1）轮齿工作面和轴孔为 √Ra 6.3

（2）键槽两侧面为 √Ra 6.3 ，顶面为 √Ra 12.5

（3）轮齿两端面及倒角为 √Ra 12.5

（4）其余表面要求不去除材料

2. 指出表面粗糙度标注中的错误，并将正确的标注在下图。

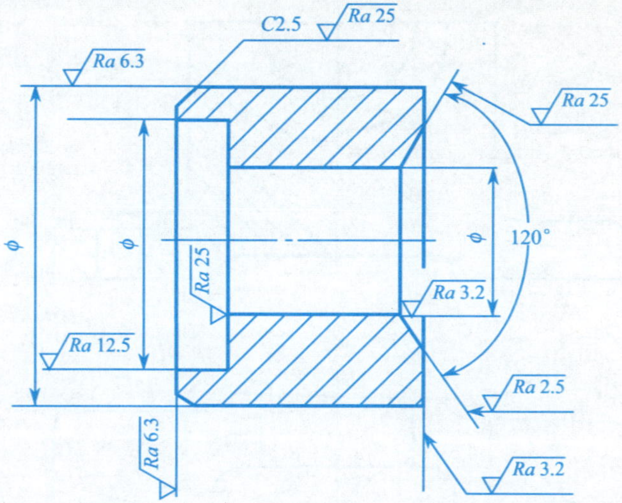

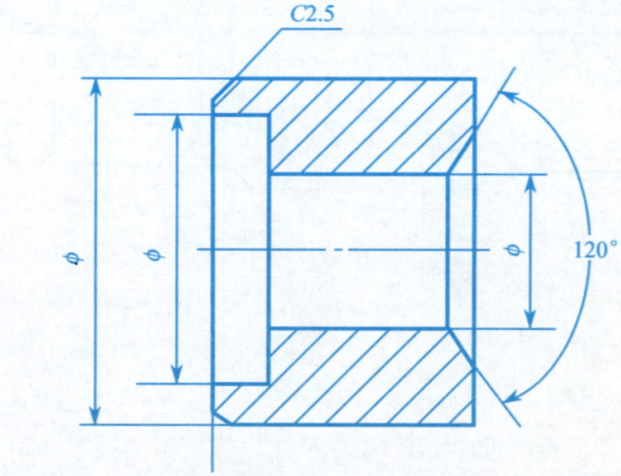

班级　　　　姓名　　　　学号

10-1 表面粗糙度

3. 根据表中所给定的表面粗糙度参数值，在视图中标注相应的表面粗糙度代号。

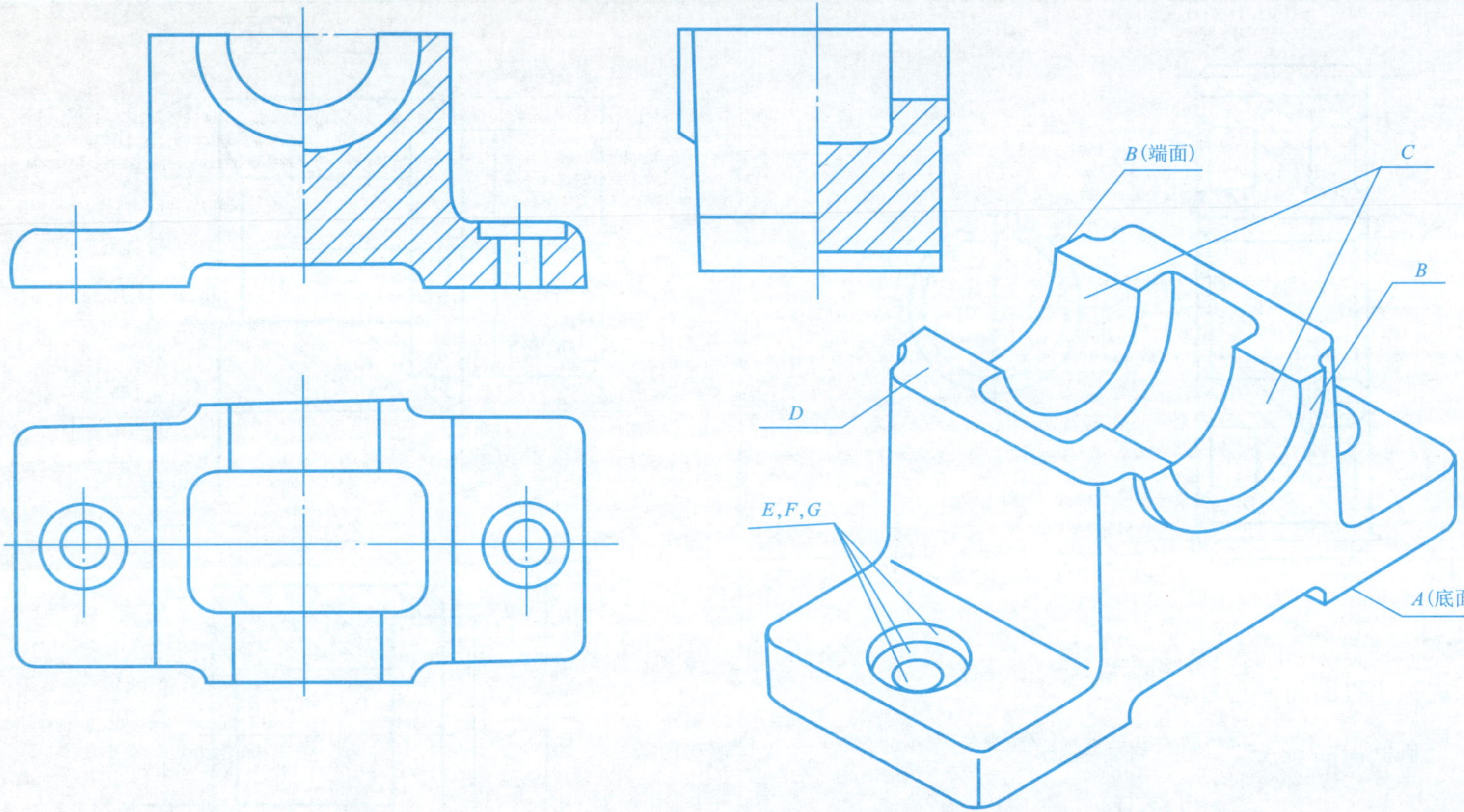

表　面	A、B	C	D	E、F、G	其余
表面粗糙度代号	√Ra 6.3	√Ra 1.6	√Ra 3.2	√Ra 12.5	∅√ (√)

班级　　　　姓名　　　　学号

10-2 极限与配合

1. 根据配合代号，查表分别在零件图上标注出孔和轴的基本尺寸及偏差值。

(1)

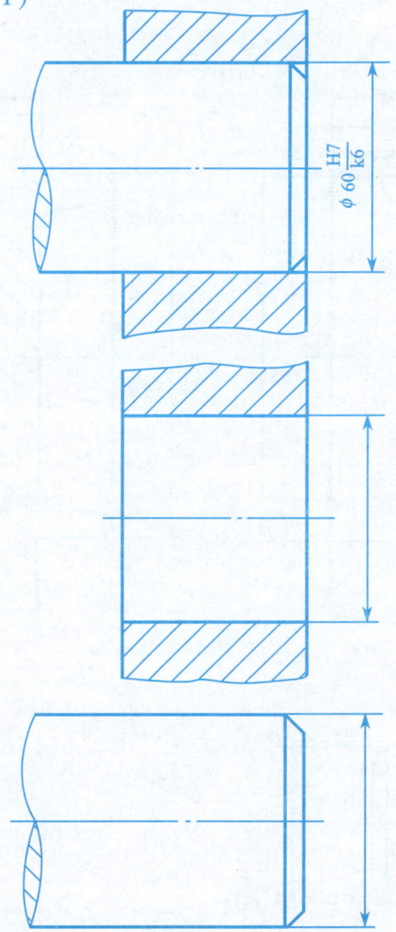

(2)

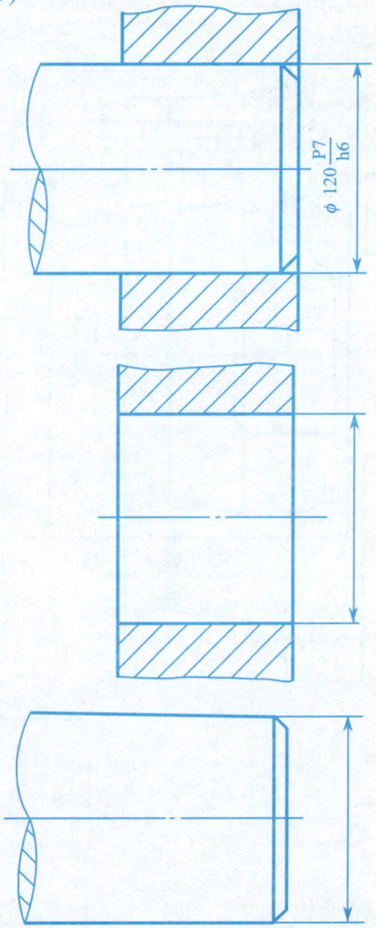

(3)

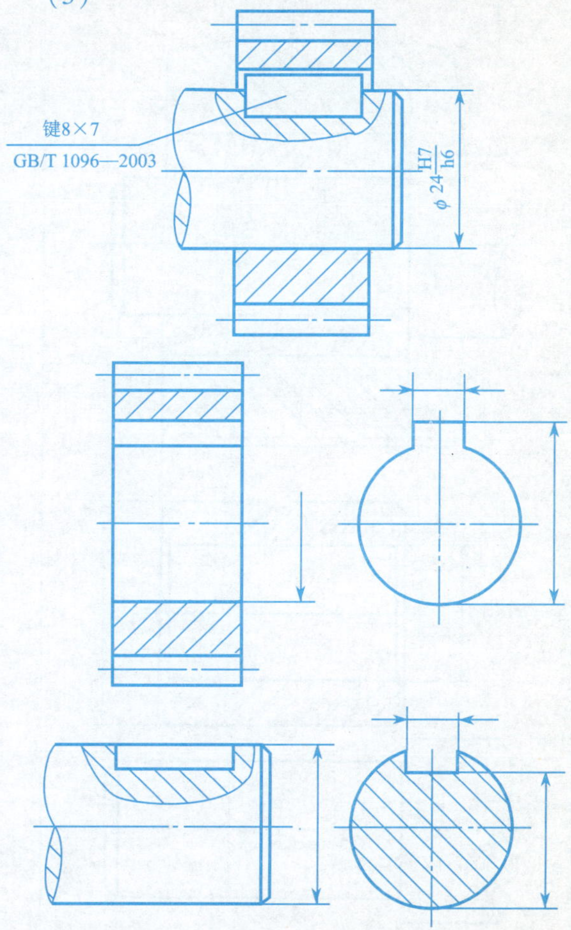

班级　　　　姓名　　　　学号

10-2 极限与配合

2. 查表标注出零件配合面上的尺寸及偏差值。

(1)

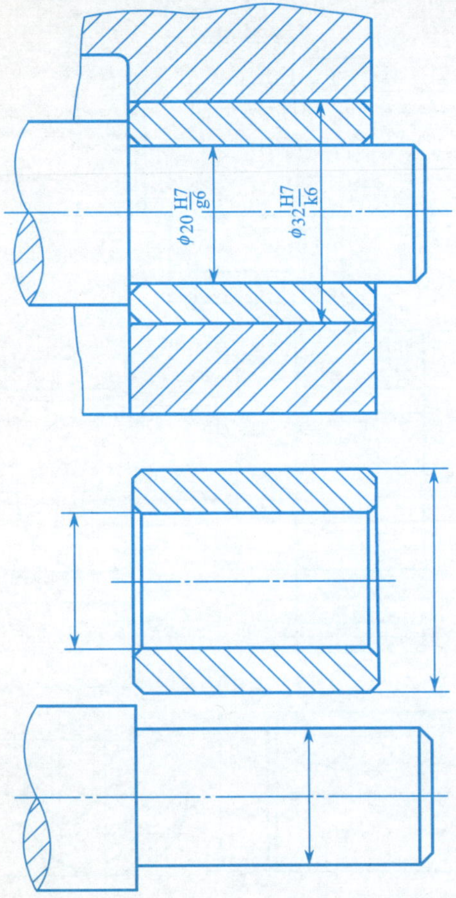

(2)

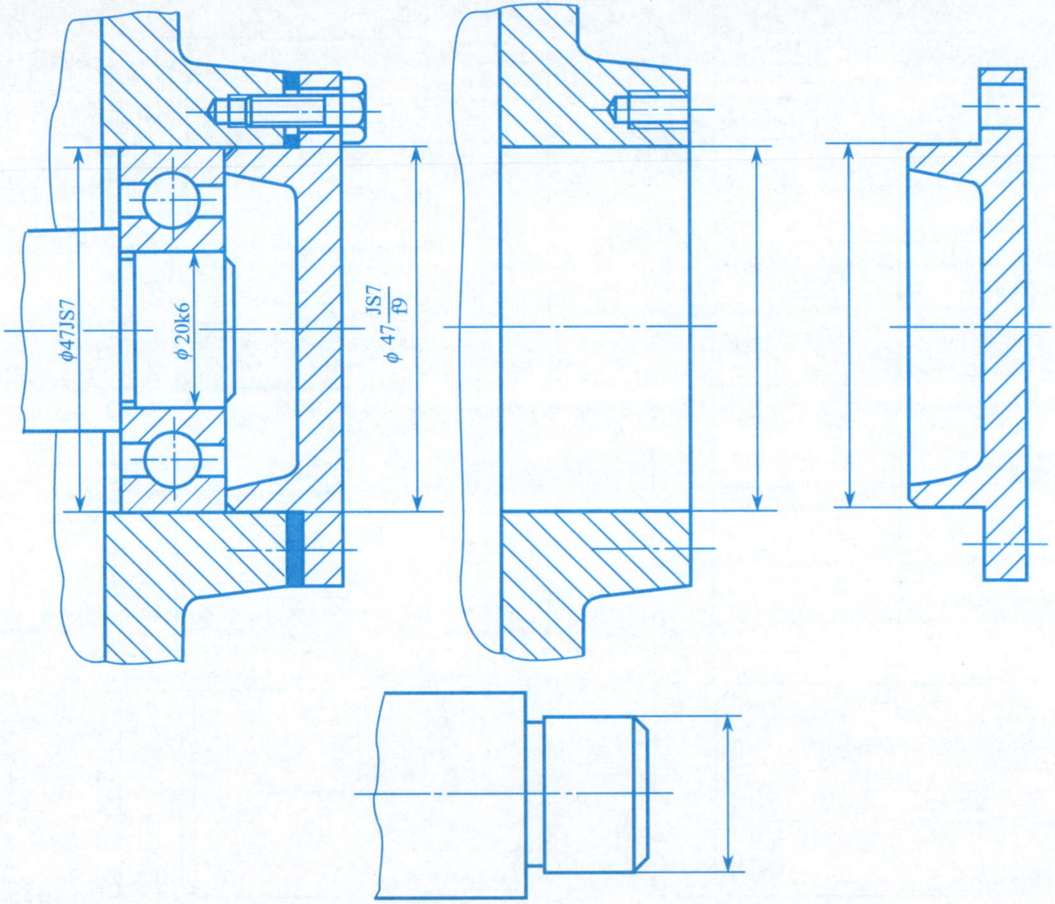

3. 某组件中零件间的配合尺寸如图所示。

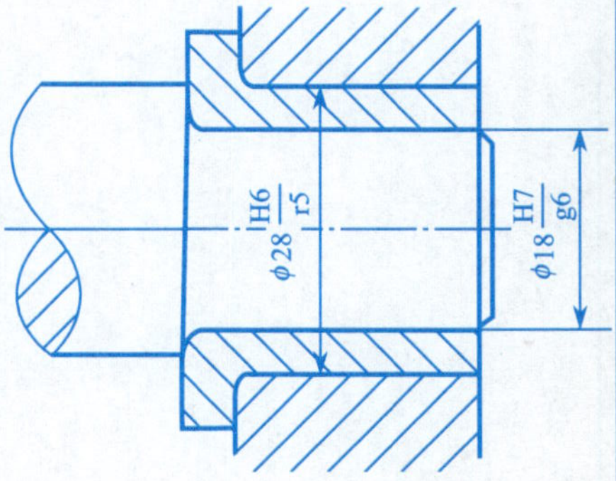

（1）试说明配合尺寸 $\phi 28H6/r5$ 的含义：

（a）$\phi 28$ 表示____________；

（b）r 表示____________；

（c）此配合是______制______配合；

（d）5，6 表示____________。

（2）根据装配图中所注的配合尺寸，分别在相应的零件图中注出基本尺寸和偏差数值。

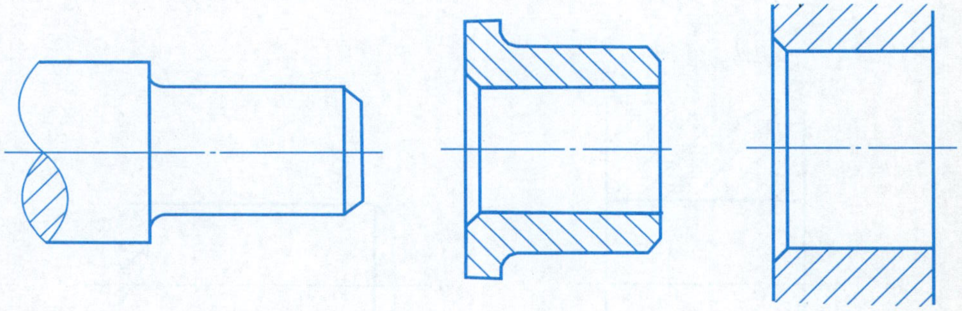

（3）算出配合尺寸 $\phi 28H7/g6$ 中最大、最小极限尺寸。

孔：最大极限尺寸为______，　　轴：最大极限尺寸为______，

　　最小极限尺寸为______。　　　　最小极限尺寸为______。

4. 某仪器中轴和孔的配合尺寸为 $\phi30P8/h7$。

（1）此配合是_________________制_________________配合。

（2）当基本尺寸为 30 mm 时，IT7 为 21 μm，IT8 为 33 μm，P8 基本偏差为 −22 μm，试在下面的零件图注出基本尺寸和上、下偏差值。

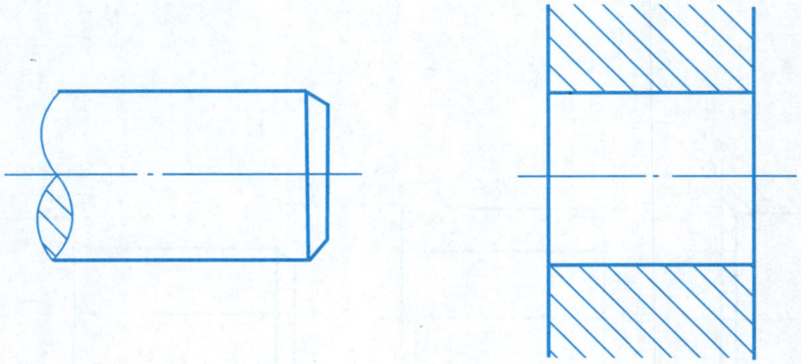

（3）画出装配图，并注出基本尺寸和配合代号。

（4）画出孔和轴的公差带图。

班级　　　　姓名　　　　学号

1. 将零件图中形状和位置公差的要求用代号标注在图上。

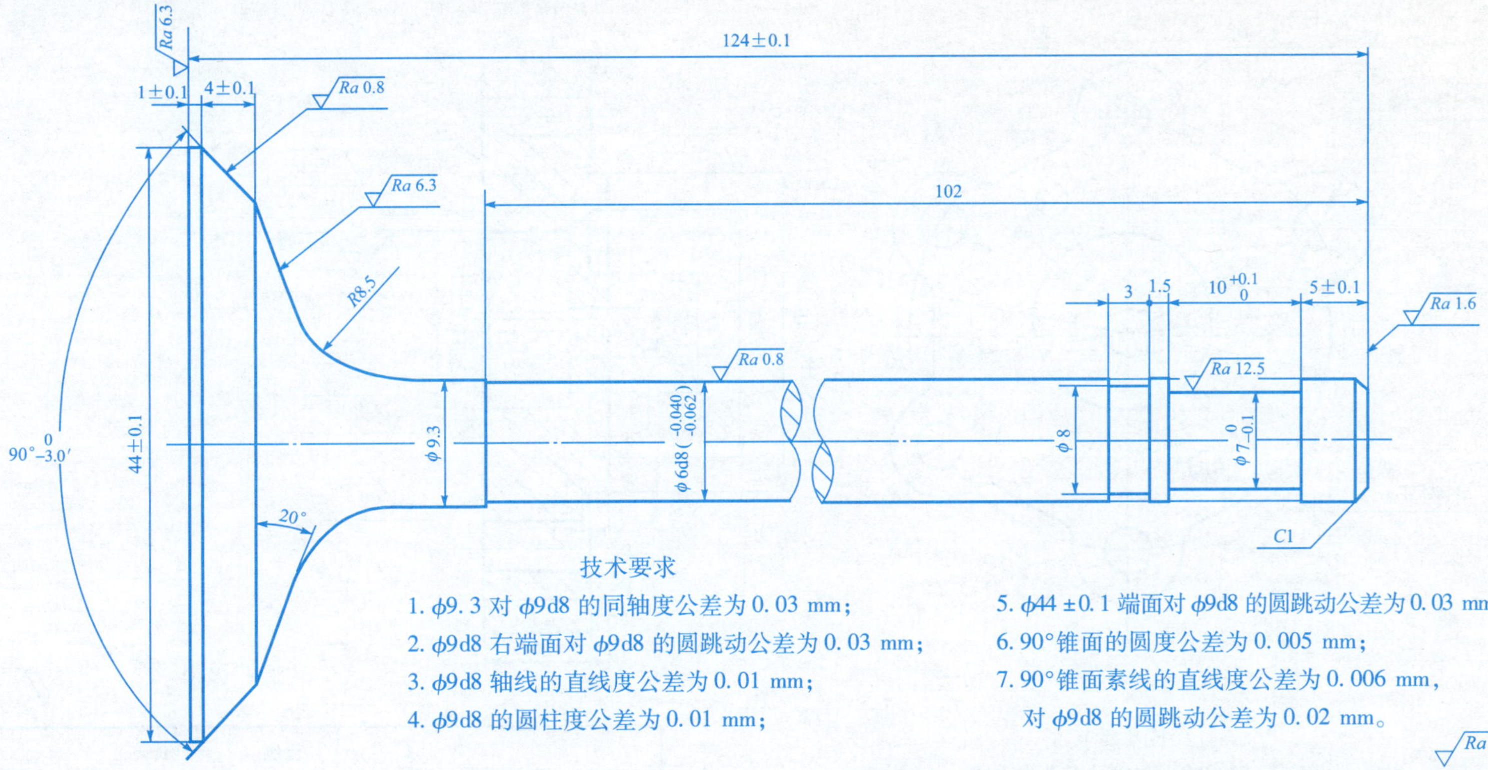

技术要求

1. ϕ9. 3 对 ϕ9d8 的同轴度公差为 0. 03 mm；
2. ϕ9d8 右端面对 ϕ9d8 的圆跳动公差为 0. 03 mm；
3. ϕ9d8 轴线的直线度公差为 0. 01 mm；
4. ϕ9d8 的圆柱度公差为 0. 01 mm；
5. ϕ44 ±0. 1 端面对 ϕ9d8 的圆跳动公差为 0. 03 mm；
6. 90°锥面的圆度公差为 0. 005 mm；
7. 90°锥面素线的直线度公差为 0. 006 mm，
   对 ϕ9d8 的圆跳动公差为 0. 02 mm。

Ra 25 (√)

进气阀门		比例	2:1	(图号)	
		件数	1		
制图		重量		材料	45
描图		(校名 班级)			
审核					

班级 姓名 学号

10-3 形状和位置公差

2. 将零件图中形状和位置公差的要求用代号标注在图上。

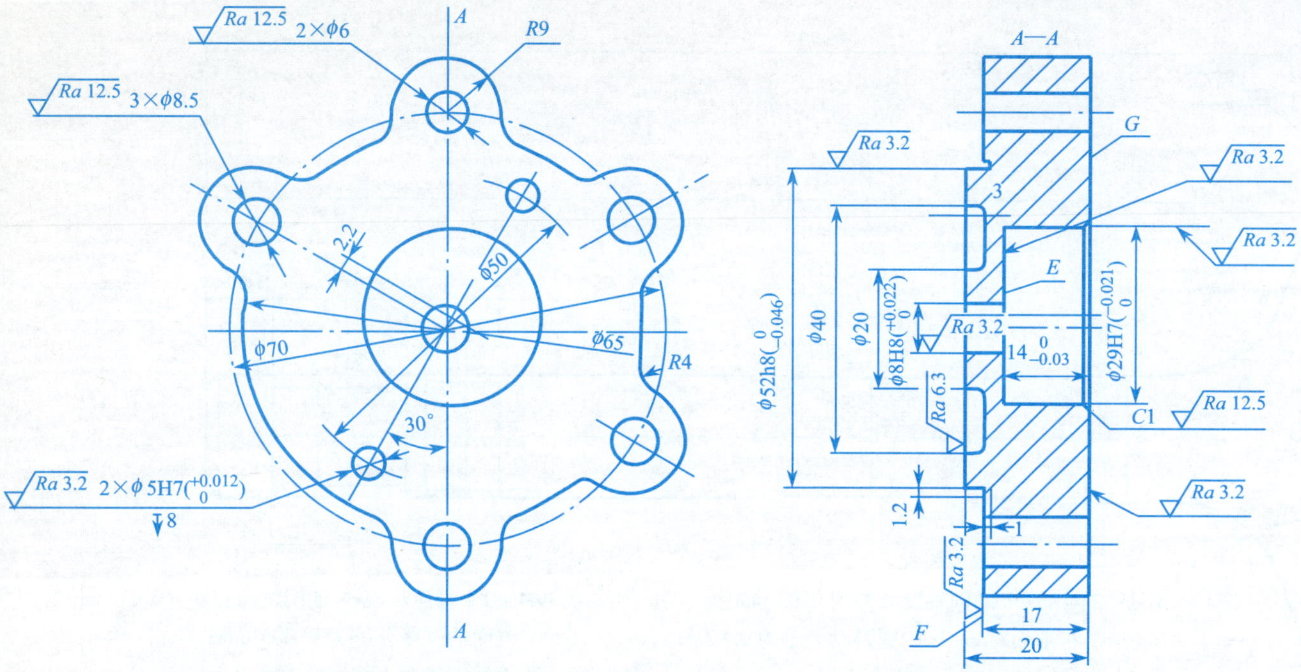

(√)

技术要求

(1) ϕ8H8 对 ϕ29H7 轴线的平行度公差为 0. 015 mm；
(2) G 和 E 面对 ϕ29H7 轴线的垂直度公差为 0. 02 mm；
(3) 竖排文字 G 面的平面度公差为 0. 015 mm；
(4) ϕ52h8 对 ϕ8H8 的同轴度公差为 0. 05 mm；
(5) F 面对 G 面的平行度公差为 0. 04 mm。

机油泵体			比例	1:1	(图号)	
			件数			
制图			重量		材料	45
描图			(校名 班级)			
审核						

班级　　姓名　　学号

10-4 读零件图

1. 读主动齿轮零件图，补画轮齿部分的局部剖视图及尺寸，齿廓表面粗糙度为 $\sqrt{Ra\ 1.6}$（因制版缩尺，在波浪线上按尺寸数字用 1.2:1 绘图），并在指定位置补绘图中所缺的移出剖面。

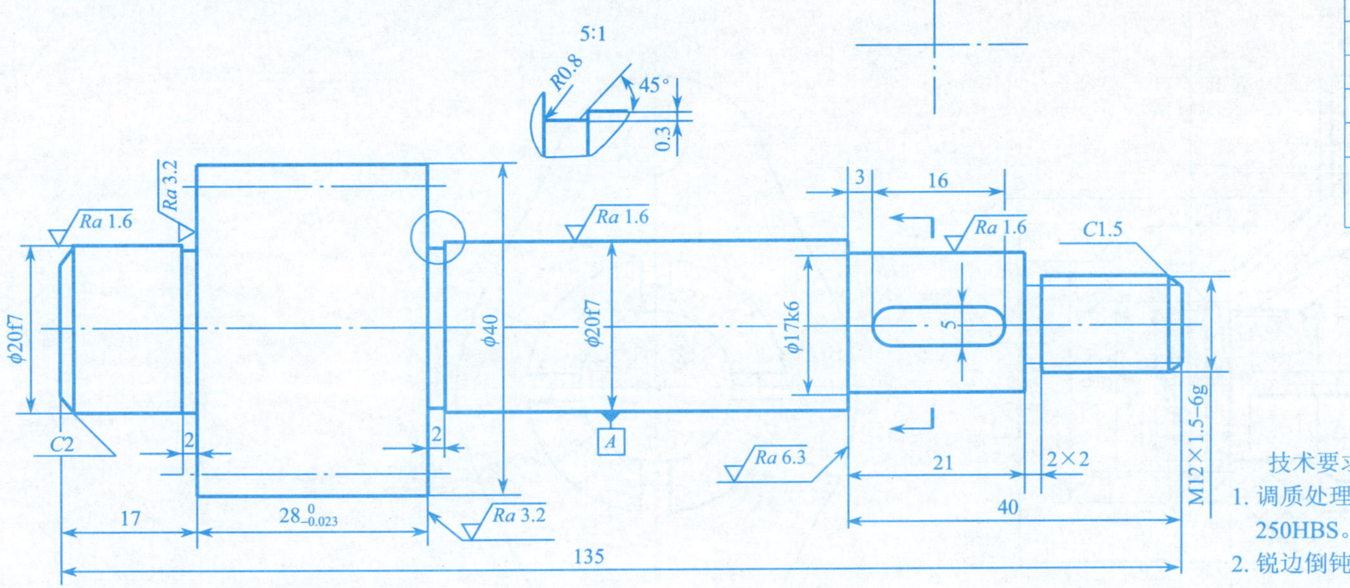

模数	m	
齿 数	Z	18
压力角	α	20°
精度等级		
齿 厚	3. 142	
配对齿轮	图 号	6503
	齿 数	25

技术要求

1. 调质处理220～250HBS。
2. 锐边倒钝。

$\sqrt{Ra\ 12.5}$ ($\sqrt{}$)

回答下列问题：

（1）说明 φ20f7 的含义：φ20 为________，f7 是________，如将 φ20f7 写成有上、下偏差的形式，注法是________。

（2）说明表面粗糙度 $\sqrt{Ra\ 1.6}$ 处的表面形状：$\sqrt{Ra\ 1.6}$ 处的表面形式为________。它可由________方法达到。

（3）指出图中的工艺结构：它有________处倒角，其尺寸分别为____________；有____处退刀槽。其尺寸分别为________。

主动齿轮轴		比例		（图号）
		件数	1	
制图		重量		材料 45
描图		（校名 班级）		
审核				

班级　　姓名　　学号

2. 读如下所示零件图，完成下面两项要求。

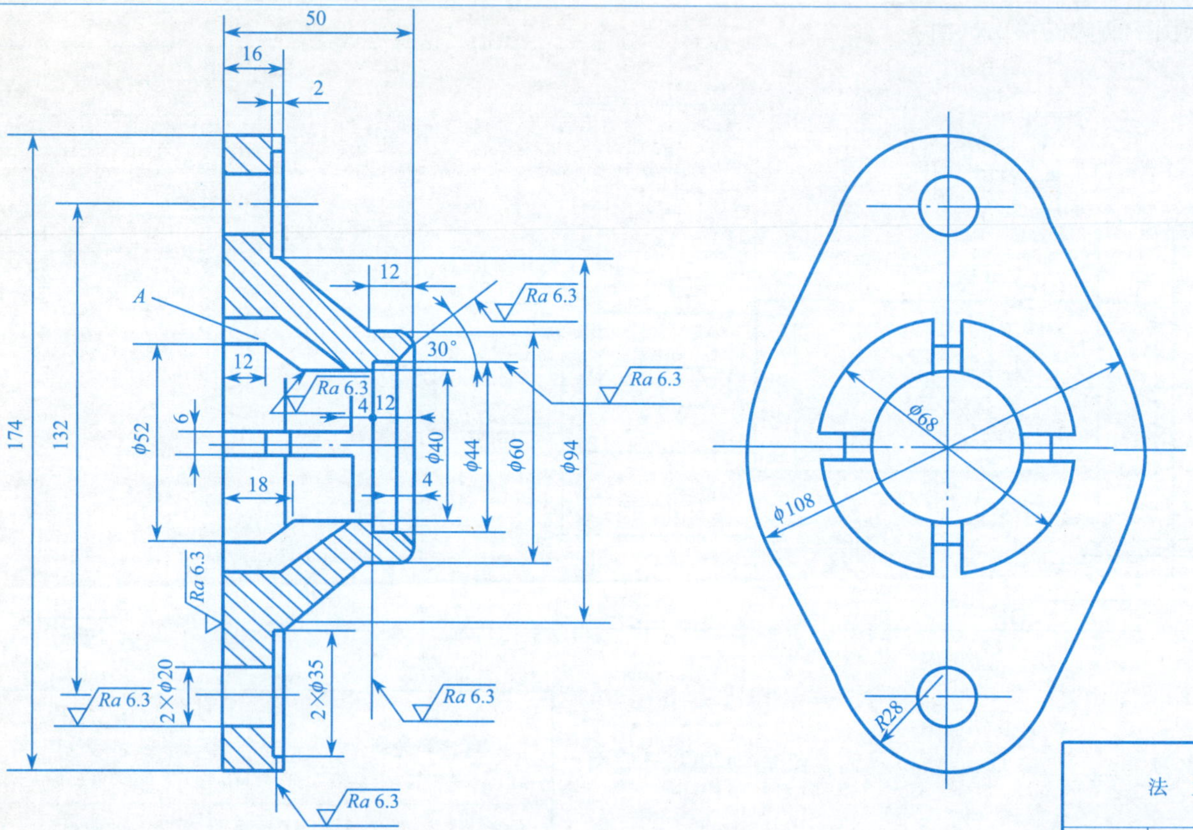

法 兰			比例		（图号）	
			件数	1		
制图			重量		材料	45
描图			（校名 班级）			
审核						

要求：

（1）仔细分析法兰内部的结构形状。

（2）标 *A* 部分的图形为什么不画剖面符号？其厚度是多少？

班级　　　　姓名　　　　学号

3. 看懂如下所示泵体的零件图，对其表达方法、投影、尺寸标注及技术要求等进行分析。

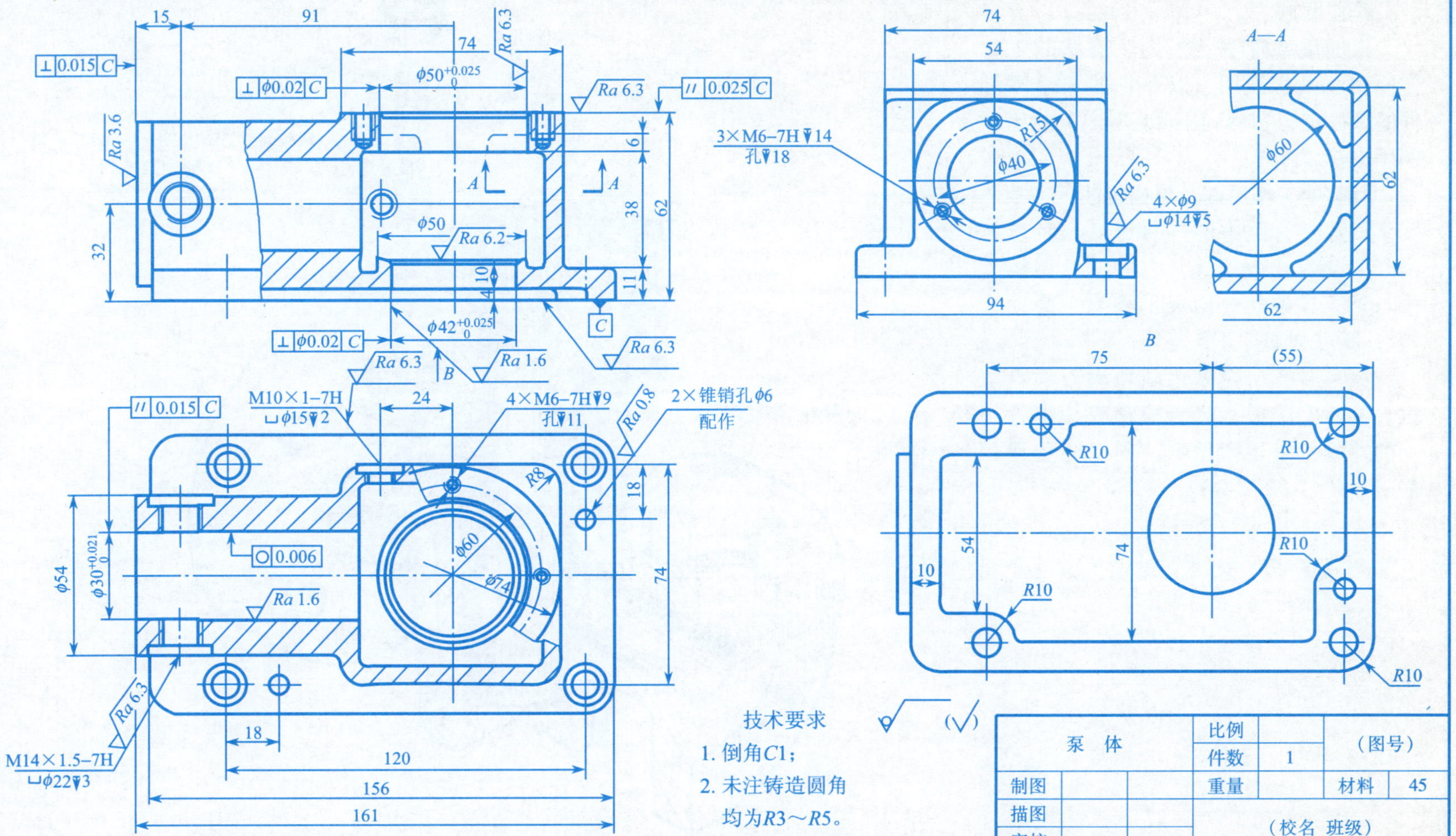

技术要求

1. 倒角C1；
2. 未注铸造圆角均为R3～R5。

泵 体			比例		（图号）	
			件数	1		
制图			重量		材料	45
描图			（校名 班级）			
审核						

班级 姓名 学号

11-1　由零件图画装配图——旋塞

作业要求

根据旋塞轴测装配图、旋塞的工作原理及结构说明，以及它的3个零件的零件图，在A3图纸上用1∶1的比例画出其装配图。

旋塞的工作原理及结构说明

旋塞是管路中的一种开关，特点是开关动作比较迅速。它的法兰用螺栓与外管道连接，用扳手将塞子搬动90°，就可全部打开管路。

在锥形塞与壳体之间填满石棉盘根，再装上压盖，然后拧动双头螺拄上的螺母，使压紧填料，用以防止泄漏。

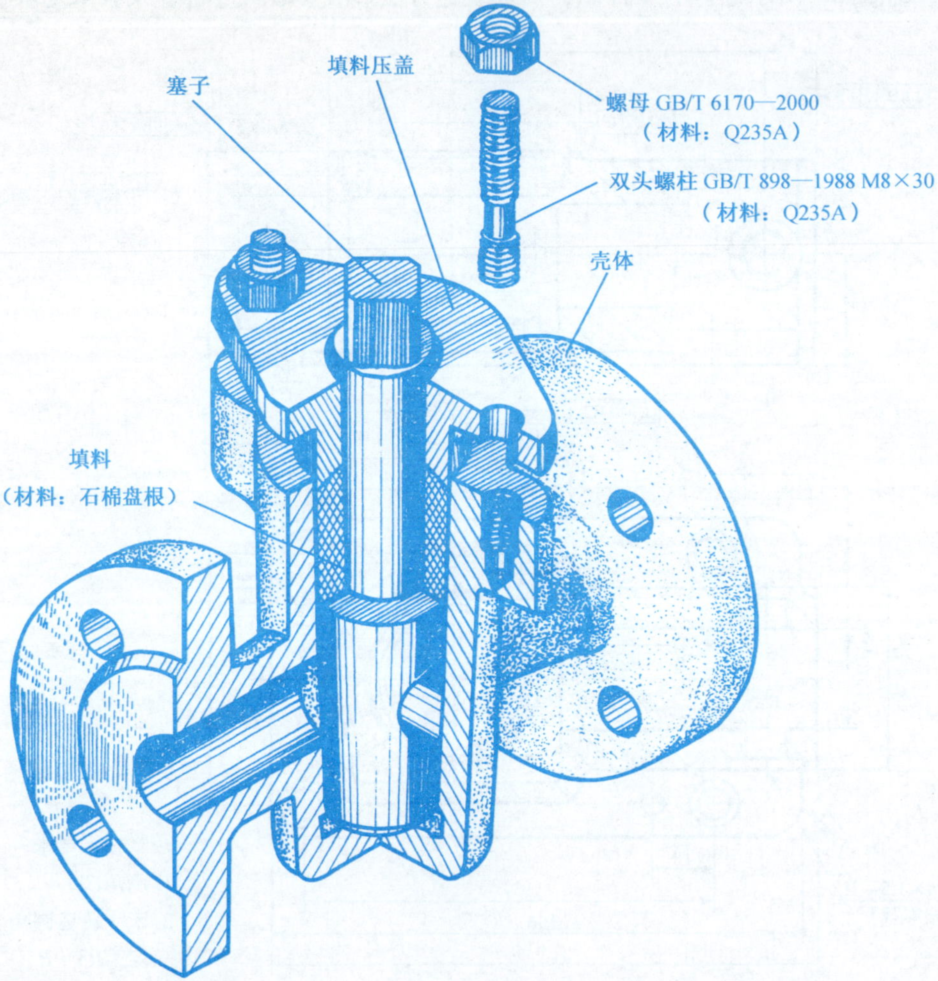

班级　　姓名　　学号

11-1 由零件图画装配图——旋塞

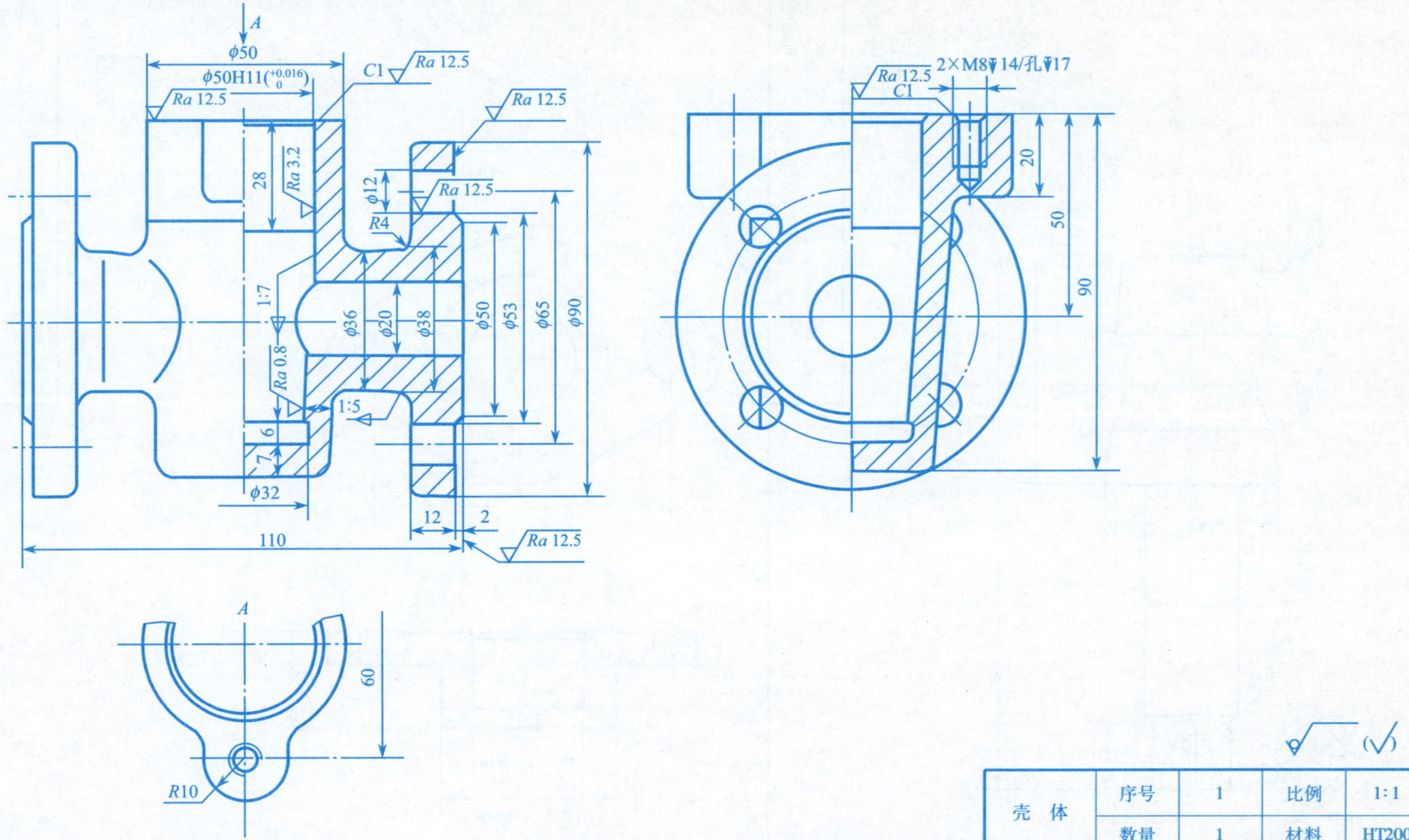

壳 体	序号	1	比例	1:1
	数量	1	材料	HT200

班级　　姓名　　学号

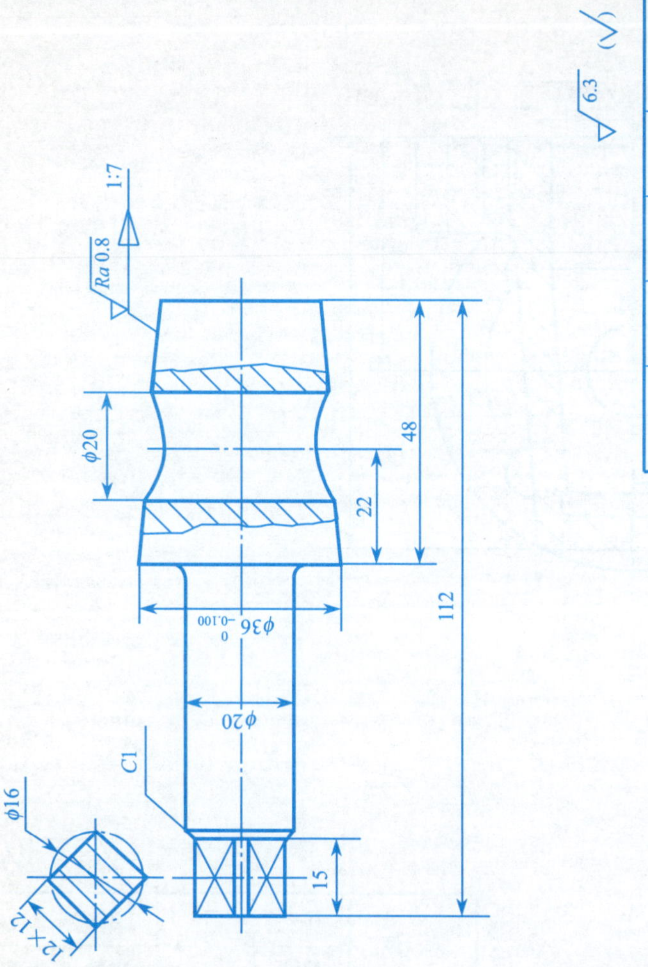

塞子	序号	2	比例	1:1
	数量	1	材料	HT200

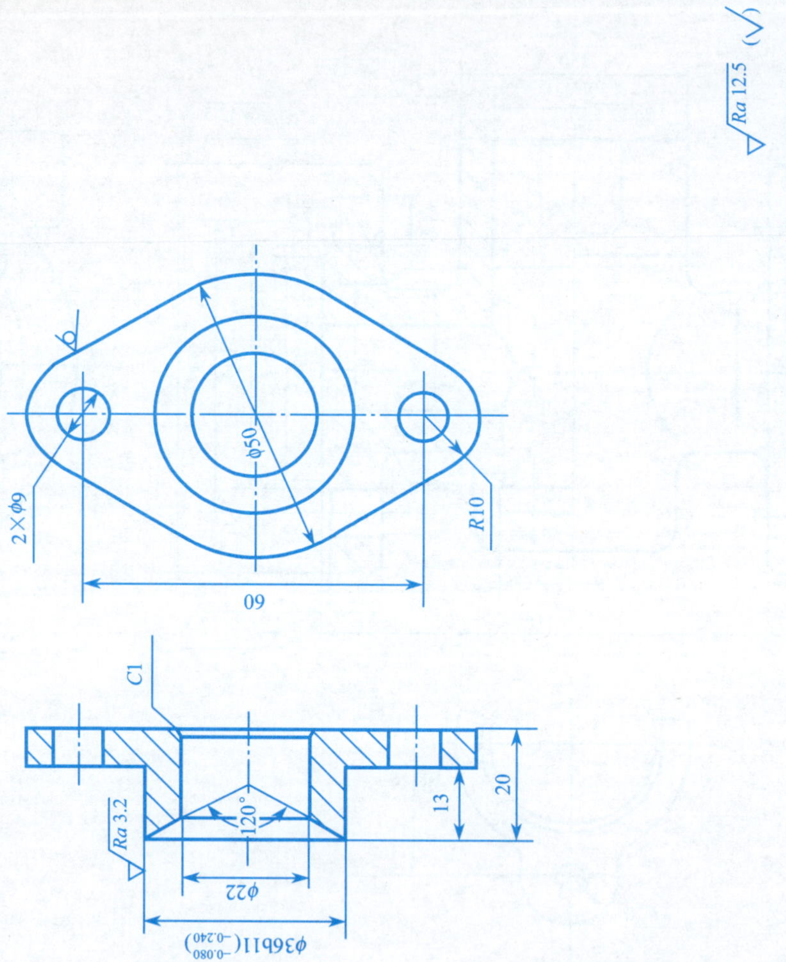

填料压盖	序号	3	比例	1:1
	数量	1	材料	HT200

班级　　　　姓名　　　　学号

11-2　由零件图画装配图——油缸

作业要求

根据油缸的示意图、轴测装配图、油缸的工作原理及结构说明，以及它的 7 个零件的零件图，在 A2 图纸上用 1∶1，或在 A3 图纸上用 1∶1.5 的比例画出其装配图。

油缸的工作原理及结构说明：

本图所示油缸为 MQ8260 型曲轴磨床上控制砂轮架快速进退的油缸，这是一种两端带缓冲装置的单杆活塞缸。

前盖 2 用 6 个螺钉 M8×30 和 2 个圆锥销 A8×50 与缸体 5 连接，后盖 7 用 6 个螺钉 M8×25 与缸体 5 连接。通过前盖 2 上的四个螺顶孔（4×ϕ11）和圆锥销孔（2×ϕ8），将整个缸体固定在磨床的床身上。

当装在缸体 5 内的活塞 6 处在最左位置时，压力油从油口 a 经过孔 c、d，由钢球 9 及弹簧 3 组成的单向阀、孔 e，进入油缸的左腔 f，推动活塞 6 向右移动；活塞右腔 g 内的油液从油口 b 排出，这时后盖 7 中的单向阀关闭。当活塞向右移动接近终点时，右端回油腔 g 内的油液须经过活塞外圆端部的轴向三角沟槽 h 中流出，使油液获得节流而起缓冲作用。

若从油口 b 进压力油时，则活塞获得与上述相反的运动。

画装配图提示

画装配图时，运动零件活塞总是画在其运动的极限位置，本图应将活塞画在最后位置，即将活塞 6 的右端面与后盖 7 的右端面接触。

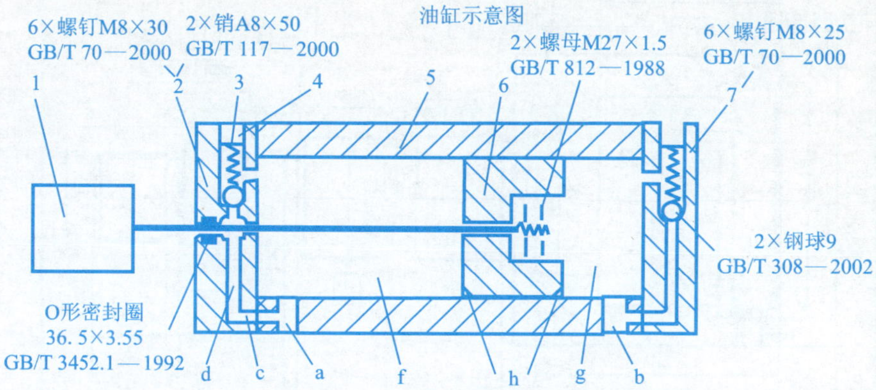

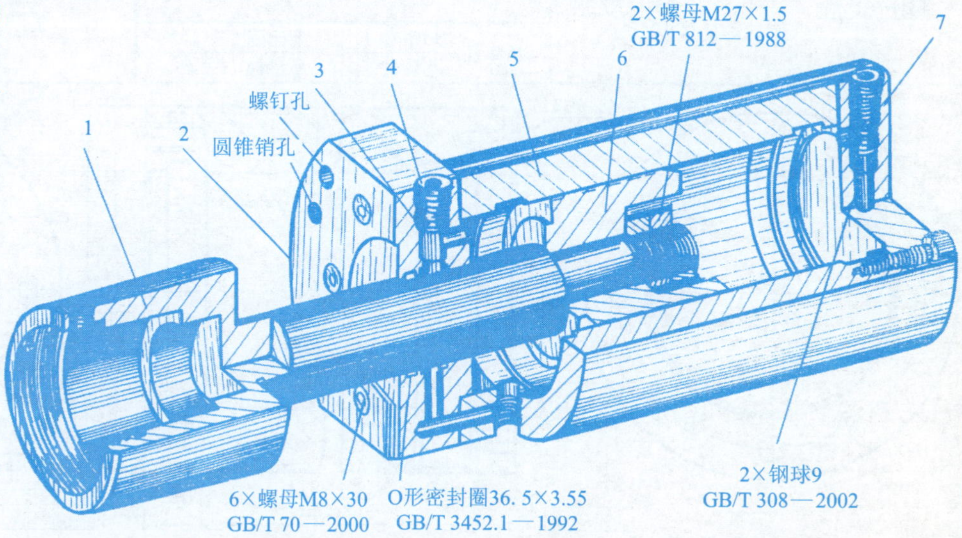

班级　　姓名　　学号

11-2　由零件图画装配图——油缸

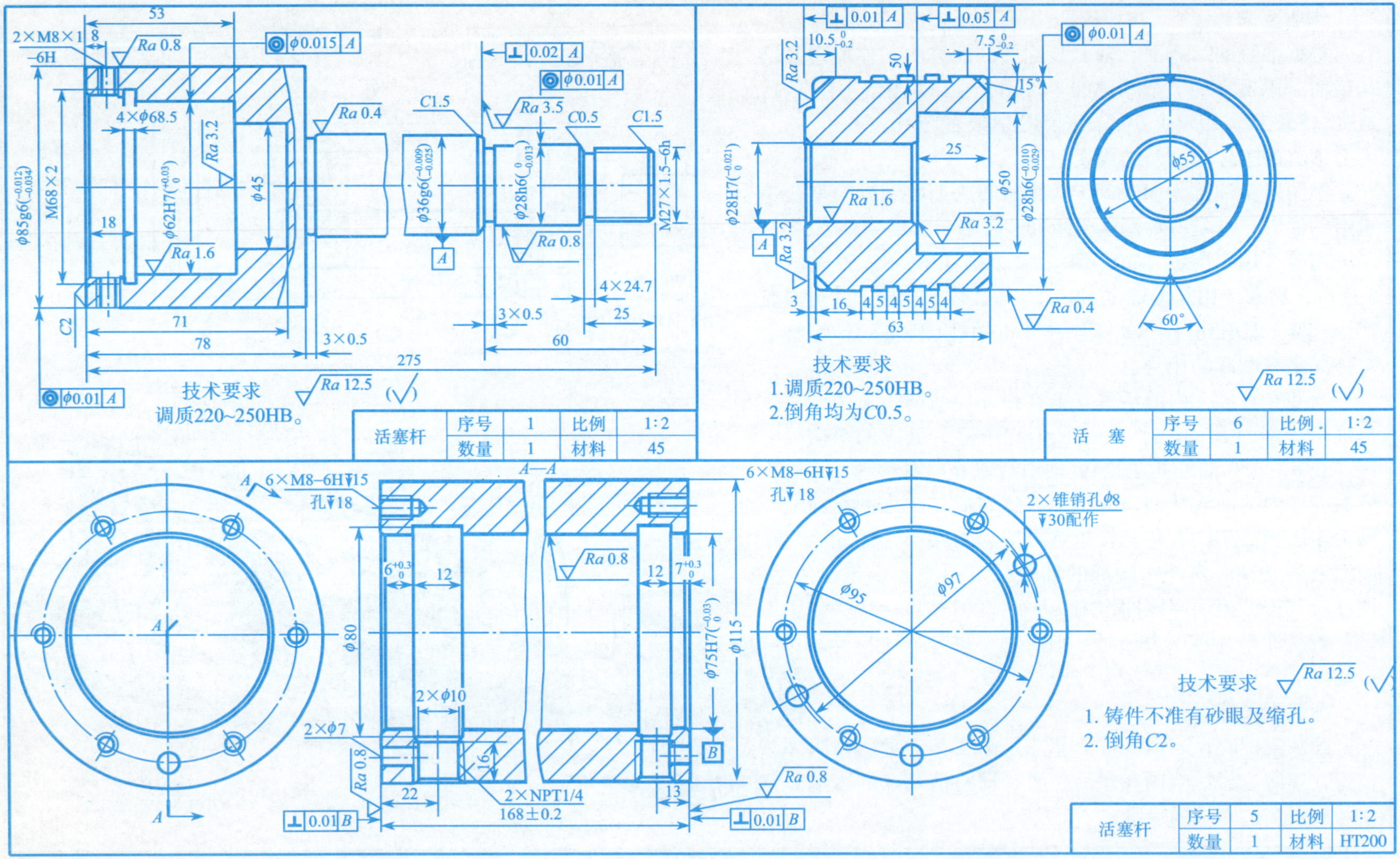

班级　　　　姓名　　　　学号

11-2 由零件图画装配图——油缸

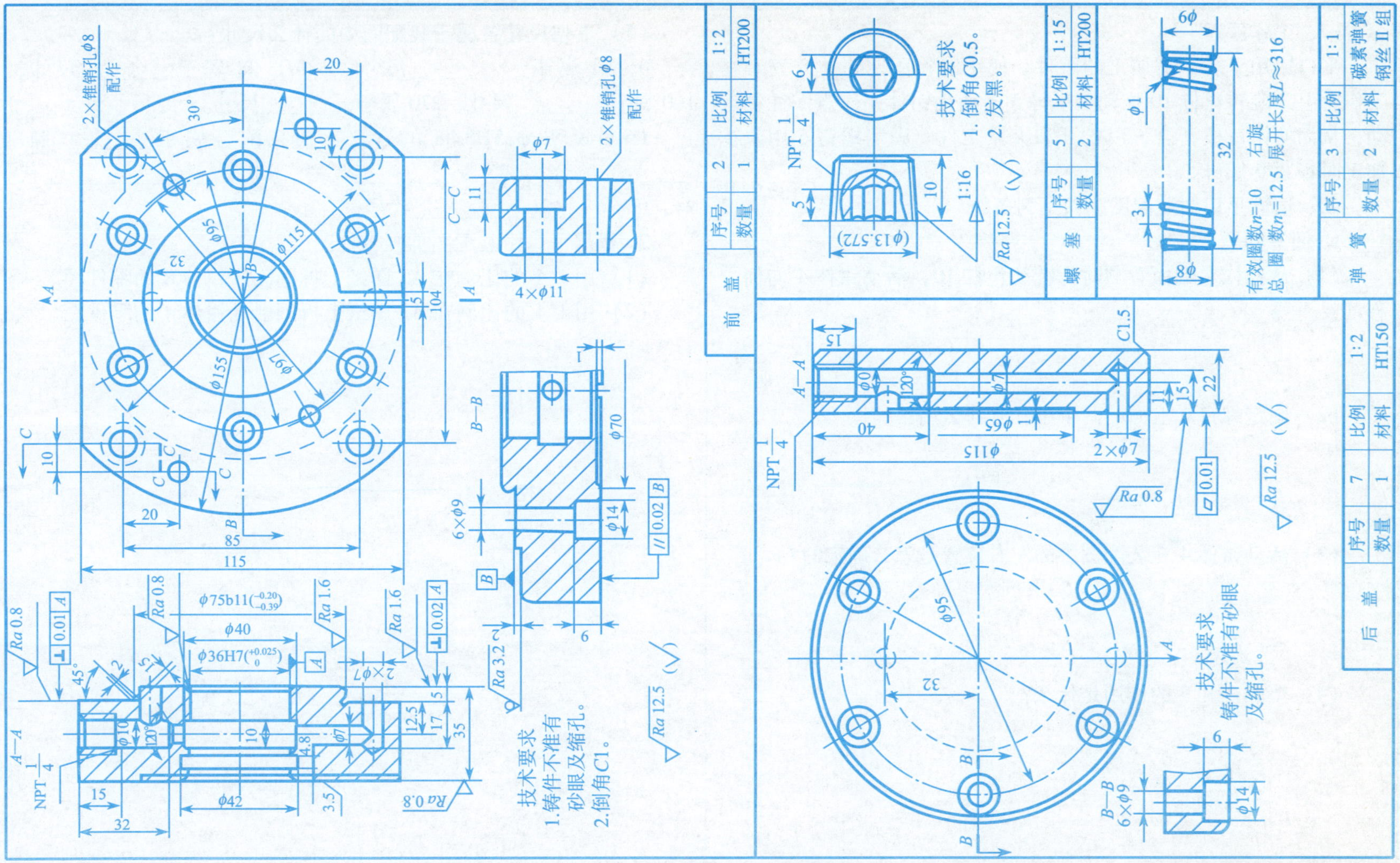

班级 姓名 学号

11-3 看装配图——平口钳

一、工作原理

平口钳用于装卡被加工的零件。使用时将固定钳体 8 安装在工作台上，旋转丝杠 10 推动套螺母 5 及活动钳体 4 作直线往复运动，从而使钳口板开合，以松开和夹紧工件。固定螺钉 6 用来在加工时锁紧套螺母 5。

二、读懂平口钳装配图，做下列各题

1. 回答问题

（1）从丝杠左端面看顺时针转动丝杠 10，活动钳体 4 向何方移动？

（2）固定螺钉 6 上面的两个小孔有什么用？

（3）活动钳体 4 在装配图中的左右位置是怎么确定的？

（4）垫圈 3 和 9 的作用是什么？

（5）下列尺寸各属于装配图中的什么尺寸？

0 ~ 91 属于__________尺寸，ϕ28H8/f8 属于________尺寸，160 属于________尺寸，270 属于________尺寸。

（6）说明 ϕ25H8/f8 的含义：轴孔配合属于________制，________配合，ϕ25 是________尺寸，H8 是______________代号，f8 是________________代号。

2. 根据平口钳装配图拆画零件图

（1）用 1∶1 的比例在 A3 图纸上拆画固定钳体 8 的零件图。

（2）用 1∶1 的比例在 A3 图纸上拆画活动钳体 4 的零件图。

班级　　　　姓名　　　　学号

11-3 看装配图——平口钳

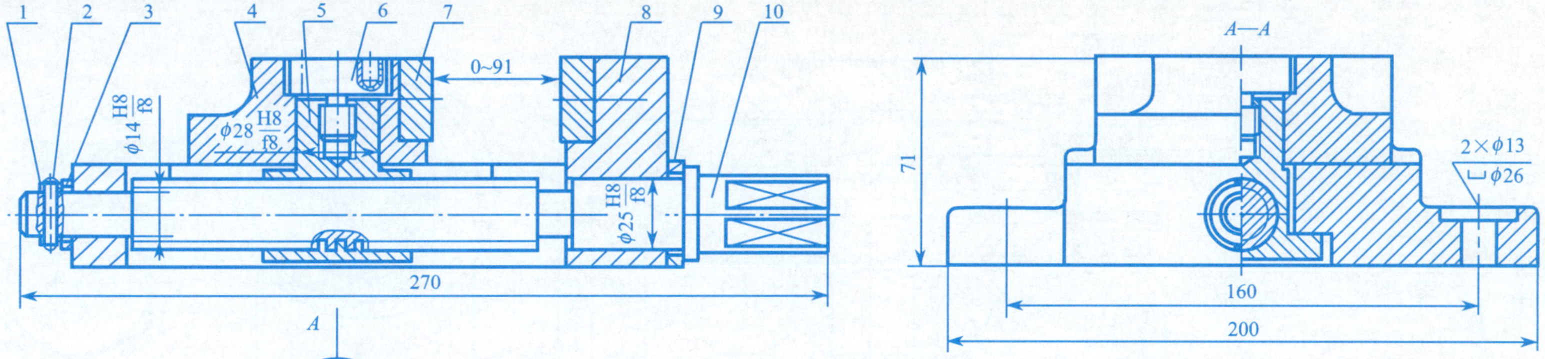

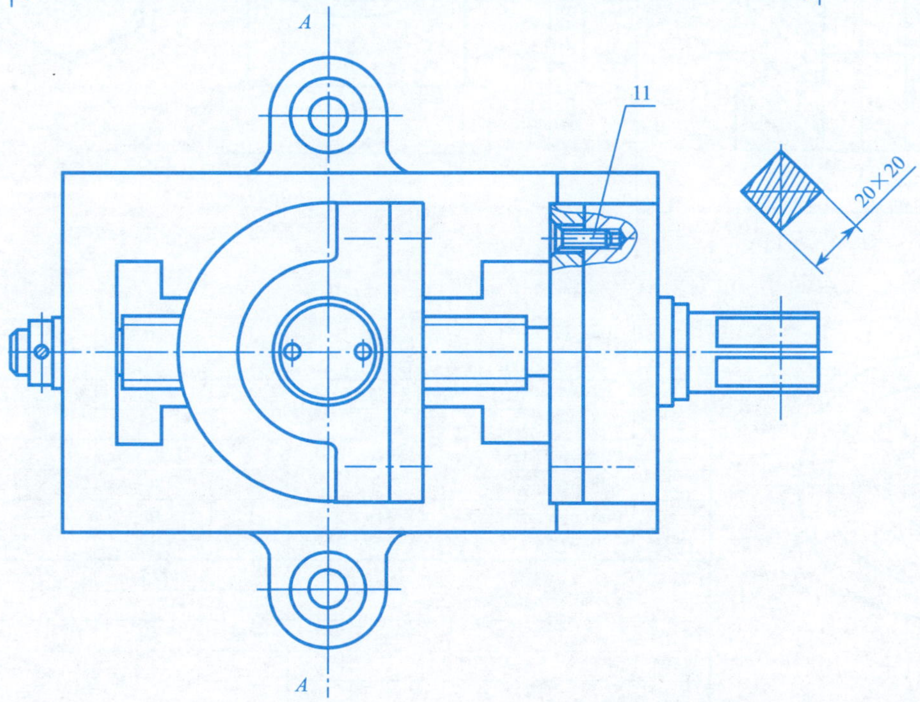

11	螺钉 M6 ×20	4	35	GB/T 68—2000
10	丝杠	1	45	
9	垫圈	1	Q235	
8	固定钳体	1	HT150	
7	钳口板	2	45	
6	紧固螺钉	1	20	
5	套螺母	1	20	
4	活动钳体	1	HT150	
3	垫圈	1	Q235	
2	圆柱销 4h8 ×26	1	35	GB/T 119.1—2000
1	挡圈	1	Q235	
序号	零件名称	数量	材料	附注及标准

平口钳			比　例	1:2.5
			共　张	第　张
制图		（校名）	图号	
审核				

班级　　　　姓名　　　　学号

作业说明

看懂“阀”的装配图，并绘出阀体 3 的零件图。

工作原理说明

阀安装在管路系统中，用以控制管路的“通”或“不通”。当杆 1 受外力作用向左移动时，钢珠 4 压缩压簧 5，阀门被打开。当去掉外力时，钢珠在弹簧力的作用下，将阀门关闭。

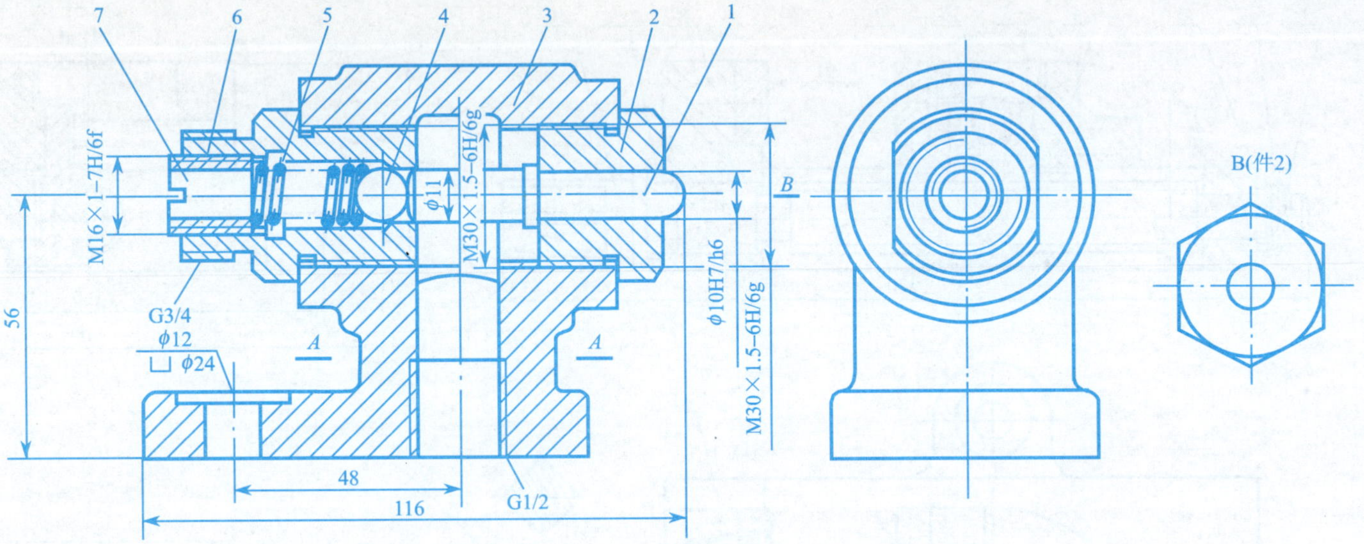

A—A

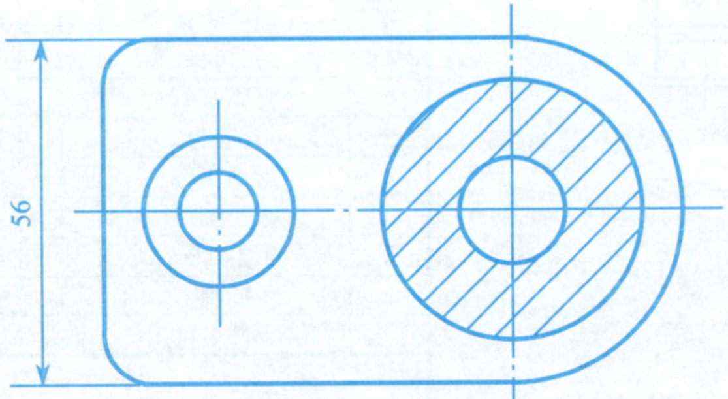

7	08、06、07	旋塞	1	30	
6	08、06、06	管接头	1	30	
5	08、06、05	压簧 1×12×26	1	50	$n=8$，$n_1=10.5$
4	08、06、04	钢珠	1	45	
3	08、06、03	阀体	1	HT250	
2	08、06、02	塞子	1	30	
1	08、06、01	杆	1	30	
序号	代号	名称	数量	材料	备注

阀		比例	1:1	
		件数		
制图		重量		
制图		（校名）		
审核				

班级　　　　姓名　　　　学号

机油泵的工作原理及结构说明

机油泵是机器的润滑系统中的一个部件，其工作原理如图所示。

在泵体 2 内装有一对啮合的齿轮 3 和 6，齿轮的齿顶圆柱及侧面均与泵体内壁接触，因此各个齿的槽间均形成密封的工作空间。油泵的内腔被相互啮合的轮齿分为两个互不相通的空腔 a 和 b，分别与进油孔 m 和排油孔 n 相通。当主动齿轮按逆时针方向旋转时，吸油腔 a 处的轮齿逐渐分离，工作空间的容积逐渐增大，形成部分真空，因此油箱中的油液在大气压力的作用下，经吸油管从泵体底部的吸油孔 m 进入油泵的低压区——吸油腔 a。进入各个齿槽间的油液在密封的工作空间中随着齿轮的旋转，沿箭头方向被带到油泵的高压区——排油腔 b，因为这里的轮齿逐渐啮合，工作空间的容积逐渐减小，所以，齿槽间的油液被挤出，从排油孔 n 经油管输出。

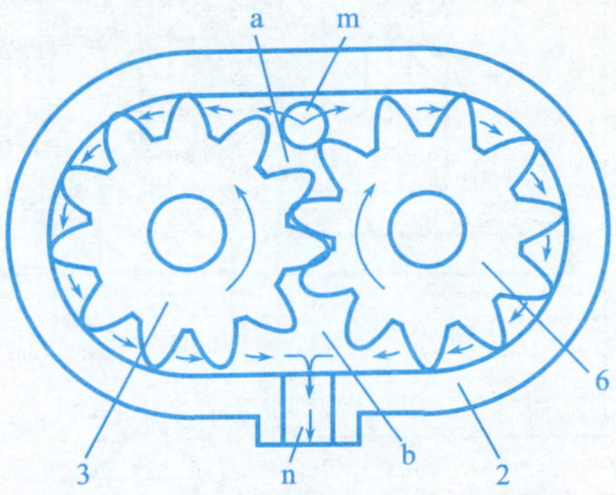

机油泵原理图

从机油泵的装配图中可看出，齿轮 3 和 6 装在泵体 2 上部的内腔中，泵盖 4 与泵体 2 间用 4 个螺栓 8 及弹簧垫圈 9 连接，并装有垫片 10 以防止漏油。主动齿轮 3 用销 5 固定在主动轴 1 上，由主动轴 1 带动旋转。从动轴 7 与泵体孔间采用过盈配合，因而该轴是不转动的，从动齿轮 6 套在从动轴 7 上旋转。齿轮 6 中间的小孔，可使齿槽间的油液流入齿轮 6 与轴 7 间的配合面中，从而获得润滑效果。泵体下部的 $\phi10$ 孔即为进由孔 m，前方的 M12 ×1 螺孔与管接头 17 连接，并用垫片 16 密封，此处即为排油孔 n，由此将油液输送到机器中需要润滑的部分。

在泵盖中还有一个安全阀，当输出管道中发生堵塞，则高压油可以顶开钢球，使弹簧 14 压缩，从而阀门打开，油液流回到低压区返回油箱，从而起安全作用。弹簧 14 的压力可用螺钉 11 调节以控制油压，螺钉 11 调节好后，在用螺母 12 锁紧。

班级　　　　姓名　　　　学号

11-5 看装配图——机油泵

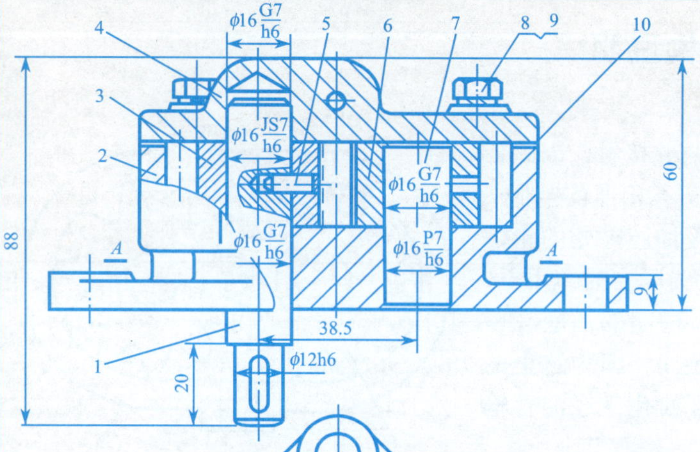

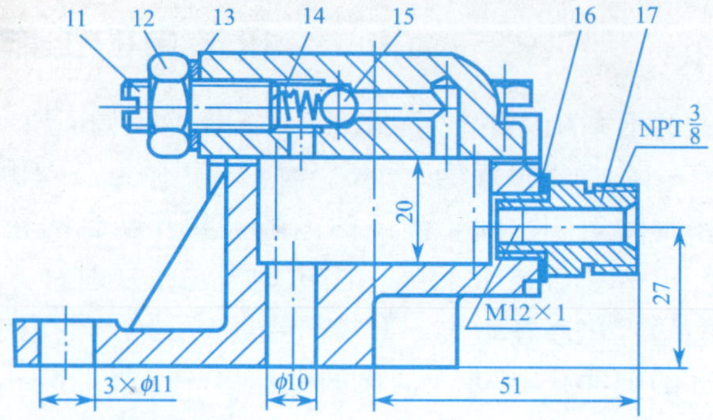

零件2 *A*–*A*

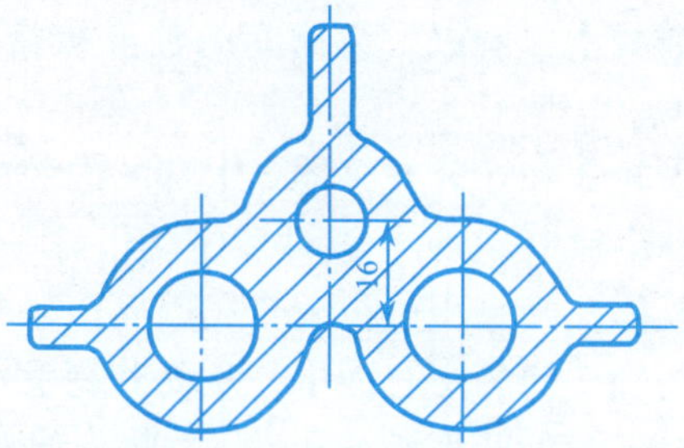

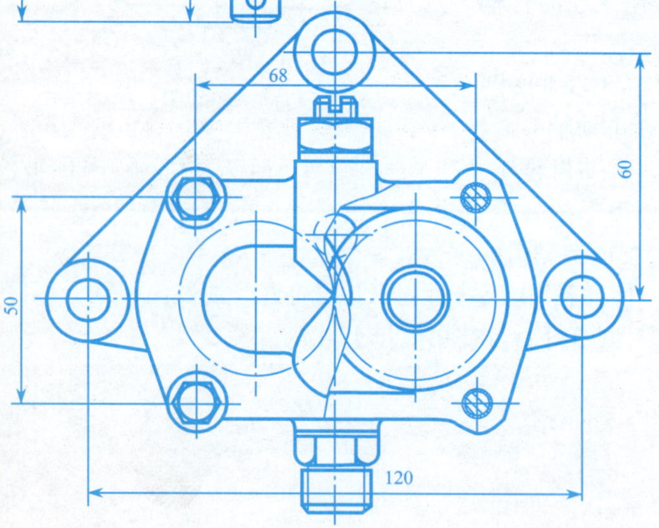

技术要求

1. 泵体、泵盖和齿轮端面间隙单向为0.2~0.3 mm，由垫片调整。
2. 转动主动轴时，无咬紧现象。

序号	名称	数量	材料	备注	序号	名称	数量	材料	备注
17	管接头	1	H62		7	从动轴	1	45	
16	垫片	1	皮革		6	从动齿轮	1	45	$m=3.5$，$Z=11$
15	钢球	1	GCr6	ϕ8	5	销 GB/T 119—2000	1		A4×12
14	弹簧	1	65Mn		4	泵盖	1	HT150	
13	垫圈	1	皮革		3	主动齿轮	1	45	$m=3.5$，$Z=11$
12	螺母 GB/T 6171—2000	1		M10×1	2	泵体	1	HT150	
11	螺钉	1	35	M10×1	1	主动轴	1	45	
10	垫片	1	橡胶		序号	名称	数量	材料	备注
9	垫圈 GB/T 93—1987	4		6	机油泵		比例	1:1.5	共 张第 张
8	螺栓 GB/T 5783—2000	4		M6×25					

班级　　姓名　　学号